工业和信息化普通高等教育“十二五”规划教材立项项目

21世纪高等教育计算机规划教材

微型计算机原理及应用教程（第2版）

Principle and Application
of Micro-Computer

孙平 孟祥莲 高洪志 主编

王文仲 主审

U0309242

人民邮电出版社

北 京

图书在版编目（ＣＩＰ）数据

微型计算机原理及应用教程 / 孙平，孟祥莲，高洪
志主编. -- 2版. -- 北京：人民邮电出版社，2015.4（2020.9 重印）
21世纪高等教育计算机规划教材
ISBN 978-7-115-38585-7

Ⅰ. ①微… Ⅱ. ①孙… ②孟… ③高… Ⅲ. ①微型计
算机－高等学校－教材 Ⅳ. ①TP36

中国版本图书馆CIP数据核字(2015)第040087号

内　容　提　要

本书从微型计算机应用需求出发，以 Intel 8086 微处理器为基础，介绍了 16 位微型计算机的基本知识、基本组成、体系结构、存储器、微处理器的内部结构、指令系统及汇编语言程序设计方法，以及有关 I/O 信息传送的控制方法、中断系统、输入/输出与总线技术、可编程接口芯片及接口技术、微型计算机在控制系统中的应用等。

全书注重理论联系实际，突出实践技术。在软硬件结构中既讲述基本原理，又专门介绍使用方法，并附有大量例题及适当习题，还增加了大量的 Proteus 仿真实例。

本书可作为高等院校相关专业微型计算机原理课程的教材，也可作为从事微型计算机系统设计、应用与开发的工程技术人员的参考书。

◆ 主　　编　孙　平　孟祥莲　高洪志
　　主　　审　王文仲
　　责任编辑　武恩玉
　　责任印制　沈　蓉　彭志环

◆ 人民邮电出版社出版发行　　北京市丰台区成寿寺路 11 号
　　邮编　100164　电子邮件　315@ptpress.com.cn
　　网址　http://www.ptpress.com.cn
　　北京中石油彩色印刷有限责任公司印刷

◆ 开本：787×1092　1/16
　　印张：20.25　　　　　　　　2015 年 4 月第 2 版
　　字数：536 千字　　　　　　 2020 年 9 月北京第 4 次印刷

定价：48.00 元
读者服务热线：**(010)81055256**　印装质量热线：**(010)81055316**
反盗版热线：**(010)81055315**

第 2 版前言

目前高等院校开设的微型计算机原理、计算机体系结构等硬件课程偏重原理，而对其应用性和实践性关注较少。本书结合编者多年的教学实践及工程开发经验，以"理论知识管用、够用，应用知识实用"为原则，注重知识的系统性与应用性。通过学习本书大量的应用实例，读者可具有初步开发、设计系统的能力。

本书仍然按照传统的学习方式组织内容，遵循由浅入深、循序渐进的规律。首先介绍硬件，再介绍软件编程，然后对先进技术应用进行阐述，最后介绍微型计算机的应用。本书在介绍每一种结构时，首先介绍此结构的功能、执行该命令的方式，然后介绍命令执行过程，最后举例说明如何使用。

全书共 10 章。第 1 章绪论。首先，从总体上介绍微型计算机的系统组成、软硬件基础；其次，介绍微型计算机接口的基本知识以及微型计算机硬件系统结构。第 2 章介绍微型计算机原理及结构特点。本章着重介绍 Intel 8086/8088 微处理器的结构特点；微处理器与存储器的读/写操作过程；通过具体例子说明微型计算机的运行机理与工作过程。第 3 章介绍 8086/8088 MPU 的指令系统、指令的寻址方式与指令的使用。第 4 章介绍 8086/8088 汇编语言程序设计的基本方法，在内容上从应用角度出发，给出相应的编程实例。第 5 章介绍微型计算机的存储器，详细介绍半导体存储器及其存储的设计方法、地址空间计算方法。第 6 章介绍输入/输出接口的基本概念、CPU 与外部设备的数据传送方式、中断传送方式及相关的技术，增加了其系统性、概念性及可读性。第 7 章阐明了 8086/8088 的中断系统及其中断处理的基本概念与 8259 芯片的使用方法，另外还介绍了 DMA 技术的相关内容。第 8 章介绍了 Proteus 仿真平台的使用方法，为后面硬件仿真实践环节做了相关的铺垫。第 9 章介绍微型计算机接口技术与应用，详细介绍了并行接口、串行接口、定时器/计数器等可编程接口芯片的工作原理及其应用技术，并对微型计算机系统常用的通用可编程接口电路给出应用实例分析，最后，通过示例介绍微型计算机接口系统的软硬件开发方法和实现技术。第 10 章介绍 Proteus 仿真实例，列举了常用的一些微型计算机原理课程的实验内容。

本书具有基础性强、适用面广，原理、技术与应用并重；内容全面，实例丰富，注重软硬件分析与设计；结构清晰、重点突出，便于课堂讲授和自学的特点。读者可重点学习第 2 章~第 7 章，第 9 章内容可根据学时数和需要增删，第 8 章、第 10 章可以安排在实验环节讲解。本书提供电子教案，读者可在人民邮电出版社教学服务与资源网（http://www.ptpedu.com.cn）免费下载。

本书由孙平、孟祥莲、高洪志编写，王文仲审阅。此外，在本书编写过程中还参阅了一些相关教材和文献，在此向其编者表示谢意。

由于编者水平有限，书中错误之处在所难免，敬请广大读者批评指正。

编　者
2015 年 1 月

目 录

第1章
绪论

电子计算机（Electronic Computer）是一种能够自动、高速、精确地进行信息处理的现代化电子设备。它能够按照程序引导的确定步骤，对输入数据进行加工处理、存储或者传输，以便获得所期望的输出结果。

计算机作为一种信息处理的工具，具有运算速度快、计算精度高、存储容量大、逻辑判断能力强、自动化程度高的特点。

1. 计算机的分类

现今应用的计算机有很多种，大多从以下几个方面进行分类。

（1）根据所处理的信息是数字量还是模拟量，计算机分为数字计算机、模拟计算机和二者功能皆有的混合计算机。

数字计算机是一种以数字形式进行运算的计算机。习惯上把电子数字计算机（Electronic Digital Computer）简称为电子计算机或者计算机（如无特别说明，本书中指的都是电子数字计算机）。模拟计算机是一种对连续变化的物理量直接进行运算的计算机，专用于过程控制和模拟。将数字技术和模拟技术相结合的计算机称为电子模拟、数字混合计算机。

（2）根据功能和用途，计算机分为通用计算机和专用计算机。

通用计算机是为解决诸如科学计算、数据处理、自动控制、辅助设计等多方面问题而设计的。其功能多、用途广、结构复杂，因而价格偏高。通用计算机大多采用的是数字计算机，如微型计算机、服务器等。

专用计算机是指为解决专门问题而设计的计算机，其功能专一、结构简单、价格较低。当前，用于弹道控制、地震监测等方面的计算机多为专用计算机。专用计算机因对象不同而需要采用数字计算机或模拟计算机，如单片机或工控机等。

（3）根据计算机硬件和软件的配套规模及功能大小等指标可划分为以下几种。

① 巨型计算机（Supercomputer），又称为超级计算机或超级电脑，简称巨型机。通常把最大、最快、最贵的主机称为巨型机。世界上只有少数几个公司能生产巨型机。

② 小巨型计算机（Minisupercomputer），又称为小型超级电脑或桌上型超级电脑。

③ 大型主机（Mainframe），或称大型电脑，即通常所说的大型机和中型机。

④ 小型计算机（Minicomputer），又称小型电脑或小型机。

⑤ 工作站（Workstation），就是建立在 RISC/UNIX 平台上的计算机。工作站又分为初级工作站、工程工作站、超级工作站以及超级绘图工作站等。

⑥ 微型计算机（Microcomputer），又称为 PC 或微型机。

2. 计算机的发展

1946 年 2 月 14 日，世界上第一台通用电子计算机（Electronic Numerical Integrator And Computer，

ENIAC）诞生。第一台电子计算机 ENIAC 是由美国宾夕法尼亚大学的物理学家莫克利（J.W.Mauchley）和工程师埃克特（J.P.Eckert）领导的科研小组研制成功的。它使用了约 18 800 只电子管和 1 500 个继电器，几十万枚电阻和电容，体积为 460m^3，自重 30t，功耗为 140kW，占地面积约 170m^2。计算速度只有大约 5 000 次加减运算/秒。

从第一台电子计算机的诞生算起，电子计算机的发展已经历了 4 代，从电子管计算机、晶体管计算机、集成电路计算机直至大规模和超大规模集成电路计算机。目前正在向第 5 代人工智能计算机发展。

随着计算机技术的迅速发展，尤其是第 4 代计算机的另外一个重要分支微处理器（Microprocessor）与微型计算机（Microcomputer）的出现，计算机应用技术迅速普及，同时使计算机向巨型化和微型化两个方向发展。

1.1   微型计算机概述

自从 1971 年 Intel 4004 微处理器芯片和微型计算机出现以后，有力地推动了计算机技术的发展，并逐渐在各个领域中得到了广泛的应用。微型计算机由于结构简单、通用性强、维护方便、性能价格比良好，已成为现代计算机领域中的一个极为重要的分支。

微处理器（Microprocessor）是指由一片或几片大规模集成电路组成的具有运算器和控制器功能的芯片，称为微处理器（Microprocessing Unit，MPU）。因为微处理器在微型计算机中是核心部件，所以习惯称为中央处理器（Centeral Processing Unit，CPU）。在大中小型计算机中 CPU 由多片 MPU 组成，而在微型计算机中 CPU 通常是由一片 MPU 构成的，所以有时为了区别于大中小型计算机的中央处理器（CPU），将微型计算机中的 CPU 称为 MPU。

微型计算机（Microcomputer，MC）是以微处理器为核心，配上由大规模集成电路制作的存储器、输入/输出接口电路及系统总线所组成的计算机，简称微机。在有的微机上，把 CPU、存储器和输入/输出接口电路等集成在一块芯片上，称为单片微型计算机。

微型计算机系统（Microcomputer System，MCS）是指以微型计算机为核心，并配以相应的外部设备、电源、辅助电路（统称硬件）以及控制微型计算机进行工作的系统软件所构成的计算机系统。

1.1.1   微型计算机的发展

随着大规模集成电路技术和计算机技术的飞跃发展，美国 Intel 公司的霍夫在 1971 年研制出了世界上第一个微处理器 Intel 4004 芯片。同时，Intel 公司还开发出另外 3 款芯片：4001、4002、4003，分别是随机存储器（Random Access Memory，RAM）、只读存储器（Read Only Memory，ROM）和寄存器（Register）。这 4 颗芯片组合起来就可以构成一台微型计算机。开创了一个微型计算机的新时代。至今，微处理器和微型计算机的发展也经历了 4 代，现已发展到了第 5 代，即4 位机、8 位机、16 位机、32 位机直至 64 位机。目前，微处理器已经进入多核处理器（Multicore Processor）时代。

由于微处理器采用的是大规模集成电路技术，因此微型计算机属于第 4 代计算机。

（1）第 1 代（1971—1973 年）：4 位或 8 位低档的微处理器和微型计算机。

Intel 公司研制了 4004 芯片及以它为 CPU 而组成的微型计算机 MCS-4。之后又研制了 8008

微处理器及由它组成的 MCS-8 微型计算机。第一代的微型计算机就采用了 PMOS 工艺，基本指令执行时间约为 10 ~ 20 μs，字长 4 位或 8 位，指令系统比较简单，运算功能较差，速度较慢，软件主要采用机器语言或简单的汇编语言，能够进行十进制的算术运算。

（2）第 2 代（1974—1978 年）：8 位的微处理器和微型计算机。

1972 年 4 月，Intel 公司推出了第一个 8 位微处理器 8008，它含有 3 500 个晶体管，时钟频率为 108 kHz，寻址空间为 16 千字节（Kilo-Byte, KB）。1974 年，Intel 8080 问世，时钟频率为 2 MHz，寻址空间为 64 KB。同年摩托罗拉（Motorola）公司推出了 M6800。之后，各公司又分别推出了性能更高的 Intel 8085、M6809 和 Z-80。第 2 代微处理器中，Intel 公司的 8080 与 8085、Motorola 公司的 M6800 和 Zilog 公司的 Z-80 构成三足鼎立之势，垄断了市场。

第 2 代微处理器的特点是指令系统比较完善，具有典型的计算机体系结构以及中断、直接内存访问等控制功能。软件也相对丰富，除了汇编程序外，通常还配有 BASIC、FORTRAN 及 PL/M 等高级语言的解释程序和编译程序。后期，面向微型计算机的操作系统也被开发出来。

（3）第 3 代（1978—1983 年）：16 位的微处理器和微型计算机。

1978 年 6 月，Intel 公司发布了第一个 16 位微处理器 8086，它含有 29 000 个晶体管，时钟频率为 4 MHz，数据总线为 16 位，地址总线为 20 位。1979 年，8086 的变型产品 8088 问世，8088 与 8086 的不同主要体现在数据总线降为 8 位。同年 Motorola 公司推出了 M68000。Zilog 公司也相继推出了 Z-8000。Intel 8086/8088、M68000 和 Z-8000 都是早期 16 位的微处理器的典型代表，它们的主频为 4 ~ 8 MHz，平均指令执行时间为 0.5 μs。

20 世纪 80 年代以后，Intel 公司又推出了性能更高的 16 位微处理器 80286，Motorola 公司推出了 M68010。后期的 16 位微处理器主频超过 10 MHz，平均指令执行时间为 0.2 μs，集成度超过 100 000 晶体管/片。

这一时期，面向微型计算机的操作系统、数据库系统日趋完善，各种高级语言的解释程序和编译程序也相继开发出来，微处理器还被用来构成多处理器系统。凭借价格低廉、实时性能优异等特点，微处理器还被广泛应用于实时数据处理和工业控制等领域。

（4）第 4 代（1984—1991 年）：32 位的微处理器和微型计算机。

1984 年，Motorola 公司率先推出了首个 32 位微处理器 M68020。1985 年，Intel 公司发布了它的第一个 32 位微处理器 80386。这一时期微处理器的时钟频率一般在 20 ~ 40 MHz，平均指令执行时间为 0.1 μs。

32 位微处理器的特点是数据总线和地址总线都是 32 位，数据寄存器和地址寄存器也是 32 位，指令系统完全支持 32 位的数据格式。在机器寻址方式中，所用的变址和地址偏移量具有 32 位的格式。

（5）第 5 代（1992 年以后）：64 位的微处理器和微型计算机。

1992 年，美国的数据设备公司（Data Equipment Company, DEC）率先推出了首个 64 位的微处理器 Alpha 21064。其后，美国的 MIPS 公司也推出了一款 64 位的微处理器 MIPS R4000。

Intel 公司推出的 Pentium 微处理器使微处理器的技术发展到了一个崭新的阶段，标志着微处理器完成从复杂指令运算集（Complex Instruction Set Computing, CISC）时代向精简指令集计算机（Reduced Instruction Set Computer, RISC）时代的过渡，也标志着微处理器对工作站和超级小型机冲击的开始。

Pentium（中文译名为奔腾）采用亚微米（0.8 μm）CMOS 工艺技术和 5 V 电源驱动，集成度为 330 万个晶体管/片，其内部采用 4 级超标量结构，64 位数据线，36 位地址线。工作频率为

60/66 MHz，处理速度达 110MIPS。CPU 内部采用超标量流水线设计，有 U、V 两条流水线并行工作，使其在单个时钟内可执行两条整数指令，Pentium 片内采用双 Cache 结构（即程序 Cache 和数据 Cache），每个 Cache 容量为 8 KB，数据宽度为 32 位，将程序 Cache 和数据 Cache 分开，以减少等待及移动数据的次数和时间，大大节省了处理时间；最重要的是采用了超标量流水线结构，允许多条指令同时执行以提高效率。不足之处是芯片尺寸较大，成本过高，其功耗达 15 W，使系统散热成为问题。1994 年 3 月，Intel 推出了第二代 Pentium，它采用 0.6 m 工艺和 3.3 V 电源，功耗仅为 4 W，而且可在不需要时自动关闭浮点单元，散热问题基本得以解决，主时钟频率有 100 MHz 和 90 MHz 两种。

1995 年，Intel 公司正式公布的 Pentium Pro（又称 P6，俗称高能奔腾）也是一种 64 位 CPU。该处理器采用 0.35 μm 工艺，集成度是 550 万个晶体管/片，地址线为 36 位，寻址范围为 64 GB，其主频提高到 133 MHz 以上，具有两倍 Pentium 的性能。

1999 年 2 月，Intel 公司再次推出 64 位 Pentium3，主频 500 MHz 以上，具有 32 KB 的一级 Cache 和 512 KB 的二级 Cache，针对网络功能进行了优化，并且新增了 70 条 SSE（Streaming SIMD Extensions，指令多数据流扩展）指令，以提高 CPU 处理连续数据流的效率，加快浮点运算速度和多媒体功能。

2000 年，Pentium 4 系列进入市场，其 CPU 集成度达 4200 万个晶体管/片，工作频率达 1.5GB 以上，二级 Cache 为 1～2 MB，它是第一个基于 Intel NetBurst 微结构的处理器。

Intel 公司于 2002 年推出了具有超线程（Hyper-Threading，HT）技术的 CPU，HT 技术允许单个物理处理器用共享的执行资源并发地执行两个或多个独立的线程。

在近几年里，Intel 公司陆续发布了 Pentium 4 处理器至尊版系列、Pentium D 处理器系列、Pentium 双核处理器系列和 Pentium 处理器至尊版系列。

① Pentium 4 处理器至尊版系列采用 130/90nm 工艺，时钟频率为 3.20～3.46GHz/3.73 GHz，采用的技术有 Intel 病毒防护技术、Intel 64 扩展存储器技术。

② Pentium D 系列采用 90/65nm 工艺，二级 Cache 为 2×2 MB，时钟频率为 2.66～3.60 GHz，采用的技术有双核、Intel 虚拟化技术、增强型 Intel SpeedStep 动态节能技术、Intel 64 位 Pentium 和病毒防护技术。

③ Pentium 双核系列微处理器采用 65nm 工艺，二级 Cache 为 1 MB，时钟频率为 1.6～2.4 GB，采用的技术有双核、增强型 Intel SpeedStep 动态节能技术、Intel 64 位 Pentium 和病毒防护技术。

④ Pentium 处理器至尊版系列采用 90/65nm 工艺，二级 Cache 为 2×1/2×2 MB，时钟频率为 3.20～3.73GHz，采用的技术有超线程技术、Intel 病毒防护技术、Intel 64 双核和 Intel 虚拟化技术。

在这些系列处理器中，引入的新技术有 Intel 64 扩展存储器技术（Intel Extended Memory 64 Technology，Intel EM64T）、Intel 病毒防护技术（Execute Disable Bit）、双核技术（Dual-Core）、Intel 虚拟化技术（Intel Virtualization Technology，Intel VT）、Intel 64 位 Pentium 等。Intel 64 扩展存储器技术为支持 32 位和 64 位计算的未来应用提供了出色的灵活性。Intel 病毒防护技术与支持的操作系统结合使用，能够增强对"缓冲区溢出"恶意攻击的防御能力。双核与单核处理器相比，双物理核处理器支持更出色的系统响应能力和多任务处理能力。各代微处理器特征如表 1-1 所示。

相信随着微电子技术的发展，功能更强的 CPU 还会不断问世，并被不断用于提高微型计算机的性能，进一步提高计算机技术对人类的生产和生活的影响。

表 1-1 各代微处理器特征

技术指标 \ 年代划分	第 1 代	第 2 代	第 3 代	第 4 代	第 5 代
	1971—1973 年	1974—1978 年	1978—1983 年	1984—1991 年	1992 年至今
字长	4 位、8 位	8 位中档	16 位	32 位	64 位
代表产品及集成度	4004 8008 （2 200 个晶体管/片）	8080 （4 900 个晶体管/片） 8085 （9 000 个晶体管/片）	8 086 （29 万个晶体管/片） MC6800 80286 （6.8 万个晶体管/片） （10 万个晶体管/片）	80386 80486 （120 万个晶体管/片）	80586 （310 万个晶体管/片） Pentium 4 （4 200 万个晶体管/片）
制造工艺	PMOS	NMOS	HMOS	CMOS	0.8～0.13 μm CMOS
基本指令执行时间	10～20μs	1～2μs	0.5μs	0.1μs	
工作主频	1MHz	2MHz	5—8～16MHz	25～66MHz	66～3.0GHz
指令及软件	机器语言或简单的汇编语言，能够进行十进制的算术运算	汇编程序 BASIC、FORTRAN 等高级语言的解释程序和编译程序	操作系统、数据库系统日趋完善，微处理器还被用来构成多处理器系统	指令系统支持 32 位数据格式。高级语言相继出现并应用	出现了面向对象的高级语言，实现了多用户、多任务管理
基本特点	指令系统简单，运算功能差，速度慢	指令系统完善，具有典型的计算机体系结构以及中断、DMA 等控制功能	价格低廉、实时性能优异，广泛应用于实时数据处理和工业控制等领域	数据总线和地址总线都是 32 位	数据总线 64 位，地址总线 36 位

1.1.2 微型计算机的特点

微型计算机在应用过程中有以下特点。

（1）能在程序的控制下自动连续地工作。目前，计算机采用的都是"冯·诺伊曼"体系结构，其核心的特征就是"存储程序"，即控制计算机工作的指令实现编制好并按执行顺序排列形成的所谓"程序（Program）"，程序被存储在计算机控制单元能够直接访问的存储器中。

（2）具有很强的"记忆"功能。计算机系统通常都设置有容量很大的存储器系统，能够长期保存用户的程序和数据，在需要时，计算机可以迅速地读出使用或对其存储的内容进行更改。

（3）运算速度快、计算精度高。计算机采用电子器件作为处理单元，所以运算速度极快。随着器件技术的不断发展，计算机的处理速度从每秒几千次发展到每秒几万次、每秒几百万次、每秒几亿次。目前计算机的计算速度正向着每秒 1 000 万亿次发展。计算机的计算精度主要取决于机器的字长。只要增加字长，提高计算精度在理论上几乎没有限制。

（4）具有逻辑判断能力。由于电子计算机的工作原理是基于数字逻辑的，因此它还具有逻辑判断能力。例如，电子计算机能够判断一个数是正数还是负数，能够判断一个数是大于、等于还是小于另外一个数。

（5）通用性强。现代的电子计算机都是数字式的，用数字逻辑部件来处理数字信号，即处理功能逻辑化，使电子计算机具有统一的逻辑基础。

1.1.3 微型计算机的新技术

随着微电子技术和计算机技术的发展，一些新思想和新技术被陆续应用于微型计算机领域。其中，有些是以前大中型计算机所采用的技术，有些是专门针对微型计算机所采用的技术。

1. 流水线技术

为了提高微型计算机的工作速度，采用将某些功能部件分离，把一些大的顺序操作分解为由不同功能部件分别完成、在时间上可以重叠的子操作，这种技术被称为流水线技术。例如，微处理器 Intel 8086/8088 对"取指"和"指令译码和执行"这两个顺序操作进行了分离，分别由总线接口单元（BIU）和执行单元（EU）来完成，使它们在时间上可以重叠。即当一条指令正在 EU 内执行时，BIU 可能已在取另一条指令了。因此，从总体上看加快了指令流速度，缩短了程序执行时间。

为了进一步满足普通流水线设计所不能适应的更高时钟速率的要求，高档微处理器中流水线的级数（或深度）在逐代增多。当流水线深度在 5～6 级以上时，通常称为超流水线结构。显然，流水线级数越多，每级所花的时间越短，时钟周期就可以设计得越短，指令流速度也就越快，指令平均执行时间也就越短。

2. 高速缓冲存储器技术

在 CPU 的所有操作中，内存访问是最频繁的操作。由于一般微型计算机中的主存储器主要由 MOS 型动态 RAM 构成，其工作速度比 CPU 低一个数量级，加上 CPU 的所有访问都要通过总线这个瓶颈，因此缩短存储器的访问时间是提高计算机速度的关键。采用在 CPU 和内存之间加入高速缓冲存储器（Cache）的办法可以较好地解决这一问题。

一般有两种情况：一是采用静态 RAM 芯片构成外部 Cache，安排在系统的主板上；二是将 Cache 集成在 CPU 芯片内。当前，有的 CPU 甚至在芯片内安排了两级 Cache。

3. 虚拟存储技术

虚拟存储是一种存储管理技术，其目的是扩大面向用户的内存容量。在一般情况下，系统除配备一定的主存储器（半导体存储器）外，还配备了较大容量的辅助存储器（磁盘存储器），两者相比，前者速度快但容量小，后者速度慢但容量大。所以，大量的程序和数据平时是存放在辅助存储器中，待用到时方才调入内存。当程序规模较大而内存数量相对不足时，编程者就需要做出安排，分批将程序调入内存，也就是说，需要不断用新的程序段来覆盖内存中暂时不用的老程序段。所谓虚拟存储技术，就是采用硬件、软件（操作系统）相结合的方法，由系统自动进行这项调度。对于用户来说，这意味着他们可放心使用更大的虚拟内存，而不必过问实际内存的大小，并可得到与实际内存相似的工作速度。

4. 微程序控制技术

微程序控制技术就是将原来由硬件电路控制的指令操作步骤改用微程序来控制。其基本特点是综合运用程序设计技术和只读存储技术，将每条指令的微操作序列转化为一个控制码点的微程序存于 PROM、EPROM 或 E^2PROM 等可编程只读存储器中。当执行指令时，就从 ROM 中读出与该指令对应的微程序，并转化为微操作控制序列。显然，微程序是许多微指令的有序集合，每条微指令又由若干微操作命令组成。可见，执行一条机器指令，就是执行一段微程序或一个微指令序列。

5. 乱序执行技术

为了进一步提高处理速度，Pentium Pro 和 Power PC 等新推出的高档微处理器采用了一种乱序执行技术来支持其超流水线设计。乱序执行技术就是允许指令按照不同于程序中指定的顺序发送给执行部件，从而加速程序执行过程的一种最新技术。它本质上是按数据流驱动原理工作（传统的计算机都是按指令流驱动原理工作的），根据操作数是否准备好来决定一条指令是否立即执行。不能立即执行的指令先搁置一边，而把能立即执行的后续指令提前执行。

6. RISC 技术

RISC（精简指令集计算）的着眼点是增加内部寄存器的数量、简化指令和指令系统。它选用那些最常使用的简单指令，使指令数目减少，从而使指令长度和指令周期进一步缩短。这样，以前由硬件和复杂指令实现的工作，现在由用户通过简单指令来实现，这就降低了硬件的设计难度，有利于进一步提高芯片集成度和工作速度，也为将来采用性能更好但加工难度较大的半导体材料带来希望。

7. 多媒体技术

多媒体技术是指用计算机来存储、管理和处理多种信息和信息媒体（载体）的技术。这些信息与媒体可以是数字、文字、声音、图像、动画、视频图像等。需要强调的是，这里所说的信息都是数字化的，通过计算机来完成它们的存储、加工和还原。

1.1.4　微型计算机的应用

计算机用途广泛，归纳起来有以下几方面。

1. 科学计算

科学计算（或数值计算）是指利用电子计算机来完成科学研究和工程技术中提出的数学问题的计算，如卫星运行轨迹、水坝应力、气象预报、油田布局、潮汐规律等，这是计算机最早的也是最重要的应用领域。在科学技术和工程设计中，存在着大量的类型各异的数学问题，利用电子计算机计算速度快、计算精度高、具有大存储容量以及能够连续运算的特点，可以大大提高人们解决数学问题的效率，甚至可以解决原先靠人工无法解决的科学计算问题。

随着计算机性能的不断提高，计算模拟已成为继理论分析、实验验证之后的第三个科学研究手段。

2. 数据处理

数据处理（或信息处理）是指利用电子计算机来对在生产组织、企业管理、市场分析、情报检索等过程中存在的大量数据进行收集、存储、归纳、分类、整理、检索、统计、分析、列表、图形化输出等的加工过程。信息处理是计算机应用的一个重要方面，涉及的范围和内容十分广泛。这些处理的特点是算法比较简单，需要的主要是简单的算术运算和逻辑运算，但是数据量极大，由人工完成极易出错。

用电子计算机来进行数据处理，不仅速度快，而且质量高。随着科学技术的发展，电子计算机在数据处理方面的应用还将继续扩大和深入。例如，新兴的"生物信息学"更是对电子计算机数据处理能力提出了挑战。

数据处理从简单到复杂已经历了 3 个发展阶段。

第 1 阶段：电子数据处理（Electronic Data Processing，EDP）。它是以文件为对象，实现文件内部的单一数据类型的简单数据处理。

第 2 阶段：管理信息系统（Management Information System，MIS）。它是以数据库为对象，

实现一个部门的多种数据类型的综合数据处理。

第 3 阶段：决策支持系统（Decision Support System，DSS）。它是以数据库、模型库和方法库为基础，实现多种数据类型、多种数据来源的高层次数据处理，帮助管理者、决策者制定正确、有效的企业运营策略。

3. 过程控制

过程控制是指利用电子计算机及时采集、检测工业生产过程中的状态参数，按照相应的标准或最优化的目标，按最佳值迅速对控制对象进行自动调节或进行控制，也称为计算机控制。工业中引入计算机控制，既可提高自动化水平，保证产品质量，也可降低成本，减轻劳动强度。提高控制的及时性和精确性。目前，计算机过程控制已广泛地应用在机械、冶金、石油、化工、纺织、电站、航天、航空、船舶等领域。

例如，在汽车工业中，利用计算机来控制机床，控制整个装配流水线，不仅可以实现精度要求高、形状复杂的零件加工自动化，还可以使整个车间或工厂实现自动化。

过程控制中一类重要的应用是实时控制。所谓实时控制，是指对响应速度要求极快的一类过程控制。例如，一些关键设备的临界故障处理，高速机构的运动控制等。

4. 辅助技术（或计算机辅助设计与制造）

在汽车、飞机、船舶、建筑设计，大规模集成电路设计，新型药物设计等领域，既存在追求设计目标优化，又存在缩短设计周期的要求，还存在减轻设计者劳动强度的问题。随着计算机技术的发展与普及，一个新的学科方向—计算机辅助设计（Computer Aided Design，CAD）应运而生。波音公司设计的 B-777 就全部是在计算机上完成的，号称"无纸设计"。

在 CAD 技术的发展过程中，一些新的技术分支不断派生出来，如计算机辅助制造（Computer Aided Manufacture，CAM）、计算机辅助测试（Computer Aided Test，CAT）等。这些新的技术分支大大提高了企业的生产效率和自动化水平，降低了劳动强度。计算机集成制造系统（Computer Integrated Manufacturing System，CIMS）是当前计算机在制造业应用的最高层次。它是以计算机及计算机网络为平台，借助大型数据库系统的支持，在产品设计、管理决策、加工制造、原料采购、产品销售、产品质量控制等企业生产的全过程，实现信息的集成与共享，使企业资源得到最合理的应用，达到提高产品的市场占有率和企业市场竞争力的目的。

计算机辅助技术还可以应用在教育活动中，比如让计算机来演示教学内容，协助教师组卷与判卷，代替教师回答学生提问等。这就是计算机辅助教学（Computer Aided Instruction，CAI），它可以帮助教师和学生来改善教学效果，提高教学效率。

5. 智能模拟

智能模拟是用计算机软硬件系统来模拟人类的某些智能行为，如模拟人类的感知、思维、推理、学习、理解和问题求解等，它是在计算机科学、控制论、仿生学和心理学等学科的基础上发展起来的一门交叉学科。它的核心是人工智能（Artificial Intelligence，AI）理论与技术，包括专家系统、模式识别、问题求解、定理证明、机器翻译、人工生命、自然语言理解等。人工智能始终是计算机科学与技术领域的一个重要的研究方向。

人工智能的一个重要成果就是机器人（Robot），机器人的视觉、听觉、触觉、决策等都需要人工智能理论与技术的支持。目前，具有一定"学习、推理和联想"能力的机器人不断出现，国际上已研发出大量的工业机器人、家用机器人、会下棋的机器人、会踢足球的机器人、会跳舞的机器人等，这正是智能模拟研究工作取得进展的标志。智能计算机作为人类智能的辅助工具，将被越来越多地用到人类社会的各个领域。随着人工智能理论与技术的不断发展，未来的机器人将会在我们的生产和生活中发挥越来越大的作用。

6．网络通信

计算机技术与现代通信技术相结合构成了计算机网络。计算机网络的发展与普及，不仅解决了一个单位、一个城市、一个国家乃至全世界的计算机之间的相互通信、软硬件资源共享等问题，还大大改变了人们的工作习惯和思维习惯，改变着人类的文化。计算机网络的飞速发展还催生了一些新的应用领域，如电子商务、电子政务、数字图书馆、网络存储、因特网上的海量信息检索等。

7．多媒体技术

多媒体技术是指计算机系统通过多种媒体（如声、图、文等）来实现与人们交互的计算机技术。

借助多媒体技术，计算机可以应用在电影及电视的特技制作、计算机动画、教学软件、商业广告、电子游戏、虚拟现实、Flash、MP3/MP4 等，其中虚拟现实（Virtual Reality，VR）是利用计算机系统来生成一个极具真实感的模拟环境。通过虚拟现实，人们可以进行训练、娱乐、学习等活动。现在开发的虚拟现实系统已被应用来培训驾驶员、宇航员、技术工人，还有人研究基于虚拟现实的旅游。虚拟现实的发展及应用必将深刻地影响人们的思维方式和生活方式。

随着电子计算机性能的不断提高和应用的日益普及，新的应用领域还将会不断地涌现出来。

1.2　微型计算机系统的组成

计算机系统是由硬件系统和软件系统两大部分组成的。硬件是计算机的躯体，软件是计算机的灵魂，两者缺一不可。硬件系统是指所有构成计算机的物理实体，包括计算机系统中一切电子、机械、光电等设备。软件系统是指计算机运行时所需的各种程序、数据及其有关资料。微型计算机又称个人计算机（或 PC），其系统的主要组成如图 1-1 所示。

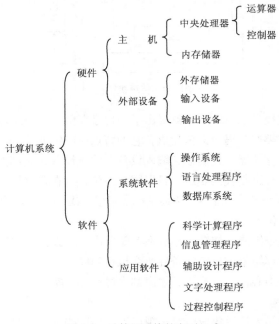

图 1-1　计算机系统的主要组成

1. 硬件

组成计算机的具有物理属性的部件统称为硬件（Hardware），即硬件是指由电子器件和机电装置等组成的机器系统，它是整个计算机的物质基础。硬件也称硬设备。例如，计算机的主机（由运算器、控制器和存储器组成）、显示器、打印机、通信设备等都是硬件。

2. 软件

计算机软件（Software）是指那些存储在计算机内部设备中，实现算法的程序及其文档。人们要让计算机进行工作，就要对它发出各种各样的使其"理解"的命令。为完成某项任务而发送的一系列指令的集合就是程序。

两者的关系：光有硬件没有软件的计算机称为裸机，像一个植物人，没有思维；只有软件也不行，没有硬件的支撑，再好的软件也只能观赏，所以两者互相支撑。一台好的计算机硬件制造完成后，要想发挥计算机强大的功能，只有依靠软件。特别是信息时代，软件的地位和作用已经成为评价计算机系统性能好坏的重要标志，硬件则是按照如何支持软件的运行而设计的。

1.2.1 硬件系统

硬件系统的基本功能是运行由预先设计好的指令编制的各种程序。可以将计算机的硬件发展分为两个时代：传统机时代和现代机时代。

1. 传统机的硬件结构

传统机由 5 大部分组成，即存储器、运算器、控制器、输入设备和输出设备，称为冯•诺依曼体系结构，如图 1-2 所示。

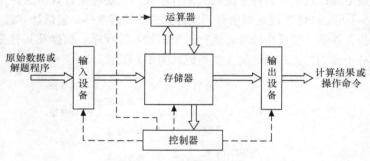

图 1-2 传统机结构

数学家冯·诺依曼教授早在 1945 年就提出了"程序存储"的概念。此后生产的各类计算机都按这种思想设计，称此类型为冯·诺依曼机，它的特点可归纳如下。

（1）机器由运算器、存储器、控制器、输入设备和输出设备 5 大部件组成。

（2）指令和数据都用二进制代码表示，且以同等地位存放在存储器中。

（3）指令分别由 OP（操作码）和 AD（地址码）组成，OP 表示操作性质，AD 表示 OPD（操作数）所在存储器的存放位置。

（4）程序由一系列指令组成，按顺序存放在存储器内，所以执行程序是逐一执行指令，但有时在特定条件下可根据运算结果或设定的条件改变执行顺序。

（5）机器以运算器为中心，不论输入、输出都通过运算器实现。

2. 现代机的硬件结构

现代机是指大规模或超大规模集成电路出现以后，用这些集成电路生产的计算机，大多指的是微型计算机，它们的系统结构可分为单总线结构、双总线结构，组成计算机的各部分都在总线上，包括中央处理器（CPU）、主存储器（RAM 和 ROM）、各种 I/O 接口以及接口外带的各种外部设备，如图 1-3 所示。

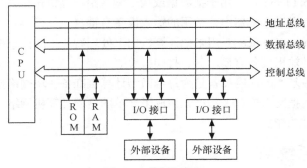

图 1-3　现代机结构

（1）中央处理器。硬件系统的核心是中央处理器，简称 CPU。采用超大规模集成电路（Very Large Scale Integration）工艺，将运算器（ALU）、控制器（CU）和寄存器集成在一块芯片中，又称 MPU。其主要任务是取出指令、解释指令并执行指令。因此，每种处理器都有自己的一套指令系统。

① 运算器。运算器又称算术逻辑单元（Arithmetic Logic Unit，ALU）。它是计算机对数据进行加工处理的部件，接收存储器提供的数据，完成各种算术/逻辑运算，包括对各种数据进行处理等，可以暂存中间结果，但最终结果一定要送到存储器中。

② 控制器。控制器是机器的核心，主要任务是负责从存储器中取出指令，确定指令类型并对指令进行译码，按时间的先后顺序，负责向其他各部件发出控制信号，保证各部件能协调一致地工作，一步一步地完成各种操作。

控制器主要由指令寄存器、译码器、程序计数器、操作控制器等组成。

（2）寄存器（Register）。它是在处理器内部的暂时存储单元。在控制器中的寄存器，用于保持程序运行状态的寄存器称为状态寄存器；用于存储当前指令的寄存器称为指令寄存器；用于存储将要执行的下一条指令的地址的寄存器称为程序计数器。在运算器中的寄存器用于暂存进行运算与比较的数据及其结果。例如，累加器就是可以进行加法运算并保存其结果的寄存器。

（3）存储器。存储器是计算机记忆或暂存的部件。接收输入设备送来的各种信息（程序、数据），向运算器提供必要数据，向控制器提供指令，向输出设备提供执行结果。存储器包括 RAM（随机存储器）和 ROM（只读存储器）。

（4）接口电路。它是 CPU 与外部设备之间的连接缓冲。CPU 与外部设备的工作方式、工作速度、信号类型都不相同，通过接口电路的变换作用，把二者匹配起来。接口电路中包括一些专用芯片、辅助芯片以及各种外部设备适配器和通信接口电路等。不同的外部设备通过不同的适配器连到主机。接口按传送数据的格式分为并行接口和串行接口。例如，鼠标通过串行口与主机相连。

（5）总线及插卡。总线（Bus）就是连接计算机各部分的，用来提供各部分互相交换和传送信息的公用通路，其作用就是把计算机中的各个硬件模块或各种设备连成一个整体，以便进行彼此间的信息交换。

总线包括数据总线、地址总线和控制总线。三者在物理上做在一起，工作时各司其责。总线可以是单向传送数据，也可以是双向传送数据，还可以在多个设备之间选择出唯一的源地址和目的地址。因此，总线还包括相应的控制与驱动电路。

（6）输入输出设备。

① 输入设备（Input Device）：用于把数据或指令输入给计算机进行处理，即将人们熟悉的信息转换成机器熟悉的信息送入机器内，常用的输入设备有键盘、鼠标等。

② 输出设备（Output Device）：用来把计算机加工处理后产生的信息按人们所熟悉的信息显示或打印出来。常用的输出设备有显示器、打印机等。

（7）网络设备。最基本的连网设备是为每台微型计算机准备一块网络接口卡，它位于主机箱的插槽上，并用电缆线把网卡连起来，这就构成了简单的微型计算机网络，通过运行网络软件即可利用网络提供的各种功能。

1.2.2　软件系统

计算机的软件系统由为计算机本身运行所需要的系统软件（System Software）和用户完成特定任务所需的应用软件（Application Software）两大类组成。

系统软件通常指那些用于管理机器各种资源的程序、协调各装置工作的程序和为支持应用软件的运行并提供服务的程序，通常包括操作系统、编译系统、诊断系统、数据库管理系统等。

应用软件通常是指用来为用户解决某种应用问题的程序（并包括有关的文件和资料），是为用户某种专门用途而设计的程序系统。常见的有单项业务处理系统，如学籍管理和师资管理、文件档案管理、财会统计报表管理等。

针对计算机硬件系统而言，可以将软件系统分为 5 个级别：第一级是微程序设计级，第二级是一般机器级，第三级是操作系统级，第四级是汇编语言级，第五级是高级语言级。软件系统可用软件层次图来说明，如图 1-4 和图 1-5 所示。

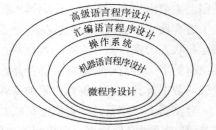

图 1-4　面向用户的软件层次图　　　　　　图 1-5　面向机器的软件层次图

1. 操作系统

操作系统（Operating System）是系统软件的核心，它的功能是统一管理和分配计算机的软硬件资源，提高计算机的工作效率。它是用户和计算机系统之间的接口，各种应用程序都在操作系统的管理和控制下运行，使计算机能够协调地按要求发挥自己的作用。目前微型计算机上广泛使用的是 Windows 系列的操作系统。

2. 程序设计语言

程序设计语言和操作系统是系统软件的重要组成部分，其工作过程可简述如下。

第 1 步：接通电源启动计算机的外部设备和主机。

第 2 步：由输入设备将程序送入内存储器。

第 3 步：当计算机接到操作人员的运行命令后，控制器便将程序从内存储器中逐条取出，经分析加以执行。

第 4 步：在控制器指挥下，由输出设备将处理结果显示或打印。

第 5 步：程序执行完毕，控制器发出信号，计算机自动停机。

在整个处理过程中，计算机完全按照人们的"意愿"去办事，输入计算机的"程序"起着关键性的作用。程序由会写程序的操作人员事先编制。编制程序的过程称为程序设计。书写程序用的"语言"称为程序设计语言，即计算机语言。计算机语言通常是一个能完整、准确和规则地表达人们的意图，并用以指挥或控制计算机工作的"符号系统"。

程序设计语言是人与计算机进行交流的工具，通常分为 3 类，即机器语言、汇编语言和高级语言。

（1）机器语言。机器语言是用二进制代码表示的计算机能直接识别和执行的一种机器指令的集合。它是计算机的设计者通过计算机的硬件结构赋予计算机的操作功能。机器语言具有灵活、直接执行和速度快等特点。不同型号的计算机，其机器语言是不相通的，按照一种计算机的机器指令编制的程序不能在另一种计算机上执行。

用机器语言编写程序，编程人员首先要熟记所用计算机的全部指令代码和代码的涵义。编写程序时，程序员要自己处理每条指令和每一数据的存储分配和输入输出，还要记住编程过程中每一步所使用的工作单元处在何种状态。这是一件十分烦琐的工作，编写程序花费的时间往往是实际运行时间的几十倍或几百倍。而且，编出的程序全是 0 和 1 的指令代码，直观性差，还容易出错。现在，除了计算机生产厂家的专业人员外，绝大多数程序员已经不再学习机器语言了。

（2）汇编语言、编译和解释程序。为了克服机器语言难读、难编、难记和易出错的缺点，人们就用与代码指令实际含义相近的英文缩写词、字母和数字等符号来取代指令代码（如用 ADD 表示运算符号"＋"的机器代码），于是就产生了汇编语言。所以说，汇编语言是一种用助记符表示的仍然面向机器的计算机语言。汇编语言亦称符号语言。汇编语言的特点是用符号代替了机器指令代码，而且助记符与指令代码一一对应，基本保留了机器语言的灵活性。

汇编语言像机器指令一样，是硬件操作的控制信息，因而仍然是面向机器的语言，使用起来还是比较烦琐费时，通用性也差，是低级语言。但是，汇编语言用来编制系统软件和过程控制软件，其目标程序占用内存空间少，运行速度快，具有高级语言不可替代的用途。

汇编语言是面向具体机型的，仍离不开具体计算机的指令系统，因此，汇编语言程序在不同种类的计算机间是互不相通的。计算机不能直接识别和执行汇编语言，必须通过计算机的"汇编程序"的加工和翻译，才能够被计算机识别和处理。用汇编语言等非机器语言书写好的符号程序称为源程序，运行时必须由计算机把它翻译成 CPU 能识别的目标程序（机器语言）之后，才能由 CPU 运行。

（3）高级语言。不论是机器语言还是汇编语言都是面向硬件的具体操作的，语言对机器的过分依赖，要求使用者必须对硬件结构及其工作原理都十分熟悉，这对非计算机专业人员是难以做到的，对于计算机的推广应用是不利的。计算机事业的发展，促使人们去寻求一些与人类自然语言相接近且能为计算机所接受的语意确定、规则明确、自然直观和通用易学的计算机语言。这种与自然语言相近并为计算机所接受和执行的计算机语言称为高级语言。高级语言是面向用户的语言。无论何种机型的计算机，只要配备上相应的高级语言的编译或解释程序，用该高级语言编写的程序就可以通用。

将源程序翻译成机器语言有 2 种翻译方式：一种是编译方式，即先将源程序全部翻译成机器语言然后执行的方式，Pascal、C、C++等采用的就是这种编译方式，实现这种功能的程序称为编译程序；另一种是由机器边翻译边执行的方式，称为解释方式，实现解释功能的翻译程序称为解释程序，Basic、Java等语言采用的就是这种方式。每一种高级语言都有相应的编译或解释程序，机器类型不同，其编译或解释程序也不同。

3．应用软件

应用软件是用户利用计算机以及它所提供的各种系统软件，编译解决各种实际问题的程序，如数据库管理系统、办公自动化软件、图形图像处理软件等。应用软件也可以局部标准化、模块化，形成解决各种典型问题的应用程序的组合，这种组合称为软件包（Package）。

1.2.3　主要性能指标

微型计算机的种类多，性能各有不同。一般从基本字长、内存容量、存取周期、运算速度等方面来衡量计算机的基本性能等。

1．基本字长

基本字长是指参与运算的二进制位数，也是每个存储单元所包含的二进制数的多少，它决定着寄存器、加法器、数据总线等部件的位数，是CPU的重要标志之一。通常微型计算机的字长为8位、16位或32位。计算机的字长直接影响着计算机的计算精确度。字长越长，用来表示数字的有效数位就越多，计算机的精确度也就越高。

2．内存容量

微型计算机的内存储器的容量随着机型的不同而有很大差异。内存容量反映内存储器存储二进制代码字的能力。内存容量越大，微型计算机的存储单元数越多，其"记忆"的功能越强。

3．存取周期

存储器进行一次读或写的操作所需的时间称为存取周期；也就是从存储器中连续写入、读取两个字所用的最小时间间隔称为存取周期。存取周期通常用微秒（us）或纳秒（ns）表示（$1ns = 10^{-3}\mu s = 10^{-9}s$）。一般微型计算机的存取周期约为几百纳秒。

存取周期反映主存储器（内存储器）的速度性能。存取周期越短，存取速度越快。

4．运算速度

运算速度是指计算机每秒钟能执行多少条指令。常用单位是MIPS，即每秒执行100万条指令。例如，PentiumⅢ微型计算机的运算速度为每秒20亿次，即2 000 MIPS。

计算机的运算速度除取决于主频（时钟频率）之外，还与字长、运算位数、传输位数、存取速度、通用寄存器数量以及总线结构等硬件特性有关。实际上，运算速度是一个综合性指标。微型计算机是在统一的时钟脉冲控制下按固定的节拍进行工作的。每秒钟内的节拍数称为微型计算机主频。微型计算机执行一条指令约需一个或几个节拍。主频越高，执行指令的时间越短，运算速度就越快。

5．输入/输出数据的传送率

计算机主机与外部设备交换数据的速度称为计算机输入输出数据的传送率，以"字符/分"表示。

6．通用寄存器的数量

通用寄存器在CPU中直接与运算器相联系，在信息处理过程中负责保存常用数据或中间结果。通用寄存器个数多，可以减少CPU访问内存的次数，提高电子计算机的运算速度。

1.3 机器数的概念

计算机是对由数据表示的各种信息进行自动、高速处理的机器。最基本的功能是对数据进行加工和处理。计算机普遍采用的是二进位计数制，简称二进制。

计算机在进行数值计算或其他数据处理时，要处理的对象是十进制数表示的实数或者是字母、符号等，在计算机内部要首先转换为二进制数。因而，只在二进制数上进行操作（通过计算机硬部件），就可以完成由十进制数构成的数值计算或由字母、符号等构成的数据信息的处理，并将得到的二进制结果转换成十进制数或字母、符号输出。为使数的表示更精炼、直观，书写更方便，还经常用到八进制数和十六进制数，它们是二进制数的两种变形形式。对于数据的表示有多种方法，如二进制数、十进制数、十六进制数等。要了解各种数制的表示方法，首先要了解数制表示中的一些基本概念。

1. 数制

数制即计数的方法，是指用一组固定的符号和统一的规则来表示数值的方法。例如，在计数过程中采用进位的方法，则称为进位计数制。它有数位、基数、位权 3 个基本要素。

2. 数位

数位是指数码在一个数中所处的位置。

3. 基数

基数是指在某种进位计数制中，数位上所能使用的数码的个数。基数也就是进位计数制中所使用的不同基本符号的个数。

4. 位权

位权是指在某种进位计数制中数位所代表的大小。对于一个 R 进制数（基数为 R），若数位记作 j，则位权可记作 R^j。

下面通过实例来说明位权这个概念。一个十进制数 4553.87 可表示为：

$$4\,553.87 = 4 \times 10^3 + 5 \times 10^2 + 5 \times 10^1 + 3 \times 10^0 + 8 \times 10^{-1} + 7 \times 10^{-2}$$

在这个数中，相同的数字 5，处在不同的位置，所代表的数值大小也不同。各位数字所代表的数值大小是由位权来决定的。上面的十进制数中，从左至右各位数字的位权分别为 10^3，10^2，10^1，10^0，10^{-1}，10^{-2}。

1.3.1 二进制数

1. 二进制计数制

数在机器中是以器件的物理状态来表示的，一个具有两种不同的稳定状态且能相互转换的器件就可以用来表示二进制数。所以，二进制数的表示是最简单、可靠的；另外，二进制的运算规则也是最简单的。因此，目前在计算机中使用的数几乎全部是用二进制数表示的。一个二进制数的值可按照位权展开表示，例如：

$$(1011.101)_2 = 1 \times 2^3 + 0 \times 2^2 + 1 \times 2^1 + 1 \times 2^0 + 1 \times 2^{-1} + 0 \times 2^{-2} + 1 \times 2^{-3} = (11.625)_{10}$$

2. 二进制数的特点

一个二进制数具有以下两个基本特点：

（1）具有两个不同的数字符号，即 0 和 1。

（2）逢二进一的进位法，2是二进制数的基数。

例如：

$$(1101)_2 = 1 \times 2^3 + 1 \times 2^2 + 0 \times 2^1 + 1 \times 2^0 \text{（每位上的系数只在0、1中取用）}$$

0和1这两个数字用来表示两种状态，用0、1表示电磁状态的对立两面，在技术实现上是最恰当的。例如，晶体管的导通与截止、磁芯磁化的两个方向、电容器的充电和放电、开关的启和闭、脉冲的有无以及电位的高低等，用作数据信息表示，在处理时其操作简单，抗干扰力强，这为计算机的良好运行创造了必要条件。

二进制数也有它的缺点。一个二进制数书写起来太长，并且容易出错。目前大部分微型计算机的字长是4位、8位、16位、32位或64位的，都是4的整数倍，所以在书写时可以用十六进制数来表示，书写方便且不容易出错。

3. 十六进制数表示的二进制数

一个十六进制数的特点如下：

（1）具有16个数字符号，采用0～9和A～F。16个数字符号与二进制数和十进制数之间的关系如表1-2所示。

表1-2　　　　　　　　　　　十六进制数字符号与二进制数关系

十进制数	十六进制数	二进制数	十进制数	十六进制数	二进制数
0	0	0000	8	8	1000
1	1	0001	9	9	1001
2	2	0010	10	A	1010
3	3	0011	11	B	1011
4	4	0100	12	C	1100
5	5	0101	13	D	1101
6	6	0110	14	E	1110
7	7	0111	15	F	1111

（2）逢十六进一的进位法，16是十六进制数的基数。

一个十六进制数的值可以按照位权展开表示，例如：

$$(3AB.11)_{16} = 3 \times 16^2 + 10 \times 16^1 + 11 \times 16^0 + 1 \times 16^{-1} + 1 \times 16^{-2} = (939.0664)_{10}$$

目前，微型计算机中的数仍然是用二进制表示的，由于微型计算机的字长是4的整数倍，二进制和十六进制存在着一种特殊关系，即 $2^4 = 16$，于是一位十六进制数可以用4位二进制数表示，它们之间存在着直接、唯一的对应关系，如表1-2所示。

不论是十六进制的整数或小数，只要把每一位十六进制的数用相应的4位二进制数代替，就可以将十六进制数转换为二进制。例如：

$$(3AB)_{16} = (0011 \quad 1010 \quad 1011)_2 = (11 \quad 1010 \quad 1011)_2$$

若要将二进制数转换为十六进制数，可将二进制数的整数部分由小数点向左每4位一组，最前面不足4位的在前面补0；小数部分向右每4位一组，最后不足4位的在后面补0，然后把每4位二进制数用相应的十六进制数代替即可。例如：

$$(1 \quad 1011 \quad 1110 \quad 0011 \quad . \quad 1001 \quad 01111)_2 = (1BE3.978)_{16}$$

```
0001   1011   1110   0011   .   1001   0111   1000
 |      |      |      |          |      |      |
 1      B      E      3      .   9      7      8
```

1.3.2 十进制数

计算机内部采用的是二进制数，而人们习惯上使用的是十进制数，为解决人机在计数制上的矛盾，人们设置了数字编码。用 4 位二进制代码表示 1 位十进制数，这种编码称为 BCD 码。BCD 码有很多种，比如 8424 码、2421 码、格雷码和余 3 码，最经常使用的是 8421 码，有 10 个不同的数字：0、1、2、3、4、5、6、7、8、9。

十进制数的两个主要特点如下：

（1）有 10 个不同的数字符号：0、1、2、3、4、5、6、7、8、9。

（2）逢十进一的进位法，10 是十进制数的基数（进制中所用不同数字的个数)。

一个十进制数的值可以按照位权展开表示，例如：

$$(2004)_{10} = 2 \times 10^3 + 0 \times 10^2 + 0 \times 10^1 + 4 \times 10^0$$（每位上的系数只在 0～9 中取用）

1. 8421 码表示的十进制数

用二进制代码表示十进制数，常用的表示方法是将十进制数的每位数字都用一个等值的或特别规定的 4 位二进制数表示（之所以用 4 位二进制数，是因为 4 位二进制数可以表示 16 种不同的状态，十进制数的数字有 10 个，3 位不足，5 位太多）。这类编码使用的是二—十进制码或 BCD（Binary Coded Decimal）码。

BCD 码最常用的是 8421 码，编码是比较直观的，十进制数与 8421 编码的对应关系如表 1-3 所示。

表 1-3   8421 编码表

十 进 制 数	BCD 编码	十 进 制 数	BCD 编码
0	0000	5	0101
1	0001	6	0110
2	0010	7	0111
3	0011	8	1000
4	0100	9	1001

只要熟悉了 8421 的 10 个编码，就可以很容易地实现十进制数与二进制数之间的转换。

2. 用 BCD 码进行十进制加法运算

一个数字系统可以进行两种基本的算术运算：加法和减法。微型计算机中的数是由二进制表示的，故计算机只能够进行二进制数的算术运算。若将表示十进制数的 BCD 码让计算机进行运算，计算机也会把它当作二进制数来运算，结果可能会出错。因此计算机在进行 BCD 加法时，必须对二进制加法的结果进行修正，使 BCD 码表示的十进制数加法真正做到逢 10 进位。

在进行 BCD 加法过程中，计算机对二进制加法结果进行修正的原则如下：

（1）若和的低 4 位大于 9 或低 4 位向高 4 位发生了进位，则低 4 位加 6 修正。

（2）若和的高 4 位大于 9 或高 4 位的最高位发生了进位，则高 4 位加 6 修正。

这种修正是由微处理器内部的十进制调整电路自动完成的，这个十进制调整电路是由专门的十进制调整指令命令它工作的。因此最终也是由人来控制的。二进制加法器与十进制调整电路结合在一起，称为 BCD（十进制）。

【例 1-1】 已知 $X=48$，$Y=69$，试分析 BCD 码的加法过程。

解：根据 BCD 数的定义，如下竖式成立：

$$
\begin{array}{r@{\quad}cc}
48 & 0100 & 1000 \\
+\ 69 & 0110 & 1001 \\
\hline
117 & 1011 & 0001 \\
\hline
+ & & 0110 \\
\hline
 & 1011 & 0111 \\
+ & & 0110 \\
\hline
1 & 0001 & 0111 \\
\end{array}
$$

——低 4 位有进位，故低 4 位加 6 修正

——高 4 位大于 9，故高 4 位加 6 修正

因为相加的两数为无符号数，所以最高位进位有效。显然，人工算法和机器算法一致。

3. ASCII 码表示的十进制数

现代微型计算机不仅要处理数字信息，还需要处理大量字母和符号信息。这就需要对数字、字母和符号进行二进制编码，以供微型计算机识别、存储和处理。这些数字、字母和符号统称为字符，因此字母和符号的二进制编码又称为字符编码。

使用最多的符号有十进制数字 0～9，52 个大、小写英文字母，通用的算术运算符号及各种标点符号等，大约 128 种。可以用 7 位二进制数的不同编码来表示 128 个不同字符。国际上通用的是美国国家信息交换标准码（American Standard Code for Information Interchange，ASCII 码），现已广泛应用于微型计算机中。ASCII 码字符表见附录 B，其中十进制数字 0～9 的 ASCII 码为 0110000B～0111001B（即 30H～39H）。

在 8 位微型计算机中，信息通常是按字节存储和传送的，一个字节有 8 位。ASCII 码共有 7 位，作为一个字节还少一位，这位是最高位，常用作奇偶校验，故称为奇偶校验位。奇偶校验位在信息传送中用来校验信息传送过程是否有错。

奇偶校验位状态常由发送端的奇偶校验电路自动根据发送字节低 7 位中"1"的个数来确定。对于采用奇偶校验的信息传输线路，奇偶校验位的状态取决于其余 7 位信息中"1"的奇偶个数。假如我们选取奇校验码，若其他 7 位中"1"的个数为奇数，则奇偶校验位为"0"；若"1"的个数为偶数，则奇偶校验位为"1"，以保证所传信息字节中"1"的个数为奇数。这样，接收端只要判断每个字节中是否有奇数个"1"（包括奇偶校验位），就可以知道信息在传输中是否出错。奇偶检验的缺点是无法检验每个字节中同时发生偶数个错码的通信错误，但这种机会是很少的。因此，奇偶校验广泛应用于微型计算机通信中。

1.3.3 不同数制之间的转换

1. 十进制数与二进制数之间的转换

（1）十进制整数转换成二进制整数

方法:除 2 取余数，结果排倒列。

具体做法：将十进制数除以 2，得到一个商和余数；再将商除以 2，又得到一个商和余数；继续这一过程，直到商等于 0 为止。每次得到的余数（必定是 0 或 1）就是对应的二进制数的各位数字。

第一次得到的余数为二进制数的最低位，最后得到的余数为二进制数的最高位。

例如：

将十进制数 97 转换成二进制数，其过程如下：

$$2 \underline{|\quad 97} \qquad 余数为 1, \quad 即 A_0=1$$
$$2 \underline{|\quad 48} \qquad 余数为 0, \quad 即 A_1=0$$
$$2 \underline{|\quad 24} \qquad 余数为 0, \quad 即 A_2=0$$
$$2 \underline{|\quad 12} \qquad 余数为 0, \quad 即 A_3=0$$
$$2 \underline{|\quad 6} \qquad 余数为 0, \quad 即 A_4=0$$
$$2 \underline{|\quad 3} \qquad 余数为 1, \quad 即 A_5=1$$
$$2 \underline{|\quad 1} \qquad 余数为 1, \quad 即 A_6=1$$
$$商为 \quad 0 \qquad 余数为 0, \quad 结束$$

最后结果为

$$(97)_{10}=(A_6A_5A_4A_3A_2A_1)_2=(1100001)_2$$

（2）十进制小数转换成二进制小数

方法：乘 2 取整数，结果顺排列。

具体做法：用 2 乘以十进制小数，得到一个整数和一个小数；再用 2 乘以小数部分，又得到一个整数和小数；继续这一过程，直到余下的小数部分为 0 或满足精度要求为止；最后将每次得到的整数部分（必定是 0 或 1）按先后顺序从左到右排列，即得到所对应的二进制小数。

例如：

将十进制小数 0.6875 转换成二进制小数，其过程如下：

$$0.6875$$
$$\times \quad\underline{\quad 2}$$
$$1.3750 \qquad 整数部分为 1, 即 A_{-1}=1$$
$$0.3750 \qquad 余下的小数部分继续乘 2$$
$$\times \quad\underline{\quad 2}$$
$$0.7500 \qquad 整数部分为 0, 即 A_{-2}=0$$
$$0.7500 \qquad 余下的小数部分继续乘 2$$
$$\times \quad\underline{\quad 2}$$
$$1.5000 \qquad 整数部分为 1, 即 A_{-3}=1$$
$$0.5000 \qquad 余下的小数部分继续乘 2$$
$$\times \quad\underline{\quad 2}$$
$$1.0000 \qquad 整数部分为 1, 即 A_{-4}=1$$
$$0.0000 \qquad 余下的小数部分为 0, 结束$$

最后结果为

$$(0.6875)_{10}=(0.A_{-1}A_{-2}A_{-3}A_{-4})_2=(0.1011)_2$$

为了将一个既有整数又有小数部分的十进制数转换成二进制数，可以将其整数部分和小数部分分别进行转换，然后再组合起来。例如把 97.6875 转换成对应二进制数的过程如下：

$$(97)_{10}=(1100001)_2$$
$$(0.6875)_{10}=(0.1011)_2$$

由此可得：

$$(97.6875)_{10}=(1100001.1011)_2$$

（3）二进制数转换成十进制数

方法：按位权展开后相加求和。

例如：

将二进制数 111.11 转换成十进制数，其过程如下：

$$(111.11)_2 = 1 \times 2^2 + 1 \times 2^1 + 1 \times 2^0 + 1 \times 2^{-1} + 1 \times 2^{-1}$$
$$= 4 + 2 + 1 + 0.5 + 0.25$$
$$= (7.75)_{10}$$

2．十进制数与八进制数之间的转换

（1）十进制整数转换成八进制整数

方法：除 8 取余数，结果倒排列。

具体做法：将十进制数除以 8，得到一个商和一个余数；再将商除以 8，又得到一个商和一个余数；继续这一过程，直到商等于 0 为止。每次得到的余数（必定是小于 8 的数）就是对应八进制数的各位数字。第一次得到的余数为八进制数的最低位，最后一次得到的余数为八进制数的最高位。

例如：

将十进制数 97 转换成八进制数，其过程如下：

8⌊_____97	余数为 1，	即 $A_0 = 1$
8⌊_____12	余数为 4，	即 $A_1 = 4$
8⌊_____1	余数为 1，	即 $A_2 = 1$
商为 0	余数为 0，	结束

最后结果为

$$(97)_{10} = (A_2 A_1 A_0) = (141)_8$$

（2）十进制小数转换成八进制小数

方法：乘 8 取整数，结果顺排序。

具体做法：用 8 乘以十进制小数，得到一个整数和一个小数；再用 8 除以小数部分，又得到一个整数和一个小数；继续这一过程，直到余下小数部分为 0 或满足精度要求为止；最后将每次得到的整数部分（必定是小于 8 的数）按先后顺序从左到右排列，即得到所对应的二进制小数。

例如：

将十进制小数 0.6875 转换成八进制小数，其过程如下：

```
        0.6875
    ×       8
        5.5000          整数部分为 5，即 A₋₁=5
        0.5000          余下的小数部分继续乘 8
    ×       8
        4.0000          整数部分为 4，即 A₋₂=4
        0.0000          余下的小数部分为 0，结束
```

整数部分为 5，即 $A_{-1} = 5$

余下的小数部分继续乘 8

整数部分为 4，即 $A_{-2} = 4$

余下的小数部分为 0，结束

其结果为

$$(0.6875)_{10} = (0.A_{-1} A_{-2}) = (0.54)_8$$

同理，一个八进制数可分解成整数和小数部分，分别转换后合成即可。

（3）八进制数转换成十进制数

方法：按位展开后相加求和。

例如：

将八进制数 141.54 转换成十进制数，其过程如下：

$$(141.54)_8 = 1 \times 8^2 + 4 \times 8^1 + 1 \times 8^0 + 5 \times 8^{-1} + 4 \times 8^{-2}$$
$$= 64 + 32 + 1 + 0.65 + 0.0625$$
$$= 97.6875$$

最后结果为

$$(141.54)_8 = (97.6875)_{10}$$

3．十进制数与十六进制数之间的转换

（1）十进制整数转换成十六进制整数

方法：除以 16 取余数，结果倒排列。

具体做法：将十进制数除以 16，得到一个商和一个余数；再将商除以 16，又得到一个商和一个余数；继续这一过程，直到商等于 0 为止。每次得到的余数（必定是小于 F 的数）就是对应十六进制的各位数字。第一次得到的余数为十六进制数的最低位，最后一次得到的余数为十六进制的最高位。

例如：

将十进制数 97 转换成十六进制数，其过程如下：

16	97	余数为 1，	即 $A_0 = 1$
16	6	余数为 6，	即 $A_1 = 6$
	商为 0	余数为 0，	结束

最后结果为

$$(97)_{10} = (A_2 A_1 A_0)_{16} = (61)_{16}$$

（2）十进制小数转换成十六进制小数

方法：乘 16 取整数，结果顺排列。

具体做法：用 16 乘以十进制小数，得到一个整数和一个小数；再用 16 乘以小数部分，又得到一个整数和一个小数；继续这一过程，直到余下的小数部分为 0 或满足精度要求为止；最后将每次得到的整数部分（必定是小于 F 的数）按先后顺序从左到右排列，即得到所对应的十六进制小数。

例如：

将十进制数 0.6875 转换成十六进制小数。其过程如下：

$$
\begin{array}{r}
0.6875 \\
\times \quad 16 \\
\hline
11.0000 \\
0.0000
\end{array}
$$

整数部分为 11，即 $A_{-1} = B$

余下的小数部分为 0，结束

最后结果为

$$(0.6875)_{10} = (0.A_{-1})_{16} = (0.B)_{16}$$

（3）十六进制数转换成十进制数

方法：按位权展开后相加求和。

例如：

将十六进制数 61.B 转换成十进制数。其过程如下：

$$(61.B)_{16} = 6 \times 16^1 + 1 \times 16^0 + B \times 16^{-1}$$
$$= 96 + 1 + 11 \times 16^{-1}$$
$$= 97 + 0.6875$$
$$= 97.6875$$

最后结果为

$$(61.B)_{16}=(97.6875)_{10}$$

4．二进制数与八进制数、十六进制数之间的转换

因为 $2^3=8$，所以每三位二进制数对应一位八进制数；$2^4=16$，所以每四位二进制数对应一位十六进制。表1-4列出了十进制、二进制、八进制、十六进制最基本数字的对应关系，这些对应关系在后面的二进制数、八进制数、十六进制数相互转换中要经常用到。

（1）二进制数转换成八进制数

方法：从小数点所在位置分别向左、向右每三位一组进行划分。若小数点左侧的位数不是3的整数倍，在数的最左侧补零；若小数点右侧的位数不是3的整数倍，则在数的最右侧补零。然后参照表1-4，将每三位二进制数转换成对应的一位八进制数，排列后即为二进制数对应的八进制数。

表1-4   十、二、八、十六进制数码的对应关系

十进制数	二进制数	八进制数	十六进制数
0	0000	0	0
1	0001	1	1
2	0010	2	2
3	0011	3	3
4	0100	4	4
5	0101	5	5
6	0110	6	6
7	0111	7	7
8	1000	10	8
9	1001	11	9
10	1010	12	A
11	1011	13	B
12	1100	14	C
13	1101	15	D
14	1110	16	E
15	1111	17	F

例如：

直接将二进制数 11110.11 转换成八进制数。其过程如下：

011	110.	110
3	6 .	6

所以

$$(11110.11)_2=(36.6)_8$$

（2）八进制数转换二进制数

方法：参照表1-4，将每一位八进制数分解成对应的三位二进制数，排列后即为八进制数对应的二进制数。

例如：

直接将八进制数 35.6 转换成二进制数，其过程如下：

3	5.	6
011	111.	110

所以

$$(35.6)_8=(11101.11)_2$$

（3）二进制数转换成十六进制数

方法：从小数点所在位置分别向左、向右每四位一组进行划分。若小数点左侧的位数不是4的整数倍，在数的最左侧补零；若小数点右侧不是4的整数倍，在数的最右侧补零。然后参照表1-4，将每四位二进制数转换成对应的一位十六进制数，排列后即为二进制数对应的十六进制数。

例如：

直接将二进制数11110.11转换成十六进制数，其过程如下：

0001	1110.	1100
1	E.	C

所以

$$(111110.11)_2 = (1E.C)_{16}$$

（4）十六进制数转换成二进制数

方法：参照表1-4，将每一位十六进制数转换成对应的四位二进制数，排列后即为十六进制数对应的二进制数。

例如：

直接将十六进制数EF.C转换成二进制数，其过程如下：

E	F.	C
1110	1111.	1100

所以

$$(EF.C)_{16} = (11101111.11)_2$$

由以上方法可以看出，$(25)_{10}=(110011)_2=(19)_{16}=(31)_8$，$(0.5)_{10}=(0.1)_2=(0.8)_{16}=(0.4)$。在计算机里，常常用数字后面跟一个英文字母来表示该数的数制。十进制数用D（Decimal），二进制数用B（Binary），八进制数用O（Octal），十六进制数H（Hexadecimai）来表示。由于英文字母O容易和零混淆，所以也可以用Q来表示八进制数。另外，在计算机操作中，一般默认使用十进制数，所以十进制数可以不标进制。

例如，2D=11001B=19H=31Q，0.5D=0.1B=0.8H=0.4Q。当然，也可以用这些字母的小写形式来表示数制。例如：25d=11001b=19h=31q，0.5d=0.1b=0.8h=0.4q。本书约定采用大写字母形式。

八进制数和十六进制数主要用来简化二进制数的书写，因为具有$2^3=8$，$2^4=16$的关系，所以使用八进制数和十六进制数表示的二进制数较短，便于记忆。IBM-PC机中主要使用十六进制数表示二进制数和编码，所以必须十分熟悉二进制数与十六进制数的对应关系。

1.3.4 有符号数在计算机中的表示方法

数有两种，一种是带符号的数，另一种是不带符号的数（逻辑数）。无论是有符号数还是无符号数，在计算机中都称为机器数。下面讨论有符号数在机器中的表示方法。

1. 机器数与真值

前面提到的二进制数为无符号数的表示，但是在微型计算机中，数值显然会有正负，那么符号是怎么表示的呢？通常一个数的最高位为符号位，即若是字长为8位，则D7为符号位，D6～D0为数字位。符号位用0表示正，1表示负。例如：

$$X=(0101 \quad 1011)_2 = +91$$

$$X=(1101 \quad 1011)_2 = -91$$

连同一个符号位一起作为一个数，则称为机器数；与机器数对应的用正、负符号加绝对值来表示的实际数值称为机器数的真值。为了运算方便（把减法变为加法），机器中的正、负数有 3 种表示方法：原码、反码和补码。正数的原码、反码、补码表示相同，都为原码。

2. 原码表示方法

如上所述，正数的符号位用 0 表示，负数的符号位用 1 表示，这种表示方法就称为原码表示方法。例如：

$$X = +105, \quad [X]_原 = 0 \quad 1101001$$
$$X = -105, \quad [X]_原 = 1 \quad 1101001$$

符号位　数值

原码表示简单易懂，而且与真值的转换方便。若是两个异号数相加（或两个同号数相减），就要进行减法运算。为了把减法运算转换为加法运算就引进了反码和补码。

3. 反码表示方法

正数的反码表示与原码相同，最高位为符号位，用"0"表示，其余位为数值位。例如：

$$[+31]_反 = 0 \quad 0011111$$

符号位　二进制数值

负数的反码表示即为它的正数按位取反（连符号位）而形成的。例如：

$$[-31]_反 = 1 \quad 1100000$$

负数的反码表示与原码表示有很大区别：最高位仍为符号位，负仍用"1"表示，但数值位不同，这是要十分注意的。例如：

$$[+105]_反 = 0 \quad 1101001$$
$$[-105]_反 = 1 \quad 0010110$$

8 位二进制数带符号位的反码、补码表示如表 1-5 所示。

表 1-5　　　　　　　　　　　　　原码、反码、补码对照表

二进制数码表示	无符号二进制数	原　码	补　码	反　码
00000000	0	+0	+0	+0
00000001	1	+1	+1	+1
00000010	2	+2	+2	+2
⋮	⋮	⋮	⋮	⋮
01111110	126	+126	+126	+126
01111111	127	+127	+127	+127
10000000	128	−0	−128	−127
10000001	129	−1	−127	−126
10000010	130	−2	−126	−125
⋮	⋮	⋮	⋮	⋮
11111101	253	−125	−3	−2
11111110	254	−126	−2	−1
11111111	255	−127	−1	−0

反码具有以下特点：

（1）"0"有两种表示方法："+0"和"-0"。

（2）8 位二进制反码所能表示的数值范围为+127 ～ -127。

（3）当一个带符号数用反码表示时，最高位为符号位。当符号位为 0（正数）时，后面 7 位即为数值部分；符号位为 1（负数）时，后面 7 位需按位取反，表示它的二进制数值。例如，一个反码表示的数为：

10010100

符号位为 1，说明是负数，后面的数值位应为：

$$-1101011=-(1\times2^6+1\times2^5+0\times2^4+1\times2^3+0\times2^2+1\times2^1+1\times2^0)=(-107)_{10}$$

反码的反码为原码，机器数与真值的对应关系只能用原码。

4. 补码表示方法

正数的补码表示与原码相同，即最高位为符号位，用"0"表示正，其余位为数值位。例如：

$$[+31]_{补} = 0 \quad 0011111$$

　　　　　　　　　符号位　数值位

负数的补码由它的反码在最低位加 1 所形成。例如：

$$[-31]_{反} = 1 \quad 1100000$$
$$[-31]_{补} = 1 \quad 1100001$$

补码有以下特点：

（1）$[+0]_{补} = [-0]_{补} = 00000000$。

（2）8 位二进制补码所能表示的数值为+127 ～ -128。

（3）一个用补码表示的二进制数，其最高位为符号位。当符号位为"0"（正数）时，后面 7 位为此数的二进制值；符号位为"1"（负数）时，后面 7 位需按位取反并加 1，才为此数的二进制值。

当负数采用补码表示时，就可以把减法转换为加法。例如：

$$X = 64-10=64+(-10)$$
$$[X]_{补} = [64]_{补}+[-10]_{补}$$
$$[64]_{补} = 01000000$$
$$[10]_{补} = 00001010$$
$$[-10]_{补} = 11110110$$

于是：

```
  0 1 0 0 0 0 0 0           0 1 0 0 0 0 0 0
- 0 0 0 0 1 0 1 0         + 1 1 1 1 0 1 1 0
-----------------      ---------------------
  0 0 1 1 0 1 1 0        1   0 0 1 1 0 1 1 0
                        自然丢失
```

计算机的字长是有一定限制的，所以一个带符号数是有一定的范围的，字长为 8 位的补码表示的范围为+127 ～ -128。

当运算结果超出这个表达范围时就不正确了，称为溢出。这时需要用更多字节（如 16 位、24 位）来表示。

实际上我们是利用了补码的概念将减法转换为加法，使补码的运算具有实用价值。因此，在微型计算机中，凡是带符号的数一律用补码表示，运算的结果也是用补码表示的。

习　题

一、填空题

1. CPU 是英文_____的缩写，中文译为_____。

2. Intel 8086 支持_____容量主存空间。

3. 二进制 16 位共有_____个编码组合，如果一位对应处理器一个地址信号，16 位地址信号共能寻址_____容量的主存空间。

4. 微型计算机的主要性能指标有_____、_____、_____、_____、_____、_____。

5. 微型计算机可由 5 部分组成，分别包括_____、_____、_____、_____、_____。

二、名词解释

1. 位　　　　2. 字　　　　3. 字节　　　　4. 字长　　　　5. 指令　　　　6. 程序

三、计算题

1. 将下列二进制数转换成十进制数。

（1）1010　　　　（2）1101010　　　　（3）1101111　　　　（4）00001

2. 将下列十进制数转换成二进制数。

（1）15　　　　（2）256　　　　（3）87.625　　　　（4）0.125

3. 已知 $X = +10010110$、$Y = +1101011$ 两个数，运用补码运算规则计算 $X + Y$ 和 $X - Y$ 的值。

4. 已知数的原码，写出数的补码和反码。

$$[X] = 0.101001 \qquad [Y] = 1.1011010$$

5. 把下列 8421 码数写为十进制数。

1001　　0000　　0101　　0110

1000　　0110　　0011　　1001

四、简答题

1. 计算机的发展分为几个阶段？

2. 微型计算机的发展分为几个阶段？

3. 什么是微处理机？什么是微型计算机？什么是微型计算机系统？请说明三者之间的区别。

4. 试述信息从存储器读出和向存储器写入的操作过程。

5. 什么是指令操作码？什么是操作数？

第2章
微型计算机原理及结构特点

微型计算机的硬件系统包括中央处理器（CPU）、存储器（Memory）、输入/输出（I/O）接口及总线（Bus）4部分。它们在各自的位置上有序地工作着。

2.1 微型计算机的组成原理

要了解一台微型计算机的工作过程，必须知道它的硬件组成与各部件的工作原理。下面结合一台教学机的主机来讲述它的工作原理，使大家建立整机的概念，了解计算机的内部工作状况。一台教学机的主机组成框图如图2-1所示。

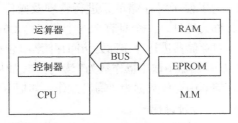

图2-1　一台教学机的主机

主机由中央处理器（CPU）和主存储器（M.M）组成，总线是信息传送的通道，下面分别进行介绍。

2.1.1 主存储器

主机内部的存储器称为主存储器，因为其位置在主机内部，所以也称为内部存储器（简称内存）。内存要求工作速度快，可与CPU匹配，所以内存均由半导体存储器芯片组成，一片存储芯片由地址译码器、存储体和读写控制电路等组成，如图2-2所示。

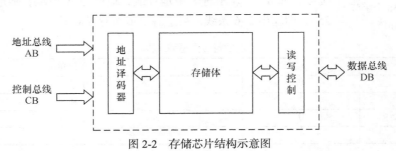

图2-2　存储芯片结构示意图

1. 存储体

把若干个存储元器件按矩阵排列形式形成若干个存储单元，用来存放二进制代码，一个存储元器件可存放一位二进制代码，这些二进制代码可以表示为一条指令（指令字），也可以是一个操作数或状态字等。

不同的芯片，其存储单元类型也不同，有位单元、字节单元、字单元，也有半字节单元。

（1）位（bit）单元。位是计算机所能表示的最基本、最小的数据单位，一个存储单元只能存放一位二进制代码，称为"位"或比特（bit）。

（2）字节（byte）单元。字节是计算机存储信息的基本单位。8 位相邻的二进制数据称为一个字节，即一个字节单元可以存放 8 个二进制代码。

（3）字（word）单元。字指的是数据字，是微处理机内部进行数据处理的基本单位，习惯上把两个字节称为一个字，所以字单元可存放 16 位二进制代码。通常也是与输入/输出设备和存储器之间传送数据的基本单位。在计算机的存储器中占据一个单独的地址（内存单元的编号）。

计算机的一个内存储器包含的字节数就是这个内存储器的容量，一般采用 KB（千字节）为单位来表示，1KB=1 024 B。例如，64 KB=1 024 B×64=65 536 B。对容量大的计算机，常用 MB（兆字节）或 GB 作单位表示存储器容量。1MB=1 024 B×1 024=1 048 576 B=1 024 KB，1GB=1 024 MB。

 注意：存储芯片中的存储单元规格必须统一，要么都由位单元组成。要么都由字节单元组成，画存储器图时都用条形框画，如图 2-3 所示。

图 2-3　具有 256 个字节单元的存储体

为了便于对存储单元进行管理及操作，将每一个存储单元都编上号，称为地址，一个具有 256 个存储单元的地址为 00～FFH。

对存储器进行操作称为访问存储器，包括两种操作，即读操作与写操作。从存储器中取出操作数为"读"操作，如从 01H 单元中读取数据 3AH。向存储器中存放数据为"写"操作，如把 B5H 写入 FEH 单元。

2. 地址译码器

对存储器中某一单元进行访问时必须通过地址译码器。地址译码器接收由 CPU 送来的地址，经译码后，便指向对应该地址的存储单元，所以访问存储器时，首先要由地址译码器寻找存储单元地址。

地址译码器对应送来的地址位数不同，访问的存储单元个数也不同，如 2 位地址 A_1，A_0 对应 4 个存储单元的地址，如表 2-1 所示。2 位地址的译码器如图 2-4 所示。

同理，3 位地址可访问 8 个存储单元。用 2^n 计算，其中 n 代表地址位数，如 $n=8$ 表示有 8 条地址线，地址为 $A_0～A_7$，地址译码器为 8：256，即输出 256 条线，可选择 256 个存储单元。

表 2-1　　　　　　　　　　地址对应存储单元表

A_1	A_0	对应存储单元
0	0	0 号
0	1	1 号
1	0	2 号
1	1	3 号

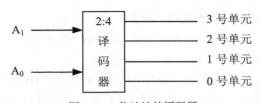

图 2-4　2 位地址的译码器

3. 读/写控制电路

接收 CPU 送来的读（$\overline{RD}$ 表示）或写（用 $\overline{WR}$ 表示）命令，可对存储单元进行读操作或写操作。

4. 存储器的外部电路

存储器的外部电路协助存储器工作，包括存储器地址寄存器（MAR）和存储器数据寄存器（MDR）。

（1）MAR。MAR 接收由 CPU 送来访问存储器的地址码，提供给存储芯片中的地址译码器。由于访问存储器时，一次访问时间较长，从送地址开始到完成数据后传送这段时间内，地址不允许丢失和改变，因此必须用一个地址寄存器锁存起来。

（2）MDR。从存储器取出来的数据要暂放在一个寄存器中，或者向存储器中写入的数据也要暂放在一个寄存器中，所以增加一个 MDR 负责此项工作。

5. 存储器的硬件系统及其工作原理

有了存储器芯片，有了外部电路，可以把它们组织在一起，形成一个存储器系统。

（1）存储器硬件系统。存储器系统如图 2-5 所示，它由 MAR、地址译码器、存储体、读/写控制及 MDR 组成，MAR 与地址总线 AB 相连，MDR 与数据总线 DB 相连。

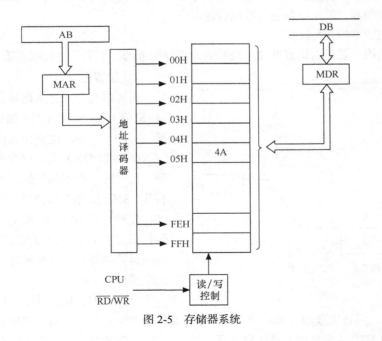

图 2-5　存储器系统

（2）存储器的工作过程。

存数操作：设一数据 4AH 送入 05 单元，需要下面 5 步完成。

第 1 步：CPU 把地址 05H 通过 AB 送入 MAR。

第 2 步：MAR 的内容经地址译码器译码后选中 05H 单元。

第 3 步：CPU 再把写入的数据（4AH）通过 DB 送入 MDR 中。

第 4 步：CPU 发来写命令（WR=1）。

第 5 步：在写命令作用下，把 MDR 中的 4AH 写入选中的 05H 单元。

取数操作：取数操作正好与存数操作相反。例如，已知 FEH 单元中存有一个数据 B9H，其过程如下。

第 1 步：CPU 通过 AB 先把地址 FEH 送入 MAR 中。

第 2 步：MAR 的内容经地址译码器译码后选中 FEH 单元。

第 3 步：CPU 发读命令（RD＝1）。

第 4 步：在读命令作用下，从被选中的 FEH 单元内把数据 B9H 取出送入 MDR 中。

综上所述，欲一次访问存储器时，先送地址再送读或写命令，才能完成取数或存数操作，称之为访问存储器三步曲，至少目前计算机的存储器就是这样工作的。

2.1.2　中央处理器

CPU 也称为 MPU，CPU 是把运算器、控制器合称为中央处理器，而 MPU 是把运算器和控制器集成在一块集成电路中。CPU 是一台微型计算机的核心，具有运算能力，并对整台计算机具有控制功能的一个指挥机构，具有如下功能：

● 可以完成算术运算和逻辑运算，也可以对数据进行变换加工等工作。

● 可到存储器中读取指令，并对其译码分析后具体执行指令的任务。

● 可向全机各部件提供所需要的控制信号和定时时钟。

● 可与存储器、外部设备进行数据传送。

● 可控制程序的执行流向。

CPU 内部结构一般是由运算器和控制器两大部分组成的，下面分别加以说明。

1．运算器

运算器可完成算术运算，如加（ADD）、减（SUB）、乘（MUL）、除（DIV）、加 1（INC）、减 1（DEC）等；也能完成逻辑运算，如与（AND）、或（OR）、非（NOT）和异或（XOR）等；还可实现数据的移位，如左移（SHL）、右移（SHR）、循环移位等，以及对两个数据进行比较（CMP）、测试（TEST）。总之，运算器是对计算机中的信息或数据进行处理和运算的部件。以算术运算为例，运算器的组成如图 2-6 所示。

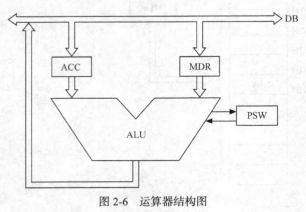

图 2-6　运算器结构图

（1）ALU：算术逻辑运算单元。用来处理各种数据信息，具体完成加、减、乘、除算术运算以及与、或、非、异或逻辑运算的地方。

（2）ACC 和 MDR：两个存放操作数的寄存器。例如，两数相减，其中被减数放在累加器 ACC 中，减数放在 MDR 中，两个数在 ALU 中完成求差过程，求出的差仍然送回 ACC，所以 ACC 具有累计的意思，称为累加器，操作数沿数据流线传输。

（3）PSW：程序状态字寄存器。程序状态字是用来反映操作结果特征的地方，例如：

$$101101 + 100110 = 010011$$

$$\begin{array}{r} 101101 \\ +）\,100110 \\ \hline 010011 \end{array}$$

两数相加的结果为 010011，其特征是最高位产生进位，而结果没有写成 1010011，这是因为存放操作数的寄存器是 6 位长，加出的结果仍然为 6 位数，多出的 1 位（进位）放在 PSW 中某一位上，表示这次操作结果产生进位的特征。

设 PSW 也为 8 位，那么最大可有 8 种特征，不一定所有机器都有 8 种，但大部分有，如下所示。

- CY：进位/借位标志。
- AC：半进位/半借位标志。
- Z：零标志。
- OV：溢出标志。
- P：奇偶标志。

结果特征的主要用途是向 CPU 提供执行程序方向的依据，在后面的章节中将会用到。例如，判断上次操作结果是否为"0"，若为"0"，程序将跳到一个指定标号处去执行；若不为"0"，程序就继续执行。

2．控制器

控制器可按时间的先后顺序向其他各部件发出控制信号，保证各部件协调一致的工作，使各种操作逐步完成。要保证控制器的工作，控制器结构将由以下电路组成，如图 2-7 所示。

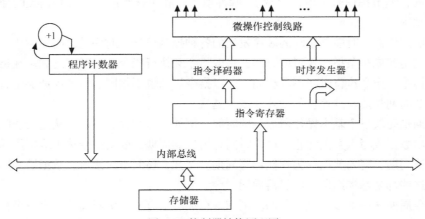

图 2-7　控制器结构原理图

（1）指令寄存器（IR）。计算机能够正确而有效地完成一件工作，需要依靠一系列的指令。所谓指令，就是人指挥计算机完成各种操作任务的命令。指令是一组二进制数，其编码格式及功能、类别和数量是因机型而有所不同的。一般情况下，一条指令包括以下内容。

① 指出计算机应该进行的操作类型。

② 指出参加操作的数在存储器中的地址/寄存器的地址。

解题程序是用一条条指令编写出来的，在 CPU 解题之前存放在存储器内，CPU 解题时，控制器先到存储器中取出一条指令，这条被取出的指令送入控制器中的 IR，在这里等待执行。（因为执行一条指令需要一定的时间，在这段时间内，指令不能消失，所以先放在 IR 中。）

操作码	操作数/地址

图 2-8　指令格式

指令格式如图 2-8 所示，一条指令由操作码和操作数两个字段组成。

① 操作码（OP Code）字段。操作码告诉机器本条指令的操作类型，即将完成什么操作，是加法操作还是减法操作，是转移操作还是停机操作，所以一条指令的操作码字段必须有。按其操作的性质，可将指令分成不同的类型，即传送指令、算术运算指令、逻辑运算指令、控制指令和外部设备指令。

② 操作数/地址字段（OPD/ADDR）。该字段指明参加本次操作的操作数的地址，这部分是可选项，有的指令无此项，如停机指令 HLT，只有操作码字段，无操作数字段；有的指令有 2 个或 3 个操作数/地址。

（2）指令译码器（ID）。指令译码器就是分析指令的地方。一条指令可完成一种操作，要让机器知道就必须通过指令译码器对操作码字段进行译码分析。例如，指令 ADD，操作码经指令译码器后方知下面要进行加法运算，然后将存放两个加数的寄存器相应门打开，让操作数送往 ALU 进行加法运算，并把结果送入 ACC。

（3）微操作控制线路。经过对指令分析后，根据分析结果发出相应的控制命令，完成指令的执行，微操作控制线路就是完成此任务的。

完成一种操作不是马上就能完成的。例如，下一道植树命令，具体完成植树操作工作还要有若干步骤：第 1 步领取工具，第 2 步挖坑，第 3 步领树苗，第 4 步栽树，第 5 步浇水，第 6 步完成。我们把这些步骤称为微操作，计算机完成一条指令操作也需要由许多微操作完成，微操作控制线路就是会发出各种各样的微操作命令的地方，这些微操作命令是在时序发生器发出各种控制信号下产生的，如节拍信号（电位表示）、脉冲信号。利用这些信号去打开相关的控制门，推动操作数的流动等。

（4）时序发生器。时序是按时间顺序发出的各种控制信号，时序是由时序发生器产生的。

指令周期是完成一条指令执行的时间，是取指令和执行指令两个时间之和。在指令系统中有各种各样的指令，指令执行时间不尽相同，所以指令周期也不相同。指令周期决定着计算机的运算速度。指令周期越短，计算机的运算速度就越快。

机器周期是完成一个基本操作所需要的时间。例如，访问存储器时，从送被访问存储单元地址开始到取出数据或写入数据为止，这段时间称为机器周期，取出指令称为取指周期，取操作数称为存储器读周期，写入数据称为存储器写周期。又如，访问 I/O 接口有数据输入周期、数据输出周期等，这些都是基本周期，即机器周期。

一个指令周期含一到多个机器周期。例如，在加法中有两个机器周期（设一个操作数在存储器中），一个机器周期用来取指令，另一个机器周期完成加法；又如停机指令，只需要 1 个取指周期，没有具体执行。

时钟周期是时钟频率的倒数，时钟就是时钟发生器产生的一连串的脉冲信号，不能有停止的时候。在时钟的支持下，才有机器周期、指令周期的产生，所以时钟周期可作为时间计量最精确的基本单位，任何时序信号都与时钟脉冲同步，在时钟脉冲作用下产生节拍（电位信号），在节拍的作用下才能发出各种微操作，完成指令的执行。每种时序信号都应含几个时钟周期，如访问存储器的存储器读周期共需要 4 个节拍（T_1、T_2、T_3、T_4）完成，如图 2-9 所示。

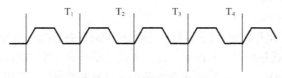

图 2-9　机器周期的 4 个节拍

T_1 节拍，把地址送上总线；T_2 节拍，撤销总线上的地址信息；T_3 节拍，数据出现在总线上；T_4 节拍，操作周期结束。有的还要利用 T_4 节拍查询中断等工作。

（5）程序计数器（PC）。程序计数器专门用来提供指令地址，也称为指令地址寄存器，所有到存储器中索取的指令都是由 PC 提供指令地址的。

指令地址有自动加 1 功能，即提供完该条指令地址后，便自动加 1，形成下一条指令地址，所以也称指令地址寄存器为计数器。又因为它是执行程序用的，所以也称为程序计数器，用 PC 表示。

完成取操作数时，可以由多种方式形成操作数地址，而取指令时只由 PC 提供地址，这是因为程序指令在执行前是按先后顺序存放在存储器中的，其指令地址形成较为简单，只要把程序第一条指令的地址（程序入口地址）装入 PC，那么后面指令的地址则由 PC 自动加 1 形成。微型计算机能自动执行程序，因为 PC 的值即是程序执行的首地址。

2.1.3　微型计算机的工作过程

微型计算机的工作过程就是执行程序的过程，程序就是工作过程，也是控制器负责控制协调整个计算机自动、步调一致的工作过程。控制器的主要功能是从内存中取出一条条指令，并指出当前所取指令的下一条指令在内存中的地址，对所取指令进行译码和分析，并产生相应的电子控制信号，启动相应的部件执行当前指令规定的操作，周而复始地使计算机实现程序的自动执行。

由于指令中的地址码可能就是参加运算的操作数在内存单元的直接地址，也可能只是参加运算的操作数在内存单元的地址（间接地址），也可能是与操作数在内存单元的真正地址总相差一个固定偏差值的变址寻址的地址，因此计算机的指令寻址方式可分为直接寻址方式、间接寻址方式和变址寻址方式等。

计算机取出并执行一条指令所花费的时间称为一个指令周期，而且通常还进一步将指令周期分为更小的一些周期，如取指周期（访问一次内存储器）、执行周期（分析指令、取操作数、完成指令操作、准备下一个指令周期——将指令计数器加 1 等）。这里把计算机执行一条指令的指令周期按照取指周期和执行周期两个周期进行讨论。

1. 取指周期

指令是存放在主存储器中的，所以在指令周期的取指周期中，计算机通过访问一次主存储器，将指令从主存储器中读出并经总线送入控制器的指令寄存器，如图 2-10 所示。

取指过程如下：

（1）将 PC 中的指令地址送到 MAR。

（2）将 MAR 中的地址经地址总线送入 M.M。

（3）把从 M.M 中读出的指令经数据总线送入存储器数据寄存器 MDR。

（4）将 MDR 中的指令送入指令寄存器 IR。

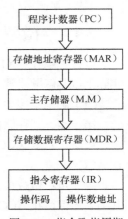

图 2-10　指令取指周期

2. 指令执行周期

当指令进入 IR 之后，就开始指令执行周期。执行周期的任务是执行指令要求的操作。为此，计算机要首先根据操作码的性质分析得出本条指令是指令还是操作数，若是操作数，则做取数操作，形成操作数地址并将其送入 MAR。此外，还要根据本条指令的要求经操作码译码器形成执行本指令所需要的各个控制命令。而后，依次完成取操作数，完成本条指令所要求的操作并为下一个指令周期做好准备（若属顺序执行，则给 PC 加 1；若属非顺序执行，则由控制器产生新的指令地址），如图 2-11 所示。

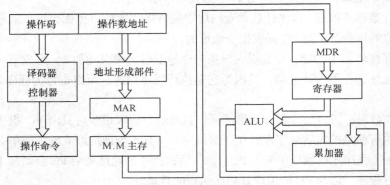

图 2-11　指令执行周期

指令执行过程如下：

（1）将指令的操作码部分送到控制器的译码器，若不需要取操作数，则由控制器发出有关控制信号，并去执行（10），把下一条要执行的指令地址送程序计数器。

（2）根据（1）的译码，若需要取操作数，则对操作数地址进行地址译码。

（3）把由地址形成部件生成的操作数地址送到 MAR。

（4）把操作数地址送到 M.M。

（5）将由主存储器取出的操作数送到 MDR。

（6）将操作数送到寄存器。

（7）将寄存器中的操作数送到运算器 ALU。

（8）把累加器 ACC 中的数送到 ALU。

（9）将 ALU 中经运算所得结果送回到 ACC。

（10）控制器形成下一条指令地址送 PC，形成新值。

2.1.4　微型计算机的工作过程举例

以计算题 Y = X1 + X2 - X3 为例，欲让计算机求解此题，首先需要编写解题程序，这个程序实际上就是解题步骤。

（1）解题步骤如下：

第 1 步：到存储器某单元取出操作数 X1，并送到累加器 ACC 中。

第 2 步：令 ACC 中的内容（刚取入的 X1）与存储器中另一个操作数 X2 相加，其结果保留在 ACC 中。

第 3 步：做减法，令 ACC 中的内容（X1 + X2 的和）与存储器中的第三个操作数 X3 相减，其结果还保留在 ACC 中。

第 4 步：把计算结果存放到 Y 单元。

第 5 步：停机。

（2）编写求解 Y = X1 + X2 − X3 的程序。

此题共分 5 个步骤，也可以用 5 条指令表示。

第 1 条：取数指令，用"MOV ACC，X1"表示。

第 2 条：加法指令，用"ADD ACC，X2"表示。

第 3 条：减法指令，用"SUB ACC，X3"表示。

第 4 条：存数指令，用"MOV Y，ACC"表示。

第 5 条：停机指令，用 HLT 表示。

把这个程序存放在存储器中，入口地址为 00H，每条指令占两个单元，第一个单元为操作码，第二个单元为操作数，共 9 个单元，图 2-12 所示为微型计算机的主机原理图，讲解工作过程时供参考使用。

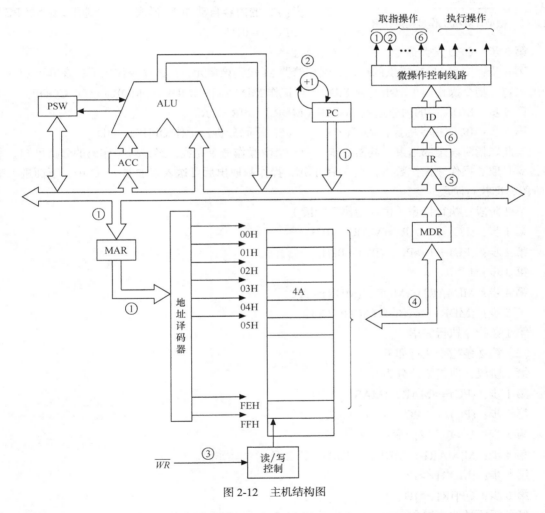

图 2-12　主机结构图

实际上微型计算机的工作过程就是执行指令的过程，已知指令在存储器中，执行指令分 3 步：取指令（送到 IR），分析指令，执行指令。可用如图 2-13 所示流程图说明微型计算机的工作过程。

下面给出计算机执行这个解题程序的全过程，实际就是一条条的顺序执行指令。首先把程序

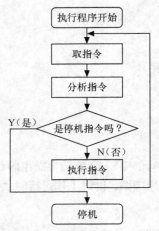

图 2-13　微型计算机工作过程流程图

的起始地址（入口地址 00H）送到 PC。然后启动机器运行，每条指令分两个阶段完成：一个是取指阶段，完成把指令取到 IR，并送到 ID 译码，译码需要时间很少，放在取指阶段，即取指阶段包括取指令和分析指令两步；另一个是执行阶段，执行指令时，需两次访问内存，下面详细解读程序的执行过程。

（1）第 1 条指令的执行如下。

第 1 阶段：取指令（也称取指阶段）。图 2-12 中的编号表示取指过程。

第 1 步：把 PC 的内容（第一条指令的地址）送到 MAR，用（PC）->MAR 表示，操作结果是（MAR）= 00H，MAR 直接把地址送地址译码器，经译码后指向 00H 单元（也称为选中该单元）。

第 2 步：PC 的内容自动加 1，形成下一个地址，记作（PC）+1->PC，（PC）= 01H。

第 3 步：CPU 发读命令，用 1->R 表示。

第 4 步：按照 MAR 提供的地址，到存储器 M 找到该单元，在读命令作用下，该单元（00H）中的内容（指令操作码）取出送入 MDR，可记作 M[MAR] ->MDR，（MDR）= OP CODE。

第 5 步：MDR 中的内容送到 IR，用（MDR）->IR 表示。

第 6 步：IR 中指令的操作码字段送 ID，进行译码分析，记作 OP[IR] ->ID。

至此取指阶段全部结束，共需 6 步，用 6 个微操作命令完成，经过对操作码的分析可知，本条指令是取数操作，操作数 X，在 01H 单元，操作数取出后可送入累加器 ACC 中，下面进入第 2 阶段，即执行阶段。

第 2 阶段：执行指令（也称为执行阶段）。

第 1 步：(PC) ->MAR，(MAR) = 01H。

第 2 步：(PC) + 1->PC，(PC) = 02H。

第 3 步：1->R。

第 4 步：M[MAR] ->MDR，(MDR) = X1。

第 5 步：(MDR) ->ACC，(ACC) = X1。

第 1 条指令执行完毕。

（2）第 2 条指令执行如下。

第 1 阶段：取指令，分为 6 步。

第 1 步：(PC) ->MAR，(MAR) = 02H。

第 2 步：(PC)+1->PC，(PC) = 03H。

第 3 步：1->R，发读命令。

第 4 步：M[MAR] ->MDR，(MDR) = 第二条指令操作码。

第 5 步：[MDR] ->IR。

第 6 步：OP[IR] ->ID。

经分析后是加法指令，另一个操作数在 03H 单元，转入执行阶段。

第 2 阶段：执行指令阶段。

第 1 步：(PC) ->MAR，(MAR) = 03H。

第 2 步：(PC) + 1->PC，(PC) = 04H。

第 3 步：1–>R。

第 4 步：M[MAR] –>MDR，(MDR) = X2。

第 5 步：(ACC) + (MDR) –>ACC，(ACC) = X1 + X2。

完成加法运算指令。

（3）第 3 条指令执行如下。

第 1 阶段：取指令，分为 6 步。

第 1 步：(PC) –>MAR，(MAR) = 04H。

第 2 步：(PC)+1–>PC，(PC) = 05H。

第 3 步：1–>R，发读命令。

第 4 步：M[MAR] –>MDR，（MDR）=第二条指令操作码。

第 5 步：[MDR] –>IR。

第 6 步：OP[IR] –>ID。

经分析后知道，这是一条减法指令，减数在 OP CODE 的下一个单元。

第 2 阶段：执行指令阶段。

第 1 步：(PC) –>MAR，(MAR) = 05H。

第 2 步：(PC) + 1–>PC，(PC) = 06H。

第 3 步：1–>R。

第 4 步：M[MAR] –>MDR，(MDR) = X3。

第 5 步：(ACC) − (MDR) –>ACC。

至此第 3 条指令执行结束。

（4）第 4 条指令执行如下。

第 1 阶段：取指令，分为 6 步。

第 1 步：(PC) –>MAR，(MAR) = 06H。

第 2 步：(PC) + 1–>PC，(PC) = 07H。

第 3 步：1–>R，发读命令。

第 4 步：M[MAR] –>MDR，（MDR）=第二条指令操作码。

第 5 步：[MDR] –>IR。

第 6 步：OP[IR] –>ID。

经译码分析后可知，本条指令是存数指令，把 ACC 的内容存入 Y 单元，设 Y 单元地址为 07H。

第 2 阶段：执行指令阶段。

第 1 步：(PC) –>MAR，(MAR) = 07H。

第 2 步：(PC) + 1–>PC，(PC) = 08H。

第 3 步：(ACC) –>MDR。

第 4 步：1–>W，发写命令。

第 5 步：(MDR) –>M[MAR]。

第 4 条指令结束。

（5）执行最后一条指令如下。

只需取指令，分为 6 步。

第 1 步：(PC) –>MAR，(MAR) = 08H。

第 2 步：(PC) + 1–>PC，(PC) = 09H。

第3步：1->R，发读命令。

第4步：M[MAR] -->MDR，（MDR）=第二条指令操作码。

第5步：[MDR] -->IR。

第6步：OP[IR] -->ID。

经译码分析后可知，本条指令是停机指令，到此程序执行结束。通过上述程序在机器上的执行过程可知计算机工作的过程。

2.2　8086 MPU 的结构特点

8086 MPU 是 Intel 公司在 1978 年 6 月推出的一款典型的 16 位机。它的地址总线为 20 位，数据总线为 16 位，时钟频率为 4MHz。它的基本原理与基本微型计算机工作原理相同。但由于追求工作速度，它的内部结构又有新的改进，具体表现有 3 大特点，即流水线结构、存储器结构和编程结构，8086 MPU 内部结构如图 2-14 所示。

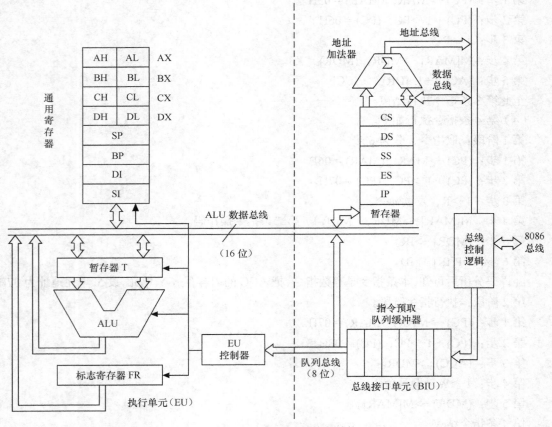

图 2-14　8086/8088 CPU 内部结构

2.2.1　流水线结构

前面讲过指令的执行过程分为取指阶段和执行阶段，且前一条指令结束才执行该条指令，该条指令执行完毕后再执行下面一条指令，一直执行到最后一条指令，程序才执行完。8086第一个改进就是在执行第一条指令的同时将下一条指令取出，这样无形之中就省去了读取下一条指令的时间，提高了 CPU 的工作速度，这就是流水线技术。因此把 8086 的 MPU 分成两部分：一部分专门用来取指令，访问存储器用总线接口部件 BIU；另一部分用来执行指令的操作，即执行部件。

从图 2-14 所示 8086 MPU 内部结构可以看出，为实现流水线处理整个微处理器分成两大功能部件，即执行部件（Execution Unit，EU）与总线接口部件（Bus Interface Unit，BIU）。EU 与 BIU 通过内部总线连接，它们既可协同工作，又可独立工作。当 EU 与 BIU 各自独立工作时，就体现出 8086 内部操作具有并行性的特征。

（1）BIU。BIU 负责与存储器、I/O 接口电路连接，并形成 20 位的地址码和 16 位的数据，通过总线进行数据传送。BIU 由一些专用寄存器、指令队列缓冲器、地址加法器等功能部件组成。

BIU 是 8086 MPU 与存储器的接口，它提供了 16 位双向数据总线和 20 位地址总线。具体功能为：取指令，指令排队，读操作数和写操作数，地址形成器。

（2）20 位地址形成器。20 位地址形成器用来计算 20 位存储地址。8086 用 20 位地址寻址 1MB 的内存空间，但 8086 内部所有的寄存器都是 16 位的。所以需要由一个附加的机构来根据 16 位寄存器提供的信息来进行 20 位的物理地址的形成，才能访问存储器。方法是用段寄存器和 EU 提供的一个偏移地址通过一个地址合成器∑来形成的。

① 4 个段地址寄存器。8086 的存储器物理地址由段地址和段内偏移量地址两部分组成，段寄存器就是用来存放段起始地址的。

CS——16 位代码段寄存器。

DS——16 位数据段寄存器。

ES——16 位附加段寄存器。

SS——16 位堆栈段寄存器。

② 指令指针寄存器（IP）。IP 的功能类似于程序计数器，用来存放下一条要执行指令的偏移地址。指令地址由 CC 和 IP 合成。但是，程序不能直接访问 IP，只能由 BIU 自动修改。

③ 地址合成器∑。将段寄存器内容左移 4 位（相当于乘以 16），然后与偏移地址相加而成。偏移地址来自 EU，有的直接用 EU 中的 16 位寄存器，如 SI、DI、SP、BP 和 BX；有的用两个寄存器在 ALU 中相加得出。这些地址通过 ALU 数据总线传送到 BIU 中的暂存器，然后送入∑中合成，但是形成存放指令的 20 位物理地址的偏移地址是 BIU 中的 IP，20 位物理地址 PA 合成框图如图 2-15 所示。

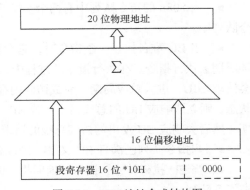

图 2-15　8086 地址合成结构图

例如，设段寄存器 CS 的值是 2000H，偏移地址 IP 的值设为 1000H，那么该物理地址为

$$
\begin{array}{r}
CS*10H+IP \\
20000H \\
+)\ \ 1000H \\
\hline
21000H
\end{array}
$$

（3）指令寄存器（IR）。IR 由指令队列器担当。指令队列缓存器是一组寄存器（8 位），用来暂存从存储器中取出来的指令，有 6B（8088 为 4B）。指令队列采用"FIFO"（先进先出）的管理方式，允许预取 6B 的指令代码。通过地址加法器根据 CS 和 IP 的内容得到一个指令的物理地址。取指和执行指令的操作是并行的，从而提高了 CPU 的效率。

指令队列共有 6B 的 IR，至少可放一条指令（6B 指令），若 2B 指令可存放 3 条，先取出的指令送到队列器 1#处，后取来的指令进 6#寄存器，大家在这里排队等待执行，EU 先执行 1#队列器的指令。执行完后，后面指令依次送到 1#。

只要队列器空出 1～2 个单元，BIU 便会自动启动总线周期，再从存储器取出一条指令填入队列器，让队列器指令总保持满的，才可以提高 CPU 执行程序的速度。

（4）总线控制逻辑。负责 BIU 的操作，向内与 CPU 相连，向外与存储器/I/O 口有联系。当与存储器联系时，启动一次总线周期，访问一次存储器（读周期/写周期），一个总线周期内先提供偶数地址，后提供奇数地址，偶数地址访问低 8 位数据，奇数地址访问高 8 位数据。

（5）总线控制逻辑。用于产生存储器读/写，I/O 读/写控制信号。

（6）执行部件（EU）。EU 是执行程序的核心部件，完成指令译码、运算及其他操作的执行。EU 由 ALU（算术逻辑运算部件）、通用寄存器组、状态标志寄存器以及控制电路组成。功能是完成指令的译码和执行指令的工作，向 BIU 提供偏移地址（16 位）。

（7）算术逻辑运算部件 ALU。16 位 ALU 用来对 8 位或 16 位操作数进行算术逻辑运算。另外，16 位的暂存器也可以参加运算（用来存放参加运算的操作数）。为了加快数据传送，EU 中所有寄存器和数据通路的数据宽度都是 16 位，也可以进行偏移地址的计算，这将在下一章介绍。

（8）标志寄存器（FR）。16 位标志寄存器用来表示 ALU 运算后的结果特征，为下一条指令的执行提供操作信息。

（9）通用寄存器。共有 8 个 16 位的寄存器组，AX、BX、CX、DX 为通用寄存器组；SP、BP、DI、SI 为专用寄存器组。

（10）控制部件。控制部件主要用于取指令的控制和时序控制。

小结：BIU 和 EU 并不是同步工作的，它们是按以下流水线技术原则管理的。

- 当 8086 的指令队列中有两个空字节（8088 为一个空字节），BIU 就会自动把指令取到指令队列中。

- 当 EU 准备执行一条指令时，它会从 BIU 的指令队列前取出指令的代码，然后用几个时钟周期去执行指令。在执行指令的过程中，如果必须访问存储器或输入/输出设备，那么，EU 就会请求 BIU，进入总线周期，完成访问内存或输入/输出端口的操作；如果 BIU 此时正处于空闲状态，则立即响应 EU 的总线请求；若 BIU 正处于取指阶段，则 BIU 先执行完这个取指的总线周期，然后去响应 EU 发出的访问总线的请求。

- 当指令队列已满且 EU 又没有进行总线访问时，BIU 便进入空闲状态。

- 当 EU 执行转移、调用、返回指令时，BIU 将自动清除指令队列中原有的内容，重新填充指令队列。

- 两者关系为 EU 领导 BIU 工作。

2.2.2 编程结构

所谓编程结构，是指 8086 在程序编写中运用哪些寄存器。在 8086 的 EU 和 BIU 两部分中包含有一些工作寄存器，这些寄存器用来存放计算过程中的各种信息，如操作数地址、操作数及运算的中间结果等。微处理器从寄存器中存取数据比从存储器中存取数据要快得多，因此，在计算过程中，合理利用寄存器保存操作数、中间结果或其他信息能提高程序的运行效率。根据寄存器的这些作用，8086 寄存器组可以分为通用寄存器、专用寄存器和段寄存器 3 类，如图 2-16 所示。

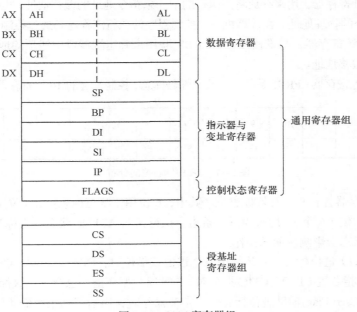

图 2-16　8086 寄存器组

1．通用寄存器

通用寄存器包括了 8 个 16 位的寄存器：AX、BX、CX、DX、SP、BP、DI 及 SI。其中，AX、BX、CX、DX 在一般情况下作为通用的数据寄存器，用来暂时存放计算过程中所用到的操作数、结果或其他信息。它们还可分为两个独立的 8 位寄存器使用，命名为 AL、AH、BL、BH、CL、CH、DL 和 DH，使之与 8 位机兼容。这 4 个通用数据寄存器除通用功能外，还有如下专门用途。

AX 作为累加器用，它是算术运算的主要寄存器。在乘除指令中指定用来存放操作数。另外，所有的 I/O 指令都使用 AX 或 AL 与外部设备传送信息。

BX 在计算存储器偏移地址时，可作为基址寄存器使用。

CX 常用来保存计数值，如在移位指令、循环指令和串处理指令中用作隐含的计数器。

DX 在作双字长运算时，可以把 DX 和 AX 组合在一起存放一个双字长数，DX 用来存放高 16 位数据。此外，对某些 I/O 操作，DX 可用来存放 I/O 的端口地址。

SP、BP、SI、DI 这 4 个 16 位寄存器可以像数据寄存器一样在运算过程中存放操作数，但它们只能以字（16 位）为单位使用。此外，在存储器寻址时，经常由这些寄存器提供偏移地址，因此可称之为指针或变址寄存器（变址指针）。

SP 称为堆栈指针指示器或堆栈指示器，用来指出栈顶的偏移地址。

BP 称为基址指针寄存器，在寻址时作为基地址寄存器产生偏移地址使用，但它必须与堆栈段寄存器 SS 联用来确定堆栈段中的存储单元地址。

SI 为源变址寄存器，在串处理指令中，SI 作为隐含的源变址寄存器与 DS 联用，以确定数据段中的存储单元地址，并有自动增量和自动减量的变址功能。

DI 为目的变址寄存器，在串处理指令中，DI 和附加段寄存器 ES 联用，以达到在附加段中寻址的目的，然后 DI 自动增量或减量。

2. 专用寄存器

8086 的专用寄存器包括 IP、SP 和 FLAGS 这 3 个 16 位寄存器。

IP 为指令指针寄存器，用来存放将要执行的下一条指令地址的偏移地址，与段寄存器 CS 联合形成代码段中指令的物理地址。在计算机中，控制程序的执行流程就是通过控制 IP 的值来实现的。

SP 为堆栈指针寄存器，与堆栈段寄存器 SS 联用来确定堆栈段中栈顶的地址，也就是说 SP 用来存放栈顶的偏移地址。

FLAGS 为标志寄存器（FR），是一个存放条件码标志、控制标志的 16 位寄存器，如图 2-17 所示。

15～12	11	10	9	8	7	6	5	4	3	2	1	0
	OF	DF	IF	TF	SF	ZF		AF		PF		CF

图 2-17 FR 中标志位的分布

16 位标志寄存器含有 9 个有效标志位。其中，6 位用于状态标志位，3 位用于控制标志位。

（1）状态标志位（6 个）：用来为下一条指令执行指明 ALU 的状态，也称为条件标志位或程序状态字。这些状态会影响后面的操作。

CF（CarryFlag）进位标志位：运算中发生进位或借位时，CF=1；否则，CF=0。用 STC 指令可置 CF=1，CLC 指令置 CF=0。CMC 指令对 CF 求反，循环指令也会影响该标志位。

AF(AuxiliaryCarryFlag)辅助进位标志位：字节操作时，当运算结果的低 4 位向高 4 位有进位（加法）或有借位（减法）；字操作时，当低字节向高字节有进位（加）或借位（减）时，AF=1；否则 AF=0。该标志一般在 BCD 码运算中作为是否进行十进制调整的判断依据。

OF(OverflowFlag)溢出标志位：当运算结果超出机器的表示范围时，OF=1；否则 OF=0。例如，带符号数的操作数，当按字节运算时超出−128～+127；按字运算时超出−32 768～+32 767 范围时，OF=1；否则 OF=0

SF(SignFlag)符号标志位：在有符号运算数的算术运算时，当运算结果为负时，SF=1；否则 SF=0。

ZF(ZeroFlag)零标志位：运算结果为零时，ZF=1；否则 ZF=0。

PF(ParityFlag)奇偶标志位：当运算结果的低 8 位"1"的个数为偶数时，PF=1；否则 PF=0。

（2）控制标志位（3 个）：用来控制 CPU 的某些特定操作。这 3 个控制标志可以编程设置，故称为控制标志位。

DF(DirectionFlag)方向标志位：控制串操作指令对字符串处理的方向。DF=0 时，变址地址指针 SI、DI 作增量操作，即由低地址向高地址进行串操作，字节操作增量为 1，字操作增量为 2；DF=1 时，作减量操作，即由高地址向低地址进行串操作。用 STD 指令可置 DF=1，CLD 指令置 DF=0。

IF(InterruptFlag)中断允许标志位：控制可屏蔽中断的标志。当 IF=1 时，允许 CPU 响应屏蔽中断请求；当 IF=0 时，禁止响应。用 STI 指令可置 IF=1，CLI 指令置 IF=0。

TF(TrapFlag)陷阱标志位：这是为程序调试而提供的 CPU 单步工作方式。若 TF=1 时，CPU 每执行完一条指令就产生一个内部中断（单步中断），以便对每条指令的执行结果进行跟踪调查。

3. 段寄存器

8086 微处理器共有 4 个 16 位的段寄存器，在寻址内存单元时，用它们直接或间接地存放段起始地址。

代码段寄存器 CS：存放当前执行的程序的段地址。

数据段寄存器 DS：存放当前执行的程序所用操作数的段地址。

堆栈段寄存器 SS：存放当前执行的程序所用堆栈的段地址。

附加段寄存器 ES：存放当前执行程序中一个辅助数据段的段地址。

2.2.3　存储分段结构——存储器的管理

8086 MPU 的内部存储器的容量为 1MB，需要有一定的管理手段才能合理地使用存储器。

1．字的存放方法

8086 MPU 的存储容量为 1MB，其地址为 20 位，地址排列为小地址在上面，大地址在下面，存储器单元为字节单元。

8086 MPU 是按字存放的，一个字定义为 2B(16bit)，占相邻两个字节单元：规定低字节数据存放在低地址单元，高字节数据存放在高地址单元。例如，两个字 2B0AH 和 F54DH 的存放方法如图 2-18 所示。

2．字单元地址的确定

当一个字存放在相邻两个字节单元时，字存储单元有两个地址，那么规定低字节数据占的字节单元地址（低地址）作为该存储字的字地址。图 2-19 为数据 1100H、4433H、7766H、8877H 的存储字的结构图，设字节单元地址从 1000H 开始，可见数据 1100H 的字地址是 1000H，4433H 的字地址是 1003H，7766H 的字地址是 1006H，8877H 的字地址是 1007H。其中，可以有重叠的地方。

图 2-18　8086 MPU 存储器字的存放方法　　　　图 2-19　规则存放字与非规则存放字

3．规则存放字与非规则存放字

（1）规则存放字。凡是字单元地址是偶地址的存放字称为规则存放字。例如，存储字的 1100H、7766H 都是规则存放字。

（2）非规则存放字。凡字单元地址是奇地址的存放字都称为非规则存放字（要求或者希望都按规则存放字存放）。

因为 BIU 每执行一次总线周期都是从送偶地址开始，因此规则存放字只需一个总线周期即可被访问，而非规则存放字需两个总线周期。例如，图 2-19 取出 4433H 非规则存放的存储字时，启动一次总线周期，从 1002H 地址单元中取出 3322H 的存储字，丢掉低字节 22H，保留高字节 33H；再启动一次总线周期，从 1004H 地址单元内又取出 5544H 的存储字，丢掉高字节 55H，保留低字节 44H，这样两次访问取出来的字为 3344H，还需要进行高低字节变换才能得到正确结果 4433H。

4. 奇地址体与偶地址体

一个 1MB 的存储器按规则存放字存放，那么 8086 的存储器可分成两个存储体，一个为奇地址体，一个为偶地址体。如图 2-20 所示，每个地址体的存储器容量都为 512KB。

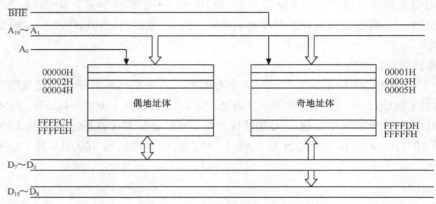

图 2-20 奇地址体与偶地址体

偶地址体地址为 00000H 到 0FFFEH，其地址的 A_0 位都是"0"，奇地址体地址为 00001H 到 0FFFFH，其地址 A_0 都为"1"，偶地址体的地址为字地址。

考虑到与 8 位机兼容，所以 8 位数可能放在偶地址体内，也可能放在奇地址体内，所以操作时有一个选体信号伴随，偶地址体的选体信号用 A_0，奇地址体的选体信号为 $\overline{BHE}$，两个选体信号与被访问传送的字节关系如表 2-2 所示。

表 2-2 存储器内部传送的数据表

$\overline{BHE}$	A_0	选 体	传送的字节数据
0	0	奇/偶地址体	同时传送高低两个字节（一个字）的数据
1	0	偶地址体	传送奇地址体中的 8 位数据
0	1	奇地址体	传送偶地址体中的 8 位数据
1	1	未选中	不传送数据

5. 存储器的分段结构

8086 MPU 的存储器存储容量为 1MB，为了便于对数据的管理以及提高机器的工作速度，将 1MB 存储器分为 16 个逻辑段，每个逻辑段的地址空间为 64KB，可用 16 位地址访问。

（1）分段原则。16 个逻辑段允许段与段之间相邻、不相邻、重叠或部分重叠。设有 A、B、C、D、E 共 5 个逻辑段地址空间，如图 2-21 所示。

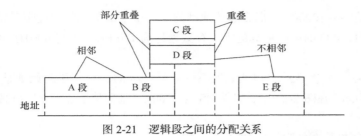

图 2-21　逻辑段之间的分配关系

每个逻辑段的起始地址叫作段基地址（base address），每段的结束地址不标出来，但用户可以自己计算出来。

基地址由操作系统安排，要求基地址都能被 16 整除（末 4 位为 0000H）。

（2）用户逻辑段。在 16 个逻辑中分配给用户 4 个逻辑段，其中一个逻辑段用来存放代码（指令），一个逻辑段用来存放源操作数，一个逻辑段用来存放操作数结果，还有一个当堆栈使用。

4 个逻辑段的起始地址可存放在段寄存器中，16 位地址。存放代码逻辑段为代码段，起始地址在 CS 中；存放数据的逻辑段为数据段，起始地址在 DS 中；存放操作结果的逻辑段为附加段，起始地址在 ES 中；当堆栈用的逻辑段为堆栈段，起始地址在 SS 中。4 个段的地址空间也遵循段原则，如图 2-22 所示。

（3）物理地址和偏移地址。

① 物理地址。存储器中的每一个字节单元的实际地址都是 20 位地址，称为物理地址，是物理位置上的编号，共有 1M 个地址，地址从 00000H 开始到 FFFFFH 为止，物理地址是唯一的，每个存储单元只有一个物理地址。

② 偏移地址。为了方便程序设计，每个逻辑段的存储容量为 64KB，只用 16 位地址表示，所以每一个存储单元都是 16 位地址，称此地址为逻辑地址，段内的逻辑地址为偏移地址，偏移地址是某个字节单元地址距段起始地址偏离的存储单元数，如图 2-23 所示。

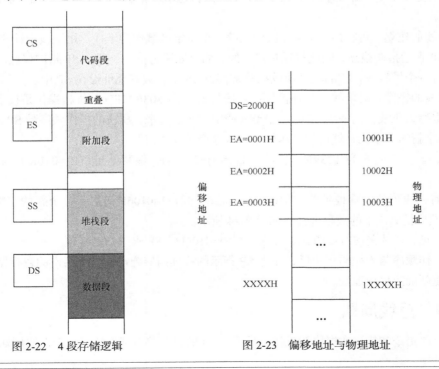

图 2-22　4 段存储逻辑　　　图 2-23　偏移地址与物理地址

设段起始地址 DS=10000H，那么起始地址的下一个字节单元的地址距起始地址为 0001H，再接下来为 0002H，0003H……最远的字节存放地址为 FFFFH，这些 0001H～FFFFH 就是偏移地址。

偏移地址相同的字节单元的物理地址不一定是一样的，由于段起始地址可以随便定，因此物理地址不尽相同。在图 2-23 中，如果 DS 为 2000H，则偏移地址为 XXXXH 的物理地址就变成了 2XXXXH。

不同用途的字节单元的物理地址求法不同。例如：

- 取指令，段基址是 CS，偏移地址由指令指示器 IP 提供，即 CS*10H+IP=PA（PA 为物理地址）。
- 取源操作数，通常段地址用 DS，偏移地址由 EU 提供，即 DS*10H+EA=PA。
- 串操作，串是字符串，即一串字符，如"PASSAT"。对字符串操作包括转移、重组等。转移前的字符串为源串，转移到另一个地方的字符串为目的串。对于源串，段基址由 DS 提供，偏移地址由 SI 提供，即 PA = DS*10H + SI；对于目的串，基地址用 ES，偏移地址用 DI，即 PA =ES*10H + DI。
- 堆栈操作时，段基地址用 SS，偏移地址用堆栈指针 SP，即 PA=SS*10H+SP。

（4）有效地址 EA。存储单元的偏移地址来自 EU，包括以下几方面。

- 指定某 16bit 的寄存器作为有效地址 EA，有 BX、BP、SI、DI、SP 等。
- 指定两个寄存器在 ALU 中计算，计算出来的结果为有效地址 EA。

例如，BX + SI，BP + SI，BX + DI，BP + DI。

也有用一个或两个寄存器再加上一个 8 位或 16 位的位移量 DISP 得到的有效地址 EA。

例如，[BX + 10H]，[BX + SI + 3000H]……

以上内容在寻址方式章节中还要指明。

（5）堆栈。堆栈是临时存放数据的一个工作区，这个工作区对数据的操作在一端进行，称这个端为栈顶。

① 堆栈的建立。可在内存 RAM 区中开辟一个特定区域作为堆栈。用堆栈指针 SP 指示堆栈的操作，SP 永远指向栈顶，因此栈顶是浮动的，如果堆栈为空栈，那么 SP 指向栈底。8086 MPU 在内存中有一个堆栈段，它的段基值设在段寄存器 SS 中，偏移地址设在 SP 中。

② 堆栈的操作。对堆栈有两种操作：入栈与出栈。（8086 MPU 的堆栈操作是按字进行的。）

入栈也称为压栈，把一个 16 位数据推入栈中，保护起来，压栈的操作顺序是 SP 的内容先减 2，指示一个新的字单元，然后把该压的字压入这个单元中。

例如，设 AX 内容为 1234H，栈的基址(SS)=2000H，偏移地址(SP)=0108H，将 AX 内容压入堆栈。

压栈前，栈顶的物理地址为 20108H，压栈时(SP)−2=0106H，指示一个新的字物理地址为 20106H，然后把 AX 中的数存进去，如图 2-24 所示。

由图可见，压栈前(SP)=0108H，压栈后(SP)=0106H，SP 永远指示栈顶。

出栈操作顺序与入栈顺序相反，先将 SP 指示的栈顶内容弹出到一个指定的寄存器，然后 SP 内容加 2 重新确定栈顶地址。

2.2.4　总线周期

为了让取指令和传送数据协调工作，需要 CPU 的总线接口部件执行一个总线周期。

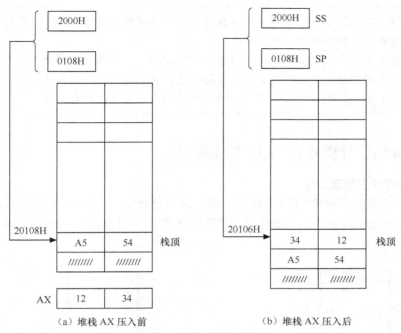

（a）堆栈 AX 压入前　　　　　　　（b）堆栈 AX 压入后

图 2-24　栈操作示意图

1．周期组成

在 8086 中，一个最基本的总线周期由 4 个 T 状态组成，每个 T 状态为一个时钟周期，时钟周期是 CPU 的基本时间计量单位，由计算机主频决定。例如，8086 主频为 10MHz，一个时钟周期就是 100ns。

在一个最基本的总线周期中，常将 4 个时钟周期分别称为 4 个状态，即 T_1 状态、T_2 状态、T_3 状态、T_4 状态。

2．总线周期 4 个状态的操作

（1）在 T_1 状态下，CPU 向 20 位的地址/状态和地址/数据复用的总线上发送地址信号，指出要寻址的存储单元或端口地址。同时，发出地址锁存信号 ALE，将这个地址送入地址锁存器。

（2）在 T_2 状态下，CPU 从总线上撤销地址，使总线低 16 位浮空成高阻抗状态（读总线周期），为读入数据做准备；或将数据放到数据总线上，为传送数据做准备（写）。总线的高 4 位（$A_{19} \sim A_{16}$）作为输出总线周期的状态信息，这些状态信息用来表示当前使用的段寄存器名、中断允许状态等。

（3）在 T_3 状态下，总线高 4 位信息状态不变，而在地址总线的低 16 位上出现 CPU 输出的数据或者 CPU 从接口或存储器输入的数据。若存储器或端口的传送速率不能与 CPU 匹配，那么存储器或端口必须通过 READY 信号线，在 T_3 状态启动之前向 CPU 发出一个 READY 为低电平的请求信号。CPU 会在 T_3 状态后插入若干个等待状态 T_w。T_w 状态期间的活动与 T_3 状态一样。当选中的存储器或输入/输出端口完成数据传送时，在"READY"线上发出"准备好"信号，CPU 收到后会自动脱离 T_w 状态而自动进入 T_4 状态。

（4）在 T_4 状态下，总线周期结束。

（1）只有在 CPU 和内存或 I/O 接口之间传输数据以及填充指令队列时，CPU 才执行总线周期；否则系统处于空闲状态。

在空闲状态时，高 4 位上，CPU 仍然驱动前一个总线周期的状态信息；低 16 位上，若前一个周期为写周期，则继续为数据信息；若为读周期，则为高阻状态。

（2）指令周期：执行一条指令所需的时间由若干总线周期组成。

2.2.5　8086 引脚功能及其工作模式

1．8086 MPU 引脚及功能

8086 MPU 有双列直插式（DIP）40 条引脚，24 条地址线，其中 20 条地址线和 16 条数据线复用，另外 4 条地址线与状态信号线复用，如图 2-25 所示。不同模式下工作时，其芯片引脚功能不同。

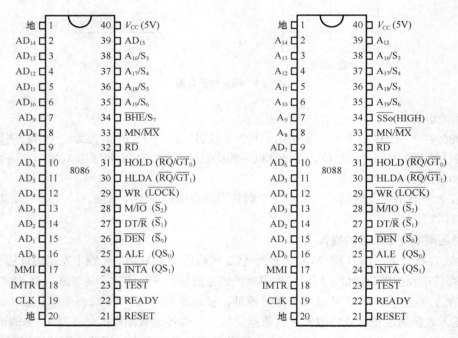

图 2-25　8086/8088 引脚图

（1）数据和地址总线

① $AD_{15} \sim AD_0$（输入/输出，三态）：分时复用的地址数据线，双向。

在总线周期 T_1 状态，$AD_{15} \sim AD_0$ 为地址线 $A_{15} \sim A_0$，输出存储器或 I/O 端口的地址信号。在 $T_2 \sim T_4$ 状态，$AD_{15} \sim AD_0$ 作数据线 $D_{15} \sim D_0$ 用。CPU 响应中断，以及系统"保持响应"时，$AD_{15} \sim AD_0$ 为高阻状态。

② $A_{19}/S_6 \sim A_{16}/S_3$（输出，三态）：地址/状态复用引脚。

在 T_1 期间，作为地址线 $A_{19} \sim A_{16}$ 使用。（对存储器进行读写时，高 4 位地址线由 $A_{19} \sim A_{16}$ 提供）在 T_2 至 T_4 期间，作为 $S_6 \sim S_3$ 状态线使用。状态线特征如表 2-3 所示。

表 2-3　　　　　　　　　　　　　S_3S_4 的代码组合与段寄存器关系

S_4	S_3	当前使用的段寄存器
0	0	ES
0	1	SS
1	0	对存储器寻址时，使用 CS 段；对 I/O 或中断矢量寻址时，不用段寄存器
1	1	DS

③ S_5：用来表示当前中断允许标志位 IF 的状态。IF = 1，允许响应可屏蔽中断请求；IF=0，禁止。

④ S_6：在 $T_2 \sim T_4$ 状态恒为 "0"，以表示 CPU 当前连在总线上。

当系统总线处于 "保持响应" 时，$A_{19}/S_6 \sim A_{16}/S_3$ 引脚线均为高阻状态。

⑤ $\overline{BHE}/S_7$ 数据总线（输出 s，三态）：高 8 位允许/状态复用引脚，也是选奇地址存储体信号。

在 T_1 状态，作为 $\overline{BHE}$ 用，该引脚为 0 时，表示高 8 位有效。

在 $T_2 \sim T_4$ 状态，输出状态信号 S_7，未定义，如表 2-4 所示。

表 2-4　　　　　　　　　　　　$\overline{BHE}$ 和 AD_0 的不同组合状态

操　　作	$\overline{BHE}$	AD_0	使用的数据引脚
读或写偶地址的一个字	0	0	$AD_{15} \sim AD_0$
读或写偶地址的一个字节	1	0	$AD_7 \sim AD_0$
读或写奇地址的一个字节	0	1	$AD_{15} \sim AD_8$
读或写奇地址的一个字	0 1	1 0	$AD_{15} \sim AD_8$（第一个总线周期放低 8 位数据） $AD_7 \sim AD_0$（第二个总线周期放高 8 位数据）

（2）控制和状态线

① $\overline{RD}$ 读选通（输出，三态）：此信号指出将要执行一个对内存或 I/O 端口的读操作。在 DMA 方式，$\overline{RD}$ 被置为高电平。$\overline{RD}$ 在 T2，T3、T_w 状态为低电平时，若 $M/\overline{IO}$ 为低电平则表示读 I/O 端口；若 $M/\overline{IO}$ 为高电平，则表示读存储器。

② READY 准备就绪（输入）：高电平有效。READY 表示存储器或端口准备就绪，允许进行一次数据传送。CPU 在每个 T_3 状态的开始检测 READY 信号，若为低电平，则在 T_3 状态结束后插入若干 T_w 状态，直到 READY 变为高电平为止。当 READY 为高电平时，表示设备已准备就绪，进入 T_4 状态，完成数据传送并结束总线周期。

③ INTR（Interrupt Request）可屏蔽中断请求（输入）：高电平有效。CPU 在执行每一条指令的最后一个时钟周期会对 INTR 信号进行采样，如果 CPU 中的中断允许标志位 IF = 1，且又接收到 INTR 信号，那么，CPU 就会在结束当前指令后响应中断请求，执行一个中断服务程序。

④ $\overline{TEST}$ 测试（输入）：低电平有效。$\overline{TEST}$ 信号是和指令 WAIT 结合起来使用的，在 CPU 执行 WAIT 指令时，CPU 处于空闲状态进行等待，且每隔 5 个时钟周期对 $\overline{TEST}$ 进行一次测试；当 $\overline{TEST}$ 信号有效时，等待状态结束，CPU 继续向下执行被暂停的指令。

⑤ NMI 不可屏蔽中断（输入）（Non-Maskable Interrupt）：上升沿有效。只要 CPU 采样到 NMI 由低电平到高电平的跳变，不管 IF 的状态如何，CPU 就会立即停止当前指令的执行，转而

执行 0008H 入口地址（类型 2 中断）的中断服务程序。

⑥ RESET 系统复位（输入）：系统复位信号必须保持 4 个时钟周期的高电平才有效。系统复位后，CPU 停止当前工作，且初始化 8086 的内部寄存器，即 FR、IP、DS、SS、ES 及指令列队缓存器全部清零（FR 清零后，禁止可屏蔽中断），而 CS 置为 FFFFH。当 RESET 回到低电平时，CPU 重新启动，从存储器 FFFF0H 地址单元开始执行程序（引导）。

⑦ CLK 时钟（输入）：由时钟发生器（如 8284A）提供，它提供了处理器和总线控制器的定时操作。

8086 要求时钟脉冲的占空比为 33%，即高电平 1/3，低电平 2/3。

⑧ V_{CC}+5V 电源（输入）。

⑨ GND 接地（输入）。

⑩ MN/$\overline{\text{MX}}$ 最小/最大模式选择（输入）：最小模式和最大模式的选择输入端。此引脚固定接为+5V 时，CPU 处于最小模式；若接地，则 CPU 处于最大模式。

2. 工作模式

最小模式：系统只有 8086 一个微处理器。在这种系统中，所有的总线控制信号都直接由 8086 产生，因此系统中的总线控制逻辑电路被减到最少。

最大模式：用于中等规模或大型的 8086 系统中。系统包含两个或多个微处理器，其中一个主处理器是 8086，其他的处理器称为协处理器。与 8086 配合的协处理器有两个：一个是数值运算协处理器 8087，一个是 I/O 协处理器 8089。部分控制信号可由总线控制器 8288 提供。

（1）在"最小模式"下系统的控制和状态线

① M/$\overline{\text{IO}}$ 存储器或输入/输出控制（输出，三态）：该引脚输出若为高电平，则表示 CPU 与存储器之间进行数据传输；若为低电平，则表示 CPU 与 I/O 设备之间进行数据传输。

一般 M/$\overline{\text{IO}}$ 在上一总线周期的 T_4 状态成为有效电平，开始一个新的总线周期，有效电平保持到该总线周期的 T_4 状态为止。在 DMA 方式时，它被置为高阻状态。

② $\overline{\text{WR}}$ 写信号（输出，三态）：电平有效时，表示 CPU 正在对存储器或 I/O 端口进行写数据操作，写入哪个数据由 M/$\overline{\text{IO}}$ 决定。对于任何写操作，$\overline{\text{WR}}$ 只在 T_2、T_3、T_w 状态有效。在 DMA 方式时，被置为高阻。

③ $\overline{\text{INTA}}$ (Interrupt Acknowledge)中断响应（输出）：响应 INTR。用来对外部设备的中断请求做出响应。对于 8086 来讲，$\overline{\text{INTA}}$ 实际上是位于连续周期中的两个负脉冲，在每个周期的 T_2、T_3 和 T_w 状态，$\overline{\text{INTA}}$ 端为低电平。第一个负脉冲通知外部设备的接口，它发出的中断请求已经得到了允许；外部设备接口收到第二个负脉冲后，向数据总线上放中断类型码，CPU 便得到了有关中断请求的详尽信息。

④ ALE（Address Latch Enable）地址锁存允许（输出）：在任一总线周期的 T_1 期间 ALE 输出一个高电平，用于表示 AD_{15}～AD_0 输出的是地址信息，送外部地址锁存器锁存。需要注意的是，ALE 端不能浮空。ALE 由高电平变低电平时地址锁存。

⑤ DT/$\overline{\text{R}}$（Data Transmit/Receive）数据发送/接收（输出，三态）：CPU 的数据总线是双向传送的，DT/$\overline{\text{R}}$ 引脚用来控制数据收发器（如 8086/8087）的传送方向。DT/$\overline{\text{R}}$ 为高电平时，CPU 向数据总线发送数据，进行写操作；反之，CPU 从外部接收数据，进行读操作。DMA 方式时，浮置为高阻。

⑥ $\overline{\text{DEN}}$ 数据允许（DATA ENABLE）（输入，三态）：最小模式下作为数据允许信号输出端。

在用 8286/8287 作为数据总线收发器时，$\overline{\text{DEN}}$ 为收发器提供了一个控制信号，表示 CPU 准备发送或接收一个数据。

在每一存储器、输入/输出访问周期或中断响应周期中，$\overline{\text{DEN}}$ 为低电平。在读周期或中断响应周期，$\overline{\text{DEN}}$ 在 T_2 状态的中间才成为低电平，并一直保持到 T_4 状态；对于写周期，$\overline{\text{DEN}}$ 信号在 T_2 状态一开始就成为低电平，并一直保持到 T_4 状态。在 DMA 工作方式时，$\overline{\text{DEN}}$ 被置为高阻。

⑦ HOLD（Hold Request）总线保持请求（输入）：用于其他控制器（协处理器、DMA 等）向本 CPU 请求占用总线，高电平有效。

⑧ HLDA（Hold Acknowledge）总线保持响应：当系统中 CPU 之外的另一主模块要求占用总线时，就在当前总线周期完成时于 T_4 状态从 HLDA 引脚发出一个回答信号，对刚才的 HOLD 请求作出响应。同时，CPU 使地址/数据总线和控制状态总线处于浮空状态。总线请求部件收到 HLDA 信号后，就获得了总线控制权，在此后一段时间，HLOD 和 HLDA 都保持高电平。总线占有部件用完总线后会把 HOLD 信号变为低电平，CPU 也将 HLDA 置为低电平，这样，CPU 又获得了地址/数据总线和控制状态线的占有权。

（2）最小工作模式的典型连接图

MN/MX 引脚接高电平时，8086 选择最小工作模式。在构成微型计算机系统时所有的控制信号均由 8086 产生。为了提高总线驱动能力，可配置总线收发器或驱动器，典型电路如图 2-26 所示。

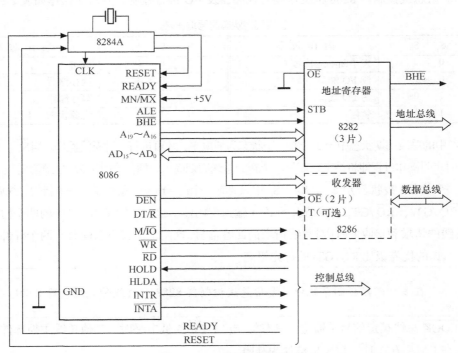

图 2-26　8086 最小工作模式

在图 2-26 中，8284 作为时钟信号发生器，3 块 8282 或 74LS373 作为 20 位地址锁存器，2 块 8286 作为总线收发器。8086 的 ALE 接 8282 的 STB 端，启动地址锁存。8282 的 OE 接地，输出地址。8086 的 DEN 接 8286 的 OE 端，作为收/发允许信号。DT/R 接 8286 的 T 端，选择发送或者接收。

最小工作模式总线读/写周期时序如图 2-27 所示。

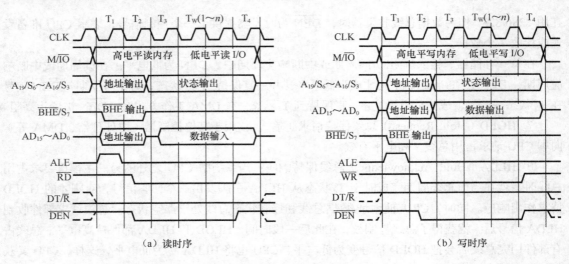

（a）读时序 （b）写时序

图 2-27 8086 最小工作模式下的总线时序

（3）在"最大模式"下系统的控制和状态线

① $\overline{S_2}$、$\overline{S_1}$、$\overline{S_0}$ 总线周期状态信号（输出）：它们提供当前总线周期中所进行的数据传输过程的类型。由总线控制器 8288 根据这些对存储器及 I/O 进行控制。其对应操作如表 2-5 所示。

表 2-5 总线周期状态信号输出表

$\overline{S_2}$	$\overline{S_1}$	$\overline{S_0}$	操 作 过 程	$\overline{S_2}$	$\overline{S_1}$	$\overline{S_0}$	操 作 过 程
0	0	0	发中断响应信号	1	0	0	取指令
0	0	1	读 I/O 端口	1	0	1	读存储器
0	1	0	写 I/O 端口	1	1	0	写存储器
0	1	1	暂停	1	1	1	无源状态（不作用）

表 2-5 中的总线周期状态中至少应有一个状态为低电平，才可进行一种总线操作。当 $\overline{S_2}$、$\overline{S_1}$、$\overline{S_0}$ 都为高电平时表明操作过程即将结束，而另一个新的总线周期尚未开始，这时称为"无源状态"。在总线周期的最后一个状态（T_4 状态），$\overline{S_2}$、$\overline{S_1}$、$\overline{S_0}$ 中只要有一个信号改变，就表明下一个新的总线周期开始。

② $\overline{RQ}/GT_0$、$\overline{RQ}/GT_1$ 总线请求/允许（输入/输出，三态）：供 CPU 以外的两个协处理器发出使用总线的请求和接收 CPU 对总线请求的回答信号。这两个引脚可以同时与两个外部处理器连接，$\overline{RQ}/GT_0$ 的优先级比 $\overline{RQ}/GT_1$ 的优先级高。

在多处理器控制系统中，要用总线控制器 8288 和总线仲裁控制器 8289。

③ $\overline{LOCK}$ 总线锁定信号（输出，三态）：当 $\overline{LOCK}$ 为低电平时，其他总线主控部件都不能占用总线。在 DMA 方式时，$\overline{LOCK}$ 被浮为高阻。

$\overline{LOCK}$ 信号由指令前缀 LOCK 产生，在 LOCK 前缀后的一条指令执行完毕后，撤销 $\overline{LOCK}$ 信号。为防止 8086 中断时总线被其他主控部件所占用，在中断过程中，$\overline{LOCK}$ 也自动变为低电平。

④ QS_1、QS_0 指令队列状态（输出）：这两个信号提供总线周期的前一个状态中指令队列的状态，便于外部主控设备对 CPU 内部的指令队列进行跟踪，如表 2-6 所示。

表 2-6　　　　　　　　　　　　　　　　　　QS_1、QS_0 编码

QS_1	QS_0	含　义
0	0	无操作
0	1	从指令队列中的第一个字节取指令代码
1	0	队列已空
1	1	从指令队列中取走后续字节

（4）最大工作模式的典型连接

当 MN/$\overline{\text{MX}}$ 引脚接低电平时，8086 选择最大工作模式。

最大模式使用 8288 产生部分控制信号，以支持 8086 与 8087 和 8089 连接。除上述基本信号由 8086 产生外，其余信号由 8086 和 8288 共同产生。如果使用总线仲裁器 8289，总线控制信号就由 8289 产生，典型电路如图 2-28 所示。

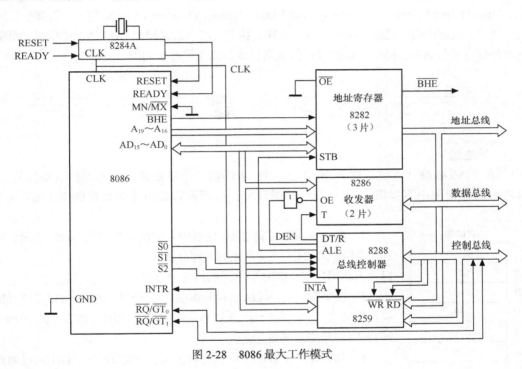

图 2-28　8086 最大工作模式

2.2.6　外部设备

计算机运行时的程序和数据以及所产生的结果都要通过输入/输出设备与人交互，或者保存在大容量的外部存储器中，因此输入/输出设备（或简称外部设备）是计算机必不可少的组成部分，对外部设备进行有效的管理和信息传输是汇编语言的重要应用领域之一。外部设备与主机（微处理器和存储器）的通信是通过外部设备接口进行的。每个接口包括一组寄存器。一般来说，这些寄存器有 3 种不同的用途。

（1）数据寄存器：用来存放要在外部设备和主机间传送的数据，这种寄存器实际上起缓冲器的作用。

（2）状态寄存器：用来保存外部设备或接口的状态信息，以便微处理器在必要时测试外部设

备状态，了解外部设备的工作情况。

（3）命令寄存器：CPU 给外部设备或接口的控制命令通过此寄存器送给外部设备。例如，CPU 要启动磁盘工作，必须发出启动命令等。

各种外部设备都有以上 3 种类型的寄存器，只是每个接口所配备的寄存器数量是根据设备的需要确定的。

为了便于主机访问外部设备，外部设备中的每个寄存器给予一个端口地址（又称端口号），由这些端口地址组成了一个独立于内存储器的 I/O 地址空间。80x86 的 I/O 地址空间可达 64KB，所以端口地址的范围是 0000～FFFFH，用 16 位二进制代码来表示。端口可以是 8 位或 16 位。

在 80x86 系列机中，由于 I/O 地址空间是独立编址的，所以系统提供了访问外部设备的输入/输出指令 IN 和 OUT。

为了便于用户使用外部设备，8086 提供了两种类型的例行程序供用户调用：一种是 BIOS（Basic Input/Output System），另一种是 DOS（Disk Operating System）功能调用。它们都是系统编制的子程序，通过中断方式转入所需要的子程序去执行。用户通过调用 DOS 或 BIOS 例行程序来实现对外部设备的访问，降低了程序设计的复杂程度，缩短了开发周期。

习　　题

一、填空题

1. 在 8086 微型计算机的输入/输出指令中，I/O 端口号通常是由 DX 寄存器提供的，但有时也可以在指令中直接指定 00～FFH 的端口号。试问可直接由指令指定的 I/O 端口数有_____个。

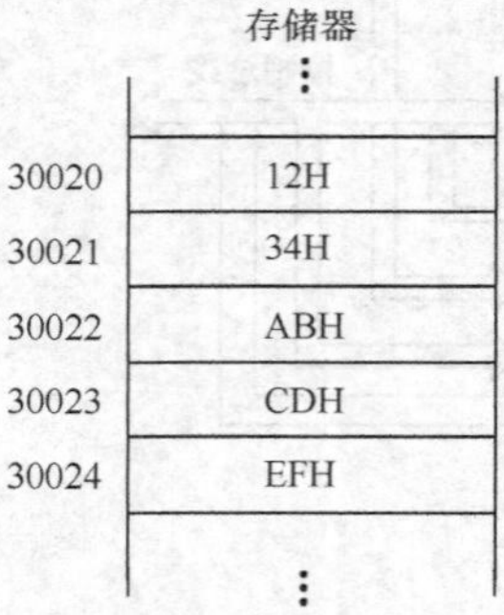

存储器	
30020	12H
30021	34H
30022	ABH
30023	CDH
30024	EFH

图 2-29　习题

2. 8086 微型计算机的存储器中存放的信息如图 2-29 所示，则 30022H 和 30024H 字节单元的内容分别为_____和_____，以及 30021H 和 30022H 字单元的内容分别为_____和_____。

3. 在实模式下，段地址和偏移地址为 3017：000A 的存储单元的物理地址是_____？段地址和偏移地址是 3015：002A 和 3010：007A 时物理地址又是_____？

4. 如果在一个程序开始执行以前(CS) = 0A7F0H（若十六进制数的最高位为字母，则应在其前加一个 0），(IP) = 2B40H，试问该程序的第一个字的物理地址是_____？

5. 中央处理器包括_____和_____两部分。

二、简答题

1. 下列操作可使用哪些寄存器?

（1）加法和减法

（2）循环计数

（3）乘法和除法

（4）保存及使用段地址

（5）表示运算结果为 0

（6）将要执行的指令地址

2．哪些寄存器可以用来指示存储器偏移地址？

3．什么是 8086 中的逻辑地址和物理地址？逻辑地址如何转换成物理地址？

4．举例说明 CF 和 OF 标志的差异。

5．处理器内部具有哪 3 个基本部分？8086 分为哪两大功能部件？其各自的主要功能是什么？

三、画图题

1．有两个 16 位字 1EE5H 和 2A3CH 分别存放在 8086 微型计算机的存储器的 000B0H 和 000B3H 单元中，试用图表示出它们在存储器里的存放情况。

2．在实模式下，存储器中每一段最多可有 10000H 个字节。如果用调试程序 Debug 的 r 命令在终端上显示出当前各寄存器的内容如下，试画出此时存储器分段的示意图以及条件标志 OF、SF、ZF、CF 的值。

```
C>debug
-r
AX=0000 BX=0000 CX=0079 DX=0000 SP=FFEE BP=0000 SI=0000 DI=0000 DS=10E4 ES=10F4
SS=21F0 CS=31FF IP=0100 NV UP DI PL NZ NA PO NC
```

第 3 章
8086/8088 MPU 的指令系统

计算机系统包括硬件和软件两大组成部分。硬件是指构成计算机的中央处理机、主存储器、外部设备等物理装置，软件是指由软件厂家为方便用户使用计算机而提供的系统软件和用户用于完成自己的特定事务和信息处理任务而设计的用户程序软件。计算机能直接识别和运行的软件程序通常由该计算机的指令代码组成。

从用户和计算机两个角度看，指令都是用户使用计算机与计算机本身运行的最小功能单位。一台计算机支持（或称使用）的全部指令构成该机的指令系统。从计算机本身的组成看，指令系统直接与计算机系统的运行性能、硬件结构的复杂程度等密切相关，是设计一台计算机的起始点和基本依据。

3.1　指令与指令系统

要确定一台计算机的指令系统并评价其优劣，通常应从如下 4 个方面考虑。

（1）指令系统的完备性：常用指令齐全，编程方便。

（2）指令系统的高效性：程序占内存空间少，运行速度快。

（3）指令系统的规整性：指令和数据使用规则统一简单，易学易记。

（4）指令系统的兼容性：同一系列的低档计算机的程序能在高档机上直接运行。

要完全同时满足上述标准是困难的，但它可以指导我们设计出更加合理的指令系统。设计指令系统的核心问题是选定指令的格式和功能。

3.1.1　指令的组成

指令的格式与计算机的字长、期望的存储器容量和读写方式、计算机硬件结构的复杂程度和追求的运算性能等有关。

通常情况下，一条指令要由两部分内容组成，其格式为：

操作码	操作数/地址

第一部分是指令的操作码 op code。操作码用于指明本条指令的操作功能。例如，是算术加运算、减运算还是逻辑与、或运算功能，是读、写内存还是读、写外部设备操作功能，是否是程序转移和子程序调用或返回操作功能等，计算机需要为每条指令分配一个确定的操作码。

第二部分是指令的操作数 opd/地址 addr，用于给出被操作的信息（数据）或操作数的地址，包括参加运算的一或多个操作数所在的地址、运算结果的保存地址、程序的转移地址、被调用的子程序的入口地址等。

在一条指令中，如何分配这两部分所占的位数（长度），如何安排操作数的个数，如何表示和使用一个操作数的地址（寻址方式），是要认真对待、精心设计的重要问题。

不同的指令使用不同数目、不同来源、不同用法的操作数，必须想办法尽量把它们统一起来，并安排在指令字的适当位置（字段）。

3.1.2　指令的分类

从用到的操作数个数区分，可能有如下 4 种情况。

1. 无操作数指令

有的指令不涉及操作数或使用约定的某个（些）操作数，既已约定则没有必要再在指令中加以表示，称这类指令为无操作数指令，仅有操作码部分，如停机指令、空操作指令、关中断指令、堆栈结构的计算机系统中对堆栈中数据运算的指令等。

2. 单操作数指令

有些指令只用一个操作数，必须在指令中指明其地址，如一个寄存器内容增 1 或减 1 运算的指令；或使用约定的某个操作数，既已约定则无需再在指令中加以表示，如完成从（向）外部设备读（写）数据的指令，就可以只在指令中指明该外部设备地址，而把接受（送出）数据的通用寄存器约定下来。此外，在短字长的、采用单个累加器的计算机中，已约定目的操作数（如被加数、被减数等）和保存计算结果都使用唯一的那个累加器，指令中只需表示另一个源操作数即可，称这类指令为单操作数指令。

3. 双操作数指令

对于常用的算术和逻辑运算指令，往往要求使用两个操作数，一个为原操作数/地址，另一个为目的操作数/地址，需分别给出目的操作数和源操作数的地址，其中，目的操作数地址还用于保存本次的运算结果，称这类指令为双操作数指令。

4. 多操作数指令

还有一些指令会使用多个操作数，如 3 个操作数，其中，两个操作数地址分别给出目的操作数和源操作数的地址，第 3 个操作数地址用于指出保存本次运算结果的地址，可以称这类指令为 3 操作数指令。在有些性能更高的计算机（甚至 PC）中，还有在指令中使用更多个操作数地址的指令，用于完成对一批数据的处理过程，如字符串复制指令，向量、矩阵运算指令等，称这类指令为多操作数指令。

上述 4 种情况中的前 3 种，凭借其指令字长可以相对较短，执行速度较高，计算机硬件结构可以相对简单等优点，在各种不同类型的计算机中被广泛应用；相对而言，最后一种更多地用在字长较长的大中型计算机中。

关于指令字长，在同一台计算机中，从效率考虑，并不要求所有指令都使用同一长度。在字长较长的计算机中，一个机器字中可以存放多条短指令；在字长较短的计算机中，一条指令也可以占多个机器字。

3.1.3　指令系统

指令系统是指一台计算机所能执行的各种不同类型指令的总和，即一台计算机所能执行的全部操作。不同计算机的指令系统包含的指令种类和数目也不同。指令系统是表征一台计算机性能的重要因素，它的格式与功能不仅直接影响到机器的硬件结构，还直接影响到系统软件，影响到机器的适用范围。

3.2 寻址方式

寻址方式是指如何在指令中表示一个操作数的地址，如何用这种表示得到操作数或怎样计算出操作数的地址。表示在指令中的操作数地址通常被称为形式地址；用这种形式地址并结合某些规则，可以计算出操作数在存储器中的存储单元地址，这一地址被称为数据的物理（实际）地址。计算机中常用的寻址方式较多，下面进行详细介绍。

3.2.1 立即数寻址方式

操作数作为指令的一部分而直接写在指令中，这种操作数称为立即数，这种寻址方式称为立即数寻址方式。

【例 3-1】 立即数寻址应用：MOV AX，1234H。

注意：立即数不能够作为目的操作数；

不能直接给段寄存器和标志寄存器赋予立即数；

这种寻址方式的操作数在指令中。

3.2.2 寄存器寻址方式

表示指令时，有的操作数在某寄存器中，有的目标操作数要存入寄存器，把在指令中指出所使用寄存器（寄存器的名字）的寻址方式称为寄存器寻址方式。

指令中可以引用的寄存器及其符号名称如下。

8 位寄存器有 AH、AL、BH、BL、CH、CL、DH、DL 等。

16 位寄存器有 AX、BX、CX、DX、SI、DI、SP、BP、段寄存器等。

寄存器寻址方式是一种简单快捷的寻址方式，源和目的操作数都可以是寄存器。

（1）源操作数是寄存器寻址方式，例如：

```
ADD VARW, AX
MOV VARB, BH
```

其中，VARW 和 VARB 是双字，是字和字节类型的内存地址，称为符号地址。

（2）目的操作数是寄存器寻址方式，例如：

```
ADD BH, 78H
ADD AX, 1234H
```

（3）源和目的操作数都是寄存器寻址方式，例如：

```
MOV AX, BX
MOV DH, BL
```

【例 3-2】 寄存器寻址应用： MOV AX，BX。

指令执行前，（AX）=3064H，（BX）=1234H。

指令执行后，（AX）=1234H，BX 内容未改变。

源寄存器与目的寄存器的位数必须一致。

这种寻址方式的操作数在 CPU 中。

指令所需的操作数已存储在寄存器中或操作的结果要存入寄存器，在指令执行过程中，会减少读/写存储器单元的次数，所以，使用寄存器寻址方式的指令具有较快的执行速度。通常情况下，我们提倡在编写汇编语言程序时，尽可能地使用寄存器寻址方式，但不要绝对化。

3.2.3 RAM 寻址方式

操作数也可以存放在存储器中，这种寻址方式称为存储器寻址，存储器寻址的关键是如何给出存储器的地址，给出方式不同，寻址方式也有多种。

1. 直接寻址方式

指令所要的操作数存放在内存某单元中，在指令中直接给出该操作数所在存储单元的有效地址，这种寻址方式称为直接寻址方式。

【例 3-3】 直接寻址应用： MOV AX，[2000H]。

指令执行前，（DS）= 3000H，（32000H）= 50H，（32001H）= 30H。操作数的物理地址=3000H*10H + 2000H= 32000H。

指令的操作是把 32000H 字存储单元的内容送至 AX 寄存器。

指令执行后，（AX）=3050H。

直接寻址方式默认的操作数在数据段中，若操作数定义在其他段中，则应在指令中指定段跨越前缀。例如：

```
MOV AX,ES: NUMBER
```

【例 3-4】 假设有指令 "MOV BX，[1234H]"，在执行时，（DS）= 2000H，内存单元 21234H 的值为 5213H。问该指令执行后，BX 的值是什么？

执行该指令要分 3 部分。

（1）由于 1234H 是一个直接地址，它紧跟在指令的操作码之后，随取指令而被读出。

（2）访问数据段的段寄存器是 DS，所以，用 DS 的值和偏移地址 1234H 相加，得存储单元的物理地址：21234H。

（3）取单元 21234H 的值 5213H，并按 "高高低低" 的原则存入寄存器 BX 中。

所以，在执行该指令后，BX 的值就为 5213H。

由于数据段的段寄存器默认为 DS，因此若要指定访问其他段内的数据，可以在指令中用段前缀的方式显式地书写出来。

下面指令的目标操作数就是带有段前缀的直接寻址方式。

```
MOV ES:[1000H],AX
```

直接寻址方式常用于处理内存单元的数据，其操作数是内存变量的值，该寻址方式可在 64KB 的段内进行寻址。

立即数寻址方式和直接寻址方式书写格式不同，直接寻址的地址要写在括号"[ ]"内。在程序中，直接地址通常用符号来表示，如"MOV BX, VARW"，其中，VARW是内存符号地址。

试比较下列指令中源操作数的寻址方式（VARW是内存字变量）：

```
MOV AX, 1234H      MOV AX, [1234H]   ;前者是立即寻址，后者是直接寻址
MOV AX, VARW       MOV AX, [VARW]    ;两者是等效的
```

2. 间接寻址方式

操作数在存储器中，操作数的有效地址用SI、DI、BX和BP等4个寄存器之一来指定，称这种寻址方式为寄存器间接寻址方式。物理地址的计算方法如下：

$$物理地址=（DS）*10H+ \begin{cases} （BX） & 基址寄存器 \\ （SI） & 源变址寄存器 \\ （DI） & 目的变址寄存器 \end{cases}$$

若指令中指定的寄存器是BP，操作数在堆栈段，段基址在SS中。

物理地址 =(SS)*10H+(BP)，BP是基地址指针寄存器，可对指针进行修改形成下一个地址。

【例3-5】 寄存器间接寻址应用：MOV AX, [SI]。

指令执行前，(DS)= 2000H，[SI] = 1000H，操作数的物理地址 = 2000H*10H + 1000H = 21000H。

指令的操作是把21000H字存储单元的内容送AX寄存器。

指令执行后，(AX)= 50A0H。

偏移地址1000H在SI寄存器中，所以是寄存器间接寻址。

3. 相对寻址方式

寄存器相对寻址方式是以指定的寄存器内容，加上指令中给出的位移量（8位或16位），并以一个段寄存器为基准，作为操作数的地址。指定的寄存器一般是一个基址寄存器或变址寄存器。

寄存器相对寻址通过基址寄存器BX、BP或变址寄存器SI、DI与一个位移量相加形成有效地址（EA），计算物理地址（PA）的默认段仍然是SI、DI和BX为DS、BP为SS。

$$PA=(ES)*10H+ \begin{cases} (BX) \\ (SI) \\ (DI) \end{cases} + \begin{cases} DISP8 \\ DISP16 \end{cases}$$

DISP为位移量，实际上是一个数值，既可以是8位，也可以是16位。

【例3-6】 寄存器相对寻址应用：MOV AX, 3000H[SI]。

指令执行前，(DS)= 3000H，(SI)= 2000H，(35000H)= 34H，(35001H)= 12H，PA = 3000*10H + 2000H + 3000H = 35000H。

指令的操作是把35000H字存储单元中的内容送至AX寄存器。

指令执行后，(AX)= 1234H。

4. 基址加变址寻址方式

基址加变址寻址方式是一种基址加变址来定位操作数地址的方式，操作数的有效地址是一个

基址寄存器（BP 或 BX）和一个变址寄存器（SI 或 DI）的内容之和。

```
MOV CL,[BX+SI]
   PA=(DS)*10H+(BX)+(SI)

MOV CH,[BX+DI]
   PA=(DS)*10H+(BX)+(DI)
MOV AX,[BP+SI]
   PA=(SS)*10H+(BP)+(SI)

MOV DX,[BP+DI]
   PA=(SS)*10H+(BP)+(DI)
```

注意

- 一条指令中不能同时使用基址寄存器或变址寄存器；
- 一定是先基址 Reg，后变址 Reg，顺序不能颠倒。例如，"MOV CL，[BX+BP]"是错误的。

这种寻址方式适合于数组处理，通常用基址寄存器保存数组起始地址，而用变址寄存器指示数组元素的相对位置。

5. 相对基址加变址寻址方式

操作数的有效地址是基址加变址，再加上一个位移量。一般用于寻址复杂的数组中的元素。

```
MOV DH,[BX+DI+20H]
源操作数 PA=(DS)*10H+(BX)+(DI)+20H            ; 20H 为 DISP

MOV AX,FILE[BX+SI]                          ;FILE 为符号表示的 DISP
源操作数 PA=(DS)*10H+(BX)+(SI)+FILE

MOV LIST[BP+SI],AX
目的操作数 PA=(SS)*10H+(BP)+(SI)+LIST

MOV AL,FILE[BX+DI+2]
源操作数 PA=(DS)*10H+(BX)+(DI)+FILE+2
```

位移量可以放在[   ]内，也可以放在[   ]外。

【例 3-7】 假设有指令"MOV AX，[BX + SI + 200H]"，在执行时，（DS）= 1000H，（BX）= 2100H，（SI）= 0010H，内存单元 12310H 的内容为 1234H。该指令执行后，AX 的值是什么？

根据相对基址加变址寻址方式的规则，在执行本例指令时，源操作数的有效地址为：

```
EA=(BX)+(SI)+200H=2100H+0010H+200H=2310H
```

该操作数的物理地址应由 DS 和 EA 的值形成，即

```
PA=(DS)*16+EA=1000H*16+2310H=12310H
```

所以，该指令的执行效果是把从物理地址为 12310H 开始的一个字的值传送给 AX，即（AX）= 1234H。

从相对基址加变址这种寻址方式来看，可变因素较多，显得有些复杂，但正因为其可变因素多，所以灵活性很高。

例如，用 D1[i] 来访问一维数组 D1 的第 i 个元素，它的寻址有一个自由度，用 D2[i][j] 来访问二维数组 D2 的第 i 行、第 j 列的元素，其寻址有 2 个自由度。多一个可变的量，其寻址方式的灵活度也就相应提高了。

相对基址加变址寻址方式有多种等价的书写方式，下面的书写格式都是正确的，并且其寻址

含义也是一致的。

```
MOV AX, [BX+SI+1000H]      MOV AX, 1000H[BP+SI]
MOV AX, 1000H[BX][SI]      MOV AX, 1000H[BP][SI]
```

但书写格式 BX [1000+SI]和 SI[1000H+BX]等是错误的，即所用寄存器不能在"[　　]"之外，该限制对寄存器相对寻址方式的书写也同样起作用。

相对基址加变址寻址方式是以上寻址方式中最复杂的一种寻址方式，可变形为其他类型的存储器寻址方式。

3.3 8086 指令系统

指令系统确定了 CPU 所能完成的功能，是用汇编语言进行程序设计的最基本部分。如果不熟悉汇编指令的功能及其有关规定，那么，肯定不能灵活运用汇编语言编程。所以，本章的内容是学习本课程的重点和难点。

1. 指令格式

为了介绍指令系统中指令的功能，首先要清楚汇编语言是如何书写指令的，这就像在学习高级语言程序设计时，要清楚高级语言语句的语义、语法及其相关规定一样。

汇编语言的指令格式如下：

指令助记符 [操作数 1], [操作数 2], [操作数 3]; [注释]

指令助记符体现该指令的功能，如完成加法运算、减法运算或其他操作，它对应一条二进制编码的机器指令。指令的操作数个数由该指令确定，可以没有操作数，也可以有 1 个、2 个或 3 个操作数。绝大多数指令的操作数要显式地写出来，但也有指令的操作数是隐含的，不需要在指令中写出。

当指令含有操作数并要求在指令中显式地写出来时，则在书写时必须遵守以下规则。

（1）指令助记符和操作数之间要有分隔符，分隔符可以是若干个空格或 Tab 键。

（2）如果指令含有多个操作数，那么，操作数之间要用逗号","分开。

（3）指令后面还可以书写注释内容，不过，要在注释之前书写分号";"。

2. 指令系统

指令系统是 CPU 指令的集合，CPU 除了具有计算功能的指令外，还有实现其他功能的指令，也有为某种特殊的应用而增设的指令。

通常，把指令按其功能分成以下几大类。

（1）数据传送指令。

（2）地址传送指令。

（3）标志寄存器传送指令。

（4）算术运算指令。

（5）逻辑运算指令。

（6）移位指令。

（7）控制转移指令。

（8）字符串操作指令。

（9）处理器控制指令。

（10）中断指令。

3.3.1 数据传送指令

1. 通用数值传送指令（MOV）

格式：MOV DST，SRC

其中，DST 表示目的操作数或地址，SRC 表示源操作数或地址。

功能：把一个字节或字从源操作数传送到目的操作数，即 DST←（SRC），目的操作数原有内容消失。

- 立即数不能为目的操作数；
- CS 不能是目的操作数，只能作为源操作数；
- 目的操作数与源操作数不能同时用存储器寻址方式；（这一点适用于所有指令）
- 不同类型的数据不能传送；
- 立即数不能直接送至段寄存器；
- MOV 指令不影响标志位。

错误指令：

MOV 2BH，AL

MOV CS，AX

MOV BL，AX

MOV DS，ES

MOV BYTE2，BYTE1

【例 3-8】 假设有指令"MOV BX，[DI]"，在执行指令时，（DS）= 1000H，（DI）= 2345H，存储单元地址为 12345H 的内容是 4354H。执行指令后，BX 的值是什么？

根据寄存器间接寻址方式的规则，在执行本例指令时，寄存器 DI 的值不是操作数，而是操作数的地址。该操作数的物理地址应由 DS 和 DI 的值合成，即

$$PA = (DS)*16 + DI = 1000H*16 + 2345H = 12345H$$

所以，该指令的执行效果是：把从物理地址为 12345H 开始的一个字的值传送给 BX。

2. 堆栈指令

格式 1：PUSH SRC

功能：PUSH 是压栈指令。把栈顶指针减 2，即 SP←（SP）-2，将源操作数送到栈顶指针所指示的栈顶单元。

格式 2：POP DST

功能：退栈指令，把栈顶的字数据从堆栈中弹出送目的操作数。

```
DST← ((SP))
(SP)← (SP)+2
```

- PUSH 和 POP 指令只能是字操作，不能是字节操作；
- POP 的 DST 不允许是 CS 寄存器；
- PUSH 和 POP 指令不能使用立即数方式；
- PUSH 和 POP 不影响标志位。

【例 3-9】 设（DS）=1000H,（SS）=4000H,（SP）=100H,（BX）=2100H,（21100H）=00A8H。指出连续执行下列各条指令后，有关寄存器、存储器以及堆栈的情况。

```
PUSH    DS
PUSH    BX
PUSH    [BX]
POP     DI
POP     WORD PTR[DI+2]
POP     DS
```

分析:

```
0FAH    00A8H
0FCH    2100H
0FEH    1000H
             (SS):(SP)=4000:100H
(1)PUSH  DS
             (SP)-2→SP ,(SP)=FEH
             (400FEH)=1000H
(2)PUSH  BX
             (SP)-2→SP  (SP)=0FCH
             (400FCH)=2100H
(3)PUSH  [BX]
  计算操作数的地址:PA=(DS)*10H+(BX)=10000H+2100H=12100H
             (12100H)=00A8H
             (SP)-2→SP  (SP)=0FAH
             (400FAH)=00A8H
(4)POP  DI
         (DI)=00A8H
         (SP)=0FAH+2=0FCH
(5)POP WORD PTR[DI+2]
计算操作数地址:PA=(DS)*10H+DI+2=1000H*10H+00A8H+2=100AAH
(100AAH)=2100H
(SP)=0FCH+2=0FEH
(6)POP DS
(DS)=1000H
(SP)=0FEH+2=100H
```

从本例可以看出堆栈操作是遵循后进先出原则的。

3. 交换指令 （XCHG）

格式: XCHG   OPR1, OPR2

其中，OPR 代表操作数寄存器。

功能:（OPR1） $\leftrightarrow$ （OPR2）

注意

- 两个操作数不能同时在存储器中，也不能为立即数；
- 不允许使用段寄存器；
- 不影响标志位。

【例 3-10】 交换指令应用。已知(AX)=6634H，(BX)=0F24H，(SI)=0012H，(DS)=1200H，(12F36H)=2500H，写出下列指令的执行结果。

```
XCHG AH, AL
XCHG AX, [BX+SI]
```

分析:

① XCHG AH, AL

执行前，(AH) = 66H, (AL) = 34H。

执行后，(AH) = 34H，(AL)= 66H。

② XCHG AX，[BX+SI]。

执行前，(AX) = 6634H，(12F36H) = 2500H。

执行后，源操作数的物理地址 PA=(DS)*10H+BX+SI=12000H+0F24H+0012H=12F36H，(AX)=2500H，(12F36H)=6634H

4. 换码指令（XLAT，查表指令）

格式：XLAT　或　XLAT　OPR

功能：(AL)←((DS)*10H+(BX)+(AL))

根据 AL 寄存器提供的位移量，将 BX 指示的字节表格中的代码换存到 AL 中。

- 所建字节表格长度不能超过 256B；
- 不影响标志位。

【例 3-11】 将表格 TABLE 中位移量为 3 的代码取到 AL 中。

```
MOV         BX;OFFSET TABLE
MOV         AL;3
XLAT        TABLE                    ;(AL)←((BX)+3)=43H
```

TABLE		
BX	40H	0
	41H	1
	42H	2
	43H	3
	44H	4

5. 累加器专用传送指令

（1）IN 指令

固定端口时表示如下：

格式：IN　　AL，Port　　; Port←0FFH

功能：将 I/O 端口号送 AL 或 AX。

(AL)←(PORT)

或

(AX)←(PORT+1:PORT)

可变端口时表示如下：

格式：　IN　AL，DX；Port→0FFH

功能：将 I/O 端口经 DX 送至 AL 或 AX 寄存器。

```
(AL)←((DX))
(AX)←((DX)+1: (DX))
```

（2）OUT 指令

格式 1：OUT　　Port，AL　 ; Port←0FFH

功能：将 AL 或 AX 中的数据输出到 I/O 端口。

```
(port) ← (AL)
或
(port+1,port) ← (AX)
```

格式 2：OUT DX, AL ; Port→0FFH

功能：将 AL 或 AX 中的数据经 DX 寄存器送往 I/O 端口。

```
((DX)) ← (AL)
((DX)+1: (DX)) ← (AX)
```

不影响标志位。

【例 3-12】 IN 指令应用。

```
IN              AL,61H              ;将 61H 端口数据输入 AL 中
MOV             DX,278H
IN              AL,DX               ;从端口 278H 中输入数据到 AL 中
```

注：端口地址大于 255 的改用 DX 间址寻址。

【例 3-13】 OUT 指令应用。

```
OUT  61H,AL              ;将 AL 中的数据从 61H 端口输出
MOV  DX,279H
OUT  DX,AX               ;将 AL 中的数据从 279H 端口输出
```

3.3.2 地址传送指令

1. 有效地址装入指令（LEA）

格式：LEA REG, SRC

功能：把源操作数的有效地址装入指定的目标寄存器。

- 源操作数的数据类型可以是字节或字，而目的寄存器必须是 16 位的通用寄存器；
- LEA 处理的是存储单元的有效地址，MOV 指令处理的是存储单元的内容。

【例 3-14】 设（DS）=3000H，VALUE 的偏移地址为 1000H，（31000H）=34H，（31001H）=12H。
执行：

```
LEA BX,VALUE,
(BX)=1000H
```

执行：

```
MOV BX,VALUE,
(BX)=1234H
```

2. 双指针装入指令（LDS，LES）

格式：LDS REG, SRC

　　　LES REG, SRC

功能：把双字长操作数低地址之中的偏移量装入指定的目的寄存器。

【例 3-15】 LDS SI, [1000H]

指令执行前，(DS)=2000H，(21000H)=00H，(21001H)=01H，(21002H)=00H，

(21003H)=02H。

指令执行后，(SI)=0100H，(DS)=0200H。

3.3.3　标志寄存器传送指令

标志寄存器传送指令如下。

（1）LAHF（LOAD　AH　WITH　FLAG）

将标志寄存器中的 SF、ZF、AF、PF 和 CF（低 8 位）传送至 AH 寄存器的指定位，空位没有定义。

（2）SAHF（STORE　AH　WITH　FLAG）

将寄存器 AH 的指定位送至标志寄存器的 SF、ZF、AF、PF 和 CF 位（低 8 位）。根据 AH 的内容影响上述标志位，对 OF、DF 和 IF 无影响。

（3）PUSHF（PUSH　FLAG）

将标志寄存器压入堆栈顶部，同时修改堆栈指针，不影响标志位。

（4）POPF（POP　FLAG）

将堆栈顶部的一个字传送到标志寄存器，同时修改堆栈指针，影响标志位。

3.3.4　算术运算指令

1．加法指令

格式 1：ADD　DST，SRC

功能：不带进位的加法，将源操作数与目的操作数相加，将和放入目的操作数地址中。

```
DST←（SRC）+（DST）
```

格式 2：ADC　DST，SRC

功能：带进位的加法，将源操作数、目的操作数以及标志寄存器中的进位标志位 CF 相加，并将和放入目的操作数中。

```
DST←SRC+DST+CF
```

格式 3：INC　OPR

功能：将目的操作数加 1，放入目的操作数中。

```
OPR←OPR+1
```

- ADD 和 ADC 指令是双操作数指令，它们的两个操作数不能同时为存储器寻址方式，源操作数和目的操作数必须有一个是寄存器寻址方式。INC 可以是除立即数以外的任何寻址方式。
- ADD、ADC 影响条件标志位，INC 影响除了 CF 之外的其他条件码。

条件码的设置情况如下。

```
SF=1：加法结果为负数。
SF=0：加法结果为正数。
ZF=1：加法结果为 0。
ZF=0：加法结果不为 0。
```

CF=1：最高有效位向高位有进位。

CF=0：最高有效位向高位无进位。

OF=1：两个同符号数相加时，结果符号与相加数相反。

OF=0：不同符号数相加或同符号数相加时，结果符号与相加数相同。

【例 3-16】 ADD 应用举例。

```
MOV  BX,9B8CH
ADD  BX,6476H
```

分析：

```
   9B8CH=1001 1011 1000 1010
 + 6476H=0110 0100 0111 0110
       1←0000 0000 0000 0000
```

条件码如下。

```
SF=0   ;D15=0
ZF=1   ;结果为 0
CF=1   ;有进位
OF=0   ;不同符号数相加，不产生溢出
```

【例 3-17】 编写执行双精度数（DX，CX）和（BX，AX）相加的指令序列，DX 是目的操作数的高位字，BX 是源操作数的高位字。

```
(DX,CX)=A248   2AC0H
(BX,AX)=088A   E25BH
```

分析：指令如下。

```
ADD CX,AX
ADC DX,BX
```

执行 ADD 指令：

```
        2AC0H=0010 1010 1100 0000
+       E25BH=1110 0010 0101 1011
        1←         0000 1101 0001 1011
SF=0 ;D15=0
ZF=0 ;结果非 0
CF=1 ;有进位
OF=0 ;不同符号数相加，无溢出
```

执行 ADC 指令：

```
A248H=1010 0010 0100 1000
088AH=0000 1000 1000 1010
+CF=                     1
      1010 1010 1101 0011
SF=1     ;D15=1
ZF=0
CF=0
OF=0
```

注意

高位相加一定要用带进位加法指令 ADC。

2. 减法指令

格式 1：SUB　DST，SRC

功能：(DST)←(DST)-(SRC)。

格式 2：SBB　DST，SRC

功能：(DST)←(DST)-(SRC)-CF。

格式 3：DEC　OPR

功能：(OPR)←(OPR)-1。

格式 4：CMP　OPR1，OPR2

功能：(OPR1)-(OPR2)，根据相减的结果设置条件码，但不回送结果。

格式 5：NEG　OPR

功能：(OPR)←-(OPR)+1，求操作数的补码，即对 OPR 取非后末位再加 1。

条件码的设置情况如下。

CF=1：二进制减法运算中最高有效位向更高位有借位（被减数<减数）。

CF=0：二进制减法运算中最高有效位向更高位无借位（被减数≥减数）。

OF=1：两数符号相反，而结果符号与减数相同。

OF=0：同符号数相减，或不同符号数相减时，结果符号与减数不同。

【例 3-18】　减法指令应用。

```
MOV      AL,0FBH       ;AL=0FBH
SUB      AL,07H        ;AL=0F4H,CF=0
```

3. 乘法指令

格式 1：MUL　SRC　//无符号数乘法

功能：(DX，AX)←(AX)*(SRC)(AX)←(AL)*(SRC)

格式 2：IMUL SRC　；带符号数乘法

功能：(AX)←(AL)*(SRC)(DX，AX)←(AX)*(SRC)

影响 CF 与 OF。

对于 MUL，

```
CF  OF=0 0          ;乘积高一半为 0
CF  OF=1 1          ;乘积高一半不为 0
```

对于 IMUL，

```
CF OF=0 0           ;乘积的高一半为低一半的符号扩展
CF OF=1 1           ;其他情况
```

【例 3-19】　两个字节相乘：一个乘数必须放入 AL 寄存器，另一个乘数可以使用寄存器寻址或存储器寻址方式得到，执行乘法指令后，乘积在 AX 寄存器。

指令如下：

```
DATA1    DB  25H
DATA2    DB  65H
RESULT   DW  ?
```

```
...
MOV        AL,DATA1                    //寄存器寻址
MOV        BL,DATA2
MUL        BL
MOV        RESULT ,AX
   或者
MOV        AL,DATA1
MUL        DATA2
MOV        RESULT,AX
```
25H*65H=0E99H,高 16 位不为 0,所以 CF=1,OF=1。

【**例 3-20**】 两个字相乘：一个乘数必须放入 AX 寄存器，另一个乘数可以在寄存器或存储器中，乘法指令执行后，得到 32 位的结果，高 16 位在 DX 寄存器，低 16 位在 AX 寄存器中。

指令如下：

```
DATA3         DW   2378H
DATA4         DW   2F79H
RESULT1       DW   2 DUP(? )
...
MOV           AX,DATA3
IMUL          DATA4
MOV           RESULT1,AX
MOV           RESULT1+2,DX
```

2378H*2F79H = 0693 CBB8H，即(DX) = 0693H，(AX) = CBB8H。因为高 16 位不是低 16 位的符号扩展，所以 CF = 1，OF = 1。

4. 除法指令

格式 1：DIV   SRC   ；无符号数除法

格式 2：IDIV SRC   ；有符号数除法

功能：

字节除法：(AL)←(AX)/SRC 的商

　　　　　(AH)←(AX)/SRC 的余数

字除法：　(AX)←(DX，AX)/SRC 的商

　　　　　(DX)←(DX，AX)/SRC 的余数

不影响条件码。当除数为 0 或商溢出时，由系统直接转入 0 型中断来处理。

3.3.5　逻辑运算指令

格式 1：AND   DST，SRC

功能：逻辑与，（DST）←（DST）∧（SRC）。

格式 2： OR DST，SRC

功能：逻辑或，（DST）←（DST）∨（SRC）。

格式 3： NOT   OPR

功能：逻辑非，（O P R）←（$\overline{\text{OPR}}$）。

格式 4： XOR   DST，SRC

功能：逻辑异或，（DST）←（DST）⊕（SRC）。

格式 5：TEST OPR1，OPR2

功能：根据与运算结果，设置条件码，结果不回送。

- 这是一组位操作指令，它们可以对字或字节按位执行逻辑操作，因此源操作数经常为一个位串；
- NOT 不影响标志位；
- 其他指令运行后，CF、OF 置 0，AF 无定义，SF、ZF、PF 根据运算结果设置。

【例 3-21】 举例如下。

（1）可使某些位置 0 的 AND 运算。

```
MOV AL,35H
AND AL,0FH
```

AL 中的内容高 4 位全为 "0"，有时也称为屏蔽高 4 位。

（2）可使某些位置 1 的 OR 运算。

```
MOV AX,0504H
OR  AX,80F0H
```

结果(AX)=85F4H。

（3）XOR 运算可使两个操作数不同的位置 1，相同的位置 0。

```
;使某些位求反，其余位不变
  MOV           BL,86H
  XOR           BL,03H
;使某寄存器清零
  XOR  AX,AX
```

（4）测试某些位为 0 或为 1。

```
;测试某数的奇偶性
MOV  DL,0AEH
TEST DL,01H
JZ   EVEN     ;ZF=1,测试的数为奇数;ZF=0,测试的数是偶数
;测试某数为正数或负数
MOV  DH,9EH
 TEST DH,80H;测试D0位是否为1
JZ   EVEN    ;ZF=0,测试的数是负数;ZF=1,测试的数是正数
```

3.3.6 移位指令

格式 1：SHL DST，CNT；（CNT 为 1 或 CL）

功能：逻辑左移，最低位补 0，最高位移到 CF 中。

格式 2：SHR DST，CNT；CNT 为 1 或 CL

功能：逻辑右移，最高位补 0，最低位移到 CF 中。

格式 3：SAL DST，CNT；CNT 为 1 或 CL

功能：算术左移，最高位移到 CF 中，最低位补 0。

格式 4：SAR DST，CNT；CNT 为 1 或 CL

功能：算术右移，最高位用符号位的值补充，最低位移到 CF 中。

移位规则如图 3-1 所示。

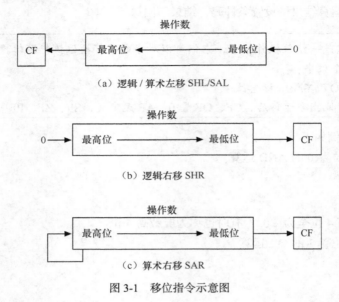

图 3-1　移位指令示意图

【例 3-22】　编写 DATA1 除以 8 的程序。假设：（1）DATA1 为无符号数；（2）DATA1 为带符号数。

```
DATA1  DB  9AH
TIMES  EQU 3
MOV  CL,TIMES
SHR  DATA1,CL
MOV  CL,TIMES
SAR  DATA1,CL
```

格式 5：ROL DST，CNT；CNT 为 1 或 CL

功能：循环左移，最高位移到最低位，其余各位依次左移。

格式 6：ROR DST，CNT；CNT 为 1 或 CL

功能：循环右移，最低位移到最高位，其余各位依次右移。

格式 7：RCL DST，CNT；CNT 为 1 或 CL

功能：带进位的循环左移。CF 移到最低位，操作数最高位移到 CF，其余各位依次左移。

格式 8：RCR DST，CNT；CNT 为 1 或 CL

功能：带进位的循环右移。CF 移到最高位，最低位移到 CF，其余各位依次右移。

【例 3-23】　编写统计 DATAW 字数据中 1 的个数 COUNT 的程序，要求 COUNT 为 BCD 码。

程序如下：

```
        DATAW  DW  97F4H
        COUNT  DB  ?
        ...
        XOR  AL,AL
        MOV  DL,16
        MOV  BX,DATAW
AGAIN:  ROL  BX,1
        JNC  NEXT
        ADD  AL,1
```

```
        DAA
NEXT:   DEC  DL
        JNC  AGAIN
        MOV  COUNT,AL
```

3.3.7　控制转移指令

1. 无条件转移指令

无条件转移指令 JMP 分直接转移和间接转移两种。

一般格式：

JMP OPRD 　　;OPRD 是转移的目的地址

直接转移的 3 种形式如下。

（1）短程转移

JMP　SHORT OPRD　　;IP=IP+8 位位移量

目的地址与 JMP 指令所处地址的距离应在 -128～127 范围之内。

（2）近程转移

JMP　NEAR PTR　OPRD　　;IP=IP+16 位位移量

或

JMP　OPRD　　;NEAR 可省略

目的地址与 JMP 指令应处于同一地址段范围之内。

（3）远程转移

JMP　FAR　PTR　OPRD ;IP=OPRD 的段内位移量，CS=OPRD 所在段地址

远程转移是段间的转移，目的地址与 JMP 指令所在地址不在同一段内。执行该指令时要修改 CS 和 IP 的内容。

间接转移指令的目的地址可以由存储器或寄存器给出。

（4）段内间接转移

```
JMP  WORD  PTR OPRD        ;IP=[EA]（由 OPRD 的寻址方式确定）
JMP  WORD  PTR[BX]         ;IP=((DS)*16+(BX))
JMP  WORD  PTR BX          ;IP=(BX)
```

（5）段间间接转移

```
JMP  DOWRD  PTR  OPRD  ;IP=[EA],CS=[EA+2]
```

该指令指定的双字节指针的第 1 个字单元内容送 IP，第 2 个字单元内容送 CS。

```
JMP    DWORD PTR [BX+SI]
```

2. 条件转移指令

8086 有 18 条不同的条件转移指令。它们根据标志寄存器中各标志位的状态，决定程序是否进行转移，满足条件就转移，不满足条件则顺序执行。条件转移指令的目的地址必须在现行的代码段（CS）内，并且以当前指针寄存器 IP 内容为基准，其位移必须在 +127～-128 范围之内，如表 3-1 所示。

从表 3-1 可以看到,条件转移指令是根据两个数的比较结果或某些标志位的状态来决定转移的。在条件转移指令中，有的根据对符号数进行比较和测试的结果实现转移。这些指令通常对溢出标志位 OF 和符号标志位 SF 进行测试。对无符号数而言，这类指令通常测试标志位

CF。对于带符号数，分大于、等于、小于 3 种情况；对于无符号数，分高于、等于、低于 3 种情况。在使用这些条件转移指令时，一定要注意被比较数的具体情况及比较后所能出现的预期结果。

表 3-1 条件转移指令表

分　类	指　令	转移条件	说　明
根据条件码的值转移	JZ/JE	ZF=1	为 0/相等，则转移
	JNZ/JNE	ZF=0	不为 0/不相等，则转移
	JS	SF=1	为负，则转移
	JNS	SF=0	为正，则转移
	JO	OF=1	溢出，则转移
	JNO	OF=0	不溢出，则转移
	JC	CF=1	进位位为 1，则转移
	JNC	CF=0	进位位为 0，则转移
	JP	PF=1	奇偶位为 1，则转移
	JNP	PF=0	奇偶位为 0，则转移
比较两个无符号数，根据比较结果转移	JB/JNAE/JC	CF=1	低于/不高于等于，则转移
	JNB/JAE/JNC	CF=0	不低于/高于等于，则转移
	JBE/JNA	（CF∨ZF）=1	低于等于/不高于，则转移
	JNBE/JA	（CF∨ZF）=0	不低于等于/高于，则转移
比较两个带符号数，根据比较结果转移	JL/JNGE	（SF 异或 OF）=1	小于/不大于等于，则转移
	JNL/JGE	（SF 异或 OF）=0	不小于/高于等于，则转移
	JLE/JNG	（（SF 异或 OF）∨ZF）=1	小于等于/不大于，则转移
	JNLE/JG	（（SF 异或 OF）∨ZF）=0	不小于等于/大于，则转移
根据 CX 寄存器的值转移	JCXZ	（CX）=0	CX 的内容为 0，则转移

3. 循环指令

对于需要重复进行的操作，微型计算机系统可用循环程序结构来进行，8086/8088 系统为了简化程序设计，设置了一组循环指令，这组指令主要对 CX 或标志位 ZF 进行测试，确定是否循环，如表 3-2 所示。

表 3-2 循环指令表

指　令　格　式	执　行　操　作
LOOP　OPRD	CX=CX-1；若 CX<>0，则循环
LOOPNZ/LOOPNE　OPRD	CX=CX-1，若 CX<>0 且 ZF=0，则循环
LOOPZ/LOOPE　OPRD	CX=CX-1，若 CX<>0 且 ZF=1，则循环

【例 3-24】 有一首地址为 ARRAY 的 M 个字数组，试编写一段程序，求出该数组的内容之和（不考虑溢出），并把结果存入 TOTAL 中，程序段如下：

```
MOV   CX,M          ;设计数器初值
MOV   AX,0          ;累加器初值为 0
MOV   SI,AX         ;地址指针初值为 0
```

```
START: ADD   AX,ARRAY[SI]
       ADD   SI,2                  ;修改指针值(字操作,因此加 2)
       LOOP  START                 ;重复
       MOV   TOTAL,AX              ;存结果
```

【例 3-25】 有一个字符串存放在 ASCIISTR 的内存区域中，字符串的长度为 L。要求在字符串中查找空格（ASCII 码为 20H），找到则继续运行，否则转到 NOTFOUND 去执行。实现上述功能的程序段如下：

```
       MOV   CX,L                  ;设计数器初值
       MOV   SI,-1                 ;设地址指针初值
       MOV   AL,20H                ;空格的 ASCII 码送 AL
NEXT:INC     SI
       CMP   AL,ASCIISTR[SI]       ;比较是否为空格
       LOOPNZ NEXT
       JNZ   NOTFOUND
…
NOTFOUND:
…
```

【例 3-26】 编写程序，实现两个数据块 BLOCK1 和 BLOCK2 相加，结果存入 BLOCK2。

```
DATA  SEGMENT
BLOCK1  DW  100DUP(?)
BLOCK2  DW  100DUP(?)
DATA ENDS
CODE SEGMENT
ASSU,E CS:CODE,DS:DATA,ES:DATA
START:MOV   AX,DATA
       MOV    DS,AX
       MOV    ES,AX
       CLD
       MOV   CX,100
       MOV   SI,OFFSET BLOCK1
       MOV   DI,OFFSET BLOCK2
NEXT:LODSW
       ADD   AX,ES:{DI}
       STOSW
       LOOP  NEXT
       MOV   AX,4C00H
       INT   21H
CODE ENDS
END START
```

4. 子程序调用与返回

CALL 指令用来调用一个过程或子程序。由于过程或子程序有段间（远程 FAR）和段内调用（近程 NEAR）之分，因此 CALL 也有 FAR 和 NEAR 之分，RET 也分段间与段内返回两种。

（1）段内调用

`CALL  NEAR PTR OPRD`

操作：$SP = SP - 2$，$((SP + 1), (SP)) = IP$，$IP = IP + 16$ 位位移量。

CALL 指令首先将当前 IP 内容压入堆栈。当执行 RET 指令而返回时，从堆栈中取出一个字放入 IP 中。

（2）段间调用

`CALL  FAR PTR OPRD`

操作：SP = SP − 2，((SP + 1)，(SP)) = CS；SP = SP − 2，((SP + 1)，(SP)) = IP；IP = [EA]；CS=[EA+2]。

CALL 指令先把 CS 压入堆栈，再把 IP 压入堆栈。当执行 RET 指令而返回时，从堆栈中取出一个字放入 IP 中，然后从堆栈中取出第二个字放入 CS 中，作为段间返回地址。

返回指令格式有以下两种。

```
RET      ;SP=((SP+1),SP),SP=SP+2
RET  n   ;SP=((SP+1),SP),SP=SP+2  SP=SP+n
```

RET n 指令要求 n 为偶数，当 RET 正常返回后，再进行 SP=SP+n 操作。

3.3.8 字符串操作指令

字符串操作指令处理放在存储器中的字节串或字串，串处理的方向由方向标志位 DF 决定，串处理指令之前可加重复前缀，在执行串处理指令时，源串的指针 SI 和目的串的指针 DI 根据 DF 的指示自动增量（+1 或+2）或自动减量（−1 或−2）。

1. 设置方向标志指令

格式 1：CLD

功能：DF 置 0，串处理的方向是自动增量。

格式 2：STD

功能：DFZ 置 1，串处理的方向是自动减量。

2. 串处理指令

格式 1：MOVSB 或 MOVSW

功能：串传送，传字节或传字。

(ES:DI) ← (DS:SI)

(SI)←(SI)± 1(字节)或 ± 2(字)

(DI)←(DI)± 1(字节)或 ± 2(字)

格式 2：STOSB 或 STOSW

功能：存串。

(ES:DI)←(AL)或(AX)

(DI)←(DI)± 1(字节)或 ± 2(字)

格式 3：LODSB 或 LODSW

功能：取串。

(AL)或(AX) ← (ES:SI)

(SI)←(SI)± 1(字节)或 ± 2(字)

格式 4：CMPSB 或 CMPSW

功能：串比较。(DS：SI)−(ES：DI)，根据比较的结果设置条件码。

(SI)←(SI)± 1(字节)或± 2(字)

(DI)←(DI)± 1(字节)或± 2(字)

格式 5：SCASB 或 SCASW

功能：串扫描。(AL)−(ES：DI)或(AX)−(ES：DI)，根据扫描比较的结果设置条件码。

(DI)←(DI)±1(字节)或±2(字)

注意

- 这些串处理命令一般分两步执行：第 1 步完成处理功能，第 2 步进行指针修改；
- 源串必须在数据段，目的串必须在附加段。串处理隐含使用的寻址方式是 SI 和 DI 寄存器寻址；
- 串处理的方向取决于 DF；
- MOVS、STOS、LODS 不影响条件码，CMPS、SCAS 根据比较的结果设置条件码。

3. 串重复前缀

格式 1：REP

功能：重复执行串指令，(CX)=重复次数。(CX)=0 时，串指令执行完毕，否则执行：

```
(CX)←(CX)-1
执行串指令(MOVS 或 STOS)
重复执行
```

格式 2：REPE/REPZ

功能：相等或为零时重复执行串指令，(CX)=比较或扫描的次数。(CX)=0 或 ZF=0 时，结束执行串指令；否则继续执行：

```
(CX)←(CX)-1
执行串指令(CMPS 或 SCAS)
重复执行
```

格式 3：REPNE/REPNZ

功能：不等或不为零时重复执行串指令，(CX)=比较或扫描的次数。(CX)=0 或 ZF=0，结束执行串指令，否则继续执行：

```
(CX)←(CX)-1
执行串指令（CMPS 或 SCAS）
重复执行
```

【例 3-27】　编写程序，传输 20 个字节的字符串。

```
DATASEG  SEGMENT
DATAX  DB  'ABCDEFGHIJKLMNOPQRST'
DATAY  DB  20  DUP(? )
DATASEG ENDS

CODSEG  SEGMENT
ASSUME  CS:CODSEG,DS:DATASEG,ES:DATASEG
START:  MOV  AX,DATASEG
        MOV  DS,AX
        MOV  ES,AX
        CLD
        MOV  SI,OFFSET DATAX
        MOV  DI,OFFSET DATAY
        MOV  CX,20
        REP  MOVSB
        MOV  AX,4C00H
        INT  21H
CODSEG ENDS
        END  START
```

【例 3-28】 编写程序，完成如下功能。

（1）用 STOS 指令将 0AAH 存入 100 个存储器字节中。

（2）利用 LODS 指令测试这些存储器单元的内容是否为 0AAH，如果不是则显示"BAD MEMORY"。

```
DTSEG SEGMENT
DATAM  DB  100 DUP(? )
MESG  DB  'BAD MEMORY','$'
DTSEG ENDS
ASSUME  CS:CDSEG,DS:DTSEG, ES:DTSEG
START:  MOV  AX,DTSEG
        MOV  DS,AX
        MOV  ES,AX
        CLD
        MOV  CX,50
        MOV  DI,OFFSET DATAM
        MOV  AX, 0AAAAH
        REP  STOSW
        MOV  SI,OFFSET DATAM
        MOV  CX,100
AGAIN:  LODSB
        XOR  AL,0AAH
        JNZ  OVER
        LOOP AGAIN
        JMP  EXIT
OVER:   MOV  AH,09H
        MOV  DX, OFFSET MESG
        INT  21H
EXIT:   MOV  AX,4C00H
        INT  21H
CDSEG   ENDS
        END START
```

3.3.9　处理器控制指令

处理器指令是一组控制 CPU 工作方式的指令。这组指令的使用频率不高。

1.　空操作指令 NOP（No Operation Instruction）

空操作指令没有显式的操作数，主要是延迟下一条指令的执行。通常用执行指令"XCHG AX, AX"来代表它的执行。NOP 指令的执行不影响任何标志位。

格式：NOP

2.　等待指令 WAIT（Put Processor in Wait State Instruction）

等待指令使 CPU 处于等待状态，直到协处理器（Coprocessor）完成运算，并用一个重启信号唤醒 CPU 为止。该指令的执行不影响任何标志位。

格式：WAIT

3.　暂停指令 HLT（Enter Halt State Instruction）

在等待中断信号时，暂停指令使 CPU 处于暂停工作状态，CS:IP 指向下一条待执行的指令。当产生了中断信号时，CPU 把 CS 和 IP 压栈，并转入中断处理程序。在中断处理程序执行完毕后，中断返回指令 IRET 弹出 IP 和 CS，并唤醒 CPU 执行下条指令。

格式：HLT

指令的执行不影响任何标志位。

4. 封锁数据指令 LOCK（Lock Bus Instruction）

封锁数据指令是一个前缀指令形式，在其后面有一个具体的操作指令。LOCK 指令可以保证在指令执行过程中，禁止协处理器修改数据总线上的数据，起到独占总线的作用。该指令的执行不影响任何标志位。

格式：LOCK INSTRUCTION

3.4　中断及中断返回

中断处理程序基本上是系统程序员编写好的，是为操作系统或用户程序服务的。为了在应用程序中使用中断服务程序，程序员必须能够在程序中有目的地安排中断的发生。为此，指令系统提供了各种引起中断的指令。

1. 中断指令 INT

中断指令 INT 的一般格式如下：

INT Imm

其中，立即数 Imm 是一个 0～255 范围内的整数，所以终端指令有 256 条。

例如：INT　　　　9

　　　　INT　　　　21

指令执行的步骤如下：

（1）把标志寄存器压栈，清除标志位 IF 和 TF。

（2）把代码段寄存器 CS 的内容压栈，并把中断服务程序入口地址的高字部分送入 CS。

在该指令执行完毕后，CPU 将转去执行中断服务程序。有了指令 INT，程序员就能为满足某种特殊的需要，在程序中有目的地安排中断的发生，也就是说，该中断不是随机产生的，而是完全受程序控制的。

一般情况下，一个中断可有很多不同的功能，每个功能都有一个唯一的功能号，所以，在安排中断之前，程序员还要决定需要该中断的哪个功能。中断的功能号都是由 AH 来确定的。

2. 溢出指令 INTO

当标志位 OF 为 1 时，引起中断。该指令的格式如下：

INTO

该指令影响标志位 IF 和 TF。

3. 中断返回指令

当一个中断服务程序执行完毕时，CPU 将恢复被中断的现场，返回引起中断的程序中。为了实现此项功能，指令系统提供了一条专用的中断返回指令。该指令的格式如下：

IRET/IRETD

该指令执行的过程基本上是 INT 指令的逆过程，具体过程如下：

（1）从栈顶弹出内容，送入 IP。

（2）从新栈顶弹出内容，送入 CS。

（3）从新栈顶弹出内容，送入标志寄存器。

习　题

一、选择题

1. INC 指令不影响（　　）标志。

　　A. OF　　　　　　B. CF　　　　　　　C. SF　　　　　　　D. ZF

2. 条件转移指令 JNE 的测试条件是（　　）。

　　A. ZF = 1　　　B. CF = 0　　　　　C. ZF = 0　　　　　D. CF = 1

3. 假定（SS）= 2000H,（SP）= 0100H,（AX）= 2107H, 执行指令 PUSH AX 后, 存放数据 21H 的物理地址是（　　）。

　　A. 20102H　　B. 20101H　　　　　C. 200FEH　　　　D. 200FFH

4. 交换寄存器 SI、DI 的内容, 正确的程序段是（　　）。

　　A. PUSH　SI　　　　　　　　　B. PUSH　SI

　　　　PUSH　DI　　　　　　　　　　　PUSH　DI

　　　　POP　SI　　　　　　　　　　　　POP　DI

　　　　POP　DI　　　　　　　　　　　　POP　SI

　　C. MOV　AX,SI　　　　　　　　D. MOV　AX,SI

　　　　MOV　SI,DI　　　　　　　　　　MOV　BX,DI

　　　　MOV　DI,AX　　　　　　　　　　XCHG　BX,AX

5. 将累加器 AX 的内容清零的正确指令是（　　）。

　　A. AND　AX,0　　　　　　　　B. XOR　AX,AX

　　C. SUB　AX,AX　　　　　　　　D. CMP　AX,AX

6. 将 AL 寄存器中低 4 位置 1 的指令为（　　）。

　　A. AND　AL,0FH　　　　　　　B. OR　AL,0FH

　　C. TEST　AL,0FH　　　　　　　D. XOR　AL,0FH

二、填空题

1. 计算机中的指令由_____和_____组成。

2. 指出下列指令源操作数的寻址方式：

　　（1）MOV　AX,BLOCK[SI]　；_____

　　（2）MOV　AX,[SI]　　　　；_____

　　（3）MOV　AX,[6000H]　　；_____

　　（4）MOV　AK,[BX+SI]　　；_____

　　（5）MOV　AX,BX　　　　；_____

　　（6）MOV　AX,1500H　　　；_____

　　（7）MOV　AX,80[BX+D]　；_____

　　（8）MOV　AX,[DI+60]　　；_____

3. 现有(DS)= 2000H, (BX)= 0100H, (SI)= 0002H, (20100)= 12H, (20101)= 34H, (20102)= 56H, (20103)= 78H, (21200)= 2AH, (21201)= 4CH, (21202)= B7H, (21203)= 65H, 填入下列指令执行后 AX 寄存器的内容。

（1）MOV　AX, 1200H　　　　　　; AX = _____

（2）MOV　AX, BX　　　　　　　; AX = _____

（3）MOV　AX, [1200]　　　　　; AX = _____

（4）MOV　AX, [BX]　　　　　　; AX = _____

（5）MOV　AX, 1100H[BX]　　　; AX = _____

（6）MOV　AX, [BX][SI]　　　　; AX = _____

（7）MOV　AX, 1100H[BX][SI]　; AX = _____

三、简答题

1. 试指出下列指令中的错误。

（1）MOV　　　[BX], [S1]　　　　　（2）MOV　　　AH, DX

（3）INC　　　[BX]　　　　　　　（4）MOV　　　DS, SS

（5）XCHG　　AX, 2000H　　　　　（6）MOV　　　AX, [BX+DX]

（7）XCHG　　[BP], ES　　　　　　（8）ADD　　　[BX], BX

（9）MOV　　　AX, DI+SI　　　　　（10）IN　　　　AL, BX

2. 什么是串？串操作有哪些基本的指令？在使用时它们的寻址方式有哪些约定？串前缀在什么情况下使用？

3. 逻辑运算指令怎么实现复位、置位和求反功能？

4. 编程将一个 64 位数据逻辑左移 3 位，假设这个数据已经保存在 EDX.EAX 寄存器对中。

5. 给出下列各条指令执行后 AX 的结果，以及状态标志 CF、OF、SF、ZF、PF 的状态。

```
mov ax,1470h
and ax,ax
or ax,ax
xor ax,ax
not ax
test ax,0f0f0h
```

第4章
汇编语言

汇编语言（Assembly Language）是面向机器的程序设计语言。汇编语言是一种功能很强的程序设计语言，也是利用计算机所有硬件特性并能直接控制硬件的语言。

4.1 汇编语言程序

汇编语言不像其他大多数的程序设计语言一样被广泛用于程序设计中。在现在的实际应用中，它通常被应用在底层硬件操作和高要求的程序优化的场合。驱动程序、嵌入式操作系统和实时运行程序都需要汇编语言。

4.1.1 汇编语言的基本概念

1. 机器语言

机器语言用来直接描述机器指令、使用机器指令的规则等。它是 CPU 能直接识别的唯一一种语言，也就是说，CPU 能直接执行用机器语言描述的程序。它的表现形式是二进制编码。

用机器语言编写程序是早期经过严格训练的专业技术人员的工作，普通的程序员一般难以胜任，而且用机器语言编写的程序不易读、出错率高、难以维护，也不能直观地反映用计算机解决问题的基本思路。

2. 汇编语言

为了改善机器指令的可读性，人们选用了一些能反映机器指令功能的单词或词组来代表该机器指令，而不再关心机器指令的具体二进制编码。与此同时，也把 CPU 内部的各种资源符号化，使用该符号名也等于引用了该具体的物理资源。我们称这些具有一定含义的符号为助忆符，用指令助忆符、符号地址等组成的符号指令称为汇编格式指令（或汇编指令）。

汇编语言是汇编指令集、伪指令集和使用它们规则的统称。用汇编语言编写的程序称为汇编语言程序或汇编语言源程序，本教材中或特定的环境下，可简称为源程序。汇编语言程序要比用机器指令编写的程序容易理解和维护。

3. 汇编程序

用汇编语言编写的程序大大提高了程序的可读性，但失去了 CPU 能直接识别的特性。把机器指令符号化增加了程序的可读性，但引起了如何让 CPU 知道程序员的用意并按照要求完成相应操作的问题。解决该问题就需要一个翻译程序，它能把汇编语言编写的源程序翻译成 CPU 能识别的机器指令序列（也称为目标程序）。这里，我们称该翻译程序为汇编程序。目前，常用的汇编程序有 MASM、TASM 和 DEBUG 等。

4.1.2 汇编语言源程序的格式

微型计算机系统的内存是分段管理的，为了与之相对应，汇编语言源程序也分为若干段。8086 CPU 有 4 个段寄存器，在该系统环境下运行的程序在某个时刻最多可访问 4 个段。

在定义段时，每段都有一段名。在取段名时，要具有一定的含义。

段定义的一般格式如下：

段名 SEGMENT [对齐类型]　[组合类型]　[类别]

…　；段内的具体内容

段名 ENDS

其中，"段名"必须是一个合法的标识符，前后两个段名要相同。

1. 数据段结构

数据段名　SEGMENT

（用变量定义预置的数据空间）

数据段名　ENDS

例如：
```
DATA  SEGMENT
     X   DW 1520
     Y   DW 4327
     Z   DW 3215
     RESULT DW ?
     DATA  ENDS
```

2. 堆栈段结构

堆栈段名 STACK

（用变量定义预置的堆栈空间）

堆栈段名　ENDS

例如：
```
STACK  SEGMENT  PARA  STACK  'STACK'
STACK  DB  20 DUP(?)
TOP EQU LENGTH STAPN
STACK  ENDS
```

3. 代码段结构

代码段名　SEGMENT

ASSUME　定义的寻址关系

过程名　PROC

（程序段）

过程名　ENDP

代码段名　ENDS

过程名或起始标号

例如：
```
CODE  SEGMENT
     ASSUME    CS:CODE, DS:DATA, SS:STACK
     MAIN      PROC FAR
     PUSH      DS
     SUB       AX, AX
```

```
        PUSH        AX
    MOV             AX, DATA
    MOV             DS, AX
    MOV             AX, STACK
    MOV             SS,AX
START: MOV          AX, X
       MOV          BX, Y
       ADD          AX, BX
       SUB          AX, Z
       MOV          RESULT, AX
       RET
MAIN   ENDP
CODE   ENDS
END MAIN
```

　　一个源程序至少有一个代码段和一条作为源程序结束的伪指令 END。根据程序本身的要求，数据段可以有，也可以没有。堆栈段如果没有，连接（LINK）时将产生一个警告性的错误：

说明

```
Warning: No STACK Segment
There was 1 error detected
```

　　这并不影响用户程序的正常运行，因为用户可以使用系统堆栈。当然用户如果设置了自己的堆栈段，使用起来会更方便些。一个源程序可以有多个数据段、多个代码段或多个堆栈段，它们可由相应的伪指令以适当形式进行组合，各个段在源程序中的顺序可以任意组合。

4.2　汇编语言的语句

　　与高级语言程序一样，语句（Statements）是汇编语言程序的基本组成单位。一个汇编语言源程序中有 3 种基本语句；指令语句、伪指令语句和宏指令语句（或称宏调用语句）。

4.2.1　指令语句

　　指令系统中每条指令都属于此类。它在汇编时会产生目标代码，对应着 CPU 的一种操作。每一条指令语句在汇编时都要产生一个可供机器执行的机器目标代码，所以这种语句又称为可执行语句。

　　指令语句格式由 4 部分组成。语句格式如下：

[标号]：　指令助记符　[操作数] ;[注释]

指令语句格式如图 4-1 所示。

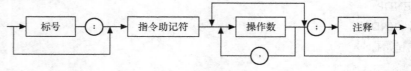

图 4-1　指令语句格式

　　标号：主要用来定义标号、名字，以便在操作数域中引用。标号和名字都是由标识符组成的。标识符最多可由 31 个字母、数字和特殊字符组成，必须以字母或特殊字符开始。标识符的组成规则如下。

（1）字符个数为 1～31 个。

（2）标识符的第一个字符必须是字母、问号"？"、"@"或下画线"_"这 4 种字符中的一个。

（3）从第二个字符开始，可以是字母、数字、？、@或_。

（4）不能使用系统专用的保留字（Reserved Word）。保留字主要有 CPU 中各寄存器名（如 AX，CS）、指令助记符（如 MOV，ADD）、伪指令（如 SEGMENT，DB）、表达式中的运算符（如 GE，EQ）和属性操作符（如 PTR，OFFSET，SEG）等。

指令助记符：又称为操作码，它是语句中唯一必不可少的部分。指令语句中的助记符规定这个语句中的操作类型；伪指令语句中的助记符规定这个语句中的伪操作功能。

操作数：用来存放助记符要求的操作数，使之能实现预期的目的。指令语句可能有一个、两个或没有操作数，而伪指令是否需要操作数、需要何种操作数，则随伪操作命令不同而不同。可充当操作数的有常量、变量、标号、寄存器和表达式等。

注释：注释以分号（;）开头，用来说明语句或程序功能和含义的符号序列。它增加了程序的可读性，为修改、调试、交流提供了方便。

4.2.2　伪指令语句

伪指令不像机器指令那样是在程序运行期间由计算机来执行的，它是汇编程序对源程序汇编期间由汇编程序处理的操作，主要用来指示汇编程序如何进行汇编工作的，可以完成数据定义、分配存储区、指示程序结束等功能。伪指令不产生目标代码。

伪指令语句格式如下：

［名字　］伪指令助记符　　［操作数］　　［;注释］

伪指令语句格式如图 4-2 所示。

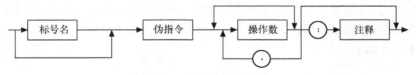

图 4-2　伪指令语句格式

指令语句中的标号后面跟有冒号（:），而在伪指令中的名字后面没有冒号，这是两种语句在格式上的不同点。

MASM 共有 50 多条伪指令，可分为 9 大类。下面主要介绍符号定义、数据定义、属性修改、段定义等伪指令语句。

1. 符号定义（Symbol_definition）伪指令

汇编语言中所有变量名、标号名、记录名、指令助记符、寄存器等均称为符号，这些符号可通过伪操作重新命名，或定义其他名字和新的类型，这给程序设计带来了很大的灵活性。这类伪指令主要有等值伪指令 EQU，等号伪指令=，LABEL 伪指令。

（1）等值伪指令 EQU

语句格式：符号名　　EQU　　表达式

功能及说明：用来为常量、表达式及其他各种符号定义一个等价的符号名，但它并不申请分配存储单元（在该语句中，符号名一定不可省）。

【例 4-1】 常数或数值表达式。

```
COUNT  EQU  5
NUM    EQU  13+5-4
```

【例 4-2】 地址表达式。

```
ADR1  EQU  DS:[BP+14]
```

【例 4-3】 变量、标号或指令助记符。

```
CREG  EQU  CX
CBD   EQU  DAA
L1    EQU  SUBSTART
WO    EQU  WORD  PTR  DA BYTE
```

等值语句仅在汇编源程序时作为替代符号用，不产生任何目标代码，也不占有存储单元。因此，等值语句左边的符号没有段、偏移量和类型 3 个属性。

在同一源程序中，同一符号不能用 EQU 伪指令重新定义。

（2）等号伪指令 =

语句格式：变量名或标号　=　类型

功能及说明：等号伪指令的功能与 EQU 基本相同，只是使用等号 "=" 定义过的符号可以被重新定义，使其具有新的值。

例如：

```
CONST=35    ;定义 CONST 为常数
CONST=57    ;CONST 被重新定义
```

（3）LABEL 伪指令

语句格式：变量名或标号　LABEL　类型

功能及说明：用来定义或修改变量或标号类型。当定义变量名时类型可以是 BYTE、WORD、DWORD、结构名和记录名；而定义标号时，类型为 NEAR 或 FAR。

【例 4-4】 LABEL 指令应用。

```
DATA1    LABEL BYTE
         DB 45
```

定义变量为定字节变量，上述语句等价于

```
DATA1   DB 45
```

2. 数据定义（Data_definition）伪指令

数据定义伪指令用来定义一个数据存储区，并可为其赋初值，类型由所使用的数据定义伪指令、DB、DW、DD、DQ、DT 来确定。

下面主要介绍 DB、DW、DD、DQ、DT 伪指令和分析运算符 1（SEG，OFFSET，TYPE）、分析运算符 2（LENGTH，SIZE）。

（1）DB 伪指令

语句格式：变量名　DB　表达式

右边的表达式可以是以下几种形式：

① 数值表达式或数值表达式串。

② 字节常量和字节常量串。

③ 疑问号：?（表示此变量的初值不确定）。

④ ASCII 码字符串，即可以定义用单引号括起来的字符串（只有用 DB 定义变量时，才允许字符串长度超过 2 个字符）。

⑤ 重复子句，其格式为：(<重复因子>　DUP　表达式)，重复因子 n 为正整数，表示定义了 n 个相应类型的数据单元。

⑥ 以上 5 种形式的组合。

（2）DW 伪指令

语句格式：变量名　　DW　　表达式

功能及说明：与 DB 不同的是它为程序定义的是一个字数据区，它对数据区中数据的存取是以字（即两个字节）为单位的。

（3）DD、DQ、DT 伪指令

语句格式：变量名　　DD(DQ，DT)　　表达式

功能及说明：与 DB 类似。DD 定义双字数据区，DQ 定义 8 个字节数据区，DT 定义 10 个字节数据区。DD 和 DW 只能定义至多两个字符的字符串。

（4）分析运算符 1(SEG，OFFSET，TYPE)

语句格式：分析运算符(SEG，OFFSET，TYPE)　　变量或标号

功能及说明：

① SEG 取出变量或标号所在段的段首址。

当运算符 SEG 加在一个变量名或标号的前面时，得到的运算结果是这个变量名或标号所在段的段基值。例如：

```
MOV   AX,SEG  K1

MOV   BX,SEG  ARRAY
```

如果变量 K1 所在段的段基值为 0915H，变量 ARRAY 的段基值为 0947H，那么上面两条指令就分别等效于：

```
MOV   AX,0915H
MOV   BX,0947H
```

由于任一段的段基值都是 16 位二进制数，所以 SEG 运算符返回的数值也是 16 位二进制数。

② OFFSET 取出变量或标号的偏移首址。

当运算符 OFFSET 加在一个变量名或标号前面时，得到的运算结果是这个变量或标号在段内的偏移量。例如：

```
MOV   SI,OFFSET KZ
```

设 KZ 在段内的偏移量是 15H，那么这个指令就等效于：

```
MOV  SI,15H
```

③ TYPE 取出变量或标号的类型。

变量类型用字节个数表示，标号类型用 NEAR 和 FAR 对应值（见表 4-1）。其中，变量的类型数字正好分别是它们所占有的存储单元字节数，而标号的类型数字没有什么物理意义。例如：

```
V1  DB    、'ABCDE'
V2  DW   1234H,5678H
V3  DD     V2
MOV  AL,TYPE V1
MOV  CL,TYPE V2
MOV  CH,TYPE V3
```

上述 3 条指令与下面指令完全等价：

```
MOV AL,01H
MOV L,02H
MOV H,04H
```

表 4-1   存储器操作数类型值

存储器操作数	类 型 值
字节变量	1
字变量	2
双字变量	4
NEAR 标号	−1
FAR 标号	−2

（5）分析运算符 2(LENGTH，SIZE)

语句格式：分析运算符(LENGTH，SIZE)变量

功能及说明：

① LENGTH 取出变量元素的个数。（LENGTH 只对用重复运算符定义过的变量有效）

这个运算符仅加在变量的前面，返回的值是指数组变量的元素个数。如果变量是用重复数据操作符 DUP 说明的，则返回外层 DUP 给定的值：如果没有 DUP 说明，则返回的值总是1。例如：

```
K1    DB    1OH DUP(0)
K2    DB    10H,20H,30H,40H
K3    DW    20H DUP(0,1,2 DUP(2))
K4    DB    'ADCDEFGH'
…
MOV  AL,LENGTH K1   ;(AL):10H
MOV  BL,LENGTH K2   ;(EL):1
MOV  CX,LENGTH K3   ;(CX):20H
MOV  DX,LENGTH K4   ;(Dx)=1
```

② SIZE 取出变量所占存储空间的总字节数。

这个运算符仅加在变量的前面，返回数组变量所占的总字节数，且等于 LENGTH 和 TYPE 两个运算符返回值的乘积。例如，对于前面例子中的 K1、K2、K3、K4 变量，下面的指令就表示出 SIZE 运算符的返回值：

```
MOV  AL,SIZE K1     ;(AL)=10H
MOV  BL,SIZE K2     ;(BL)=1
MOV  CL,SIZE K3     ;(CL)=40H
MOV  DL,SIZE K4     ;(DL)=1
```

3 个运算符 TYPE、LENGTH、SIZE 对处理数组类型变量是很有用的。

3. 属性修改（Attribute modifying operators）伪指令

这种运算符用来对变量、标号或某存储器操作数的类型属性进行修改。

（1）PTR 运算符

这是类型属性修改运算符，使用格式如下：

```
类型    PTR    地址表达式
```

其中，地址表达式是指要修改类型属性的标号、变量或用作地址指针的寄存器。PTR 运算符的含义是指定由地址表达式确定的存储单元的类型——BYTE、WORD、DWORD、NEAR 和 FAR 等。这种修改是临时性的，仅在有此修改运算符的语句内有效。

【例 4-5】 PTR 运算符应用。

```
DA_BYTE  DB  20H  DUP(0)
DA_WORD  DW  30H  DUP(0)
…
MOV      AX, WORD  PTR  DA_BYTE[10]
ADD      BYTE  PTR  DA_WORD[20],BL
INC      BYTE  PTR  [BX]
SUB      WORD  PTR[SI],30H
AND      AX,WORD  PTR  [BX][SI]
JMP      FAR  FIR  SUB1
```

前两个指令语句的主要作用是临时修改变量的类型属性。第三、四条语句中，由于目的操作数是用寄存器作地址指针，汇编该指令语句时，不知道所指的是字节单元还是字单元，因此，这两条语句必须用 PTR 运算符对类型加以指定，否则汇编源程序时将会产生语法错误。第 5 条语句不用 PTR 运算符也可以，因为另一操作数为 AX，这样本语句一定为字操作指令。最后一条语句是指标号 SUB1 不在本语句的同一段内。

（2）THIS 运算符

格式：THIS   类型

使用这个运算符的作用是，把运算符后面指定的类型属性赋给当前的存储单元，而该单元的段和偏移量属性不变。例如：

```
DA_BYTE  EQU THIS BYTE
DA_WORD  DW  20H  DUP(0)
```

上面第二条语句定义了 20H 个字单元，如果要对数组元素中某单元以字节形式访问，则可以很方便地直接使用 DA_BYTE 变量名。DA_BYTE 和 DA_WORD 有相同的段和偏移量属性。同样，也可以有

```
JUMP_FAR   EQU  THIS  FAR
JUMP_NEAR: MOV AL,  30H
```

当从段内某指令来调用此程序段时，可以用标号 JUMP_NEAR；从另一代码段来调用时，则可用 JUMP_FAR 标号。

运算符 THIS 和 LABEL 伪指令有类似效果，上面两个含有 THIS 的语句可分别改为：

```
DA_BYTE   LABEL  BYTE
JUMP_FAR  LABEL  FAR
```

4. 段定义（Segment_definition）伪指令

为了实现分段结构，MASM 提供了一组按段组织程序和调度、分配、使用存储器的伪指令，包括 SEGMENT、END、ASSUME、ORG 等。当程序中需要设置一个段时，就必须首先使用段定义伪指令。

（1）段定义伪指令

语句格式：段名　SEGMENT　[定位类型]　[组合类型]　['类别']
　　　　　…
　　　　　段名　ENDS

功能及说明：SEGMENT 与 ENDS 必须成对出现，前者为某个段定义了一个名字，即段名，并说明该段的开始；后者说明该段的结束。其中，段名是必需的，可由用户自己确定。

定位类型表示此段的起始边界要求，以便为汇编程序实现段和程序模块的定位及连接提供必要的信息；组合类型的作用是告诉连接程序，当将本段连接及定位到绝对地址时，如何把它与其他段组合起来；类别是一个用单引号括起来的字符串，连接程序把类别相同的段依次连续存放在同一存储区。

① 段名：由用户自己选定，通常使用与本段用途相关的名字，如第一数据段 DATA1、第二数据段 DATA2、堆栈段 STACK1、代码段 CODE……一个段开始与结尾用的段名应一致。

② 定位类型（Align type）：表示对段的起始边界要求，可有以下 4 种选择。

PAGE（页）：表示本段从一个页的边界开始。一页为 256B，所以段的起始地址一定能以 256 整除。这样，段起始地址（段基址）的最后 8 位二进制数一定为 "0"（以 00H 结尾）。

PARA（节）：如果定位类型用户未选择，则隐含为 PARA。它表示本段从一个节的边界开始（一节为 16 个字节），所以段的起始地址（段基址）一定能被 16 整除。最后 4 位二进制数一定是 "0"，如 09150H、0AB30H 等。

WORD（字）：表示本段从一个偶字节地址开始，即段起始单元地址的最后一位二进制数一定是 "0"，即以 0、2、4、6、8、A、C、E 结尾。

BYTE（字节）：表示本段起始单元可从任一地址开始。

③ 组合类型（Combine type）：这个组合类型指定段与段之间是怎样连接和定位的，并有 6 种类型可供选择。

NONE：隐含选择，表示本段与其他段无连接关系。在装入内存时本段有自己的物理段，因而有自己的段基址。

PUBLIC：在满足定位类型的前提下，本段与同名的段连接在一起，形成一个新的逻辑段，共用一个段基址，所有偏移量调整为相对于新逻辑段的起始地址。

COMMON：产生一个覆盖段。在两个模块连接时，把本段与其他用 COMMON 说明的同名段置成相同的起始地址，共享相同的存储区。共享存储区的长度由同名中最大的段确定。

STACK：把所有同名段连接成一个连续段，且系统自动对段寄存器 SS 初始化在这个连续段的首地址，并初始化堆栈指针 SP。用户程序中至少有一个段用 STACK 说明，否则需要用户程序自己初始化 SS 和 SP。

AT 表达式：表示本段可定位在表达式所指示的节边界上，如 "AT 0930H"，那么本段从绝对地址 09300H 开始。

MEMORY：表示本段在存储器中应定位在所有其他段的最高地址。若有多个 MEMORY，则把第一个遇到的段当作 MEMORY 处理，其余的同名段均按 PUBLIC 说明处理。

④ 类别名（CLASS）：类别名必须用单引号括起来。类别名可由程序设计人员自己选定由字符串组成的名字，但是类别名不能再作程序中的标号、变量名或其他定义符号。在连接处理时，LINK 程序把类别名相同的所有段存放在连续的存储区内（若没有指定组合类型 PUBLIC、COMMON 时，它们仍然是不同的段）。

以上定位类型、组合类型和类别名 3 个参数项是任选的。各参数项之间用空格分隔。任选时，可以只选其中一个或两个参数项，但是不能交换它们之间的顺序。

（2）段指定伪指令 ASSUME

语句格式：ASSUME　段寄存器：段名，[段寄存器：段名]

功能及说明：该语句一般出现在代码段中，用来设定段寄存器与段之间的对应关系，即某一段的段地址存放在相应的段寄存器中。程序中使用这条语句后，宏汇编程序就将这些段作为当前段处理。例如：

```
ASSUME  CS: CODE, DS: DATA, SS: STACK, ES: EXTRA
```

该例中设定了 CS 为代码段的段寄存器，DS 为数据段的段寄存器，ES 为附加段的段寄存器，SS 为堆栈段的段寄存器。

（3）ORG 伪指令

语句格式：ORG　　表达式

功能及说明：指出程序段或数据块存放起点的偏移地址。

（4）程序结束伪指令 END

语句格式：END　表达式

功能及说明：该语句为汇编语言源程序的最后一个语句，用以标志整个程序的结束，即告诉汇编程序汇编到此结束，停止汇编工作。其中，表达式的值必须是一个存储器地址，即程序中第一条可执行指令的地址。

（5）标题伪指令（TITLE）

语句格式：TITLE　　文本

该伪指令用于给程序指定一个标题，以便在列表文件中每一页的第一行都会显示这个标题。它的文本可以是用户任意选用的名字或字符串，但是字符个数不得超过 60 个。

4.2.3　宏指令语句

宏是源程序中一段有独立功能的程序代码。它只需要在源程序中定义一次，就可以多次调用，调用时只需要用一个宏指令语句即可。

```
宏定义格式：macro  name  MACRO  [dummy parameter list]
                （宏定义体）
                ENDM
```

其中，MACRO 和 ENDM 是一对伪操作。这对伪操作之间是宏定义体——一组有独立功能的程序代码。宏指令名（macro，mc）给出该宏定义的名称，调用时使用宏指令名来调用读宏定义。宏指令名的第一个符号必须是字母，其后可以跟字母、数字或下划线字符。其中，哑元表（dummy parameter list）给出了宏定义中所用到的形式参数（或称虚参），每个哑元之间用逗号隔开。经宏定义定义后的宏指令可以在主程序中调用。这种对宏指令的调用称为宏调用。

宏调用的格式：macro　name　[actual parameter list]

实元表（actual parameter list）中的每一项为实元，相互之间用逗号隔开。

当源程序被汇编时，汇编程序将对每个宏调用进行宏展开。宏展开就是用宏定义体取代主程序中的宏指令名，而且用实元取代宏定义中的哑元。在取代时，实元和哑元是一一对应的，即第一个实元取代第一个哑元，第二个实元取代第二个哑元……一般来说，实元的个数应该和哑元的个数相等，但汇编程序并不要求它们必须相等。若实元个数大于哑元个数，则多余的实元不予考虑；若实元个数小于哑元个数，则多余的哑元作"空"处理。另外，宏展开后（用实元取代哑元后），所得到的语句应该是有效的，否则汇编程序会指示出错。

【例 4-6】 用宏指令定义两个操作数相乘，得到一个 16 位的第三个操作数作为结果。

宏定义：

```
MULTIPLY  MACRO  OPRL1, OPR2, RESULT
PUSH      DX
PUSH      AX
MOV       AX,OPR1
IMUL      OPR2
MOV       RESULT,AX
POP       AX

ENDM
```

宏调用：

```
⋮
MULTIPLAY    CX,VAR,XYZ[BX]
⋮
MULTIPLY240,BX,SAVE
⋮
```

宏展开：

```
⋮
+        PUSHDX
+        PUSHAX
+        MOV AX,CX
+        IMULVAR
+        MOV XYZ[BX],AX
+        POP      AX
+        POP      DX
⋮
+        PUSHDX
+        PUSHAX
+        MOV AX,240
+        IMULBX
+        MOV SAVE,AX
+        POP      AX
+        POP      DX
⋮
```

汇编程序在所展开的指令前加上"+"号以示区别。从上面的例子可以看出：宏指令可以带哑元，在调用时可以用实元取代，避免了子程序因变量传送带来的麻烦，使宏汇编的使用更加灵活，而且实元可以是常数、寄存器、存储单元名以及寻址方式能找到的地址或

表达式等。实元还可以是指令的操作码或操作码的一部分等，宏汇编的这一特性是子程序
所不及的。

4.3 汇编语言程序的上机过程及调试

一个汇编语言源程序经过汇编程序（Assembler）的汇编（即翻译）才能生成一个目标程序（机器语言程序）。汇编程序是一台计算机的系统软件之一，提供了组成汇编语言源程序的语法规则，所以用汇编语言编制程序时，必须事先熟悉相应的汇编程序。支持 Intel 8086 / 8088 系列微型计算机的汇编程序有 ASM、MASM、TASM、OPTASM，这里以比较常用的 MASM 来讲解汇编语言程序的上机操作过程及调试。

4.3.1 编辑源程序

这里推荐使用全屏幕编辑程序 EDIT.EXE。

EDIT 是一个西文状态下的屏编软件，小巧精致，使用起来非常方便。它的命令根据功能分类，非常好记。

当机器启动后，进入 DOS 状态，输入下列命令，便可以进入 EDIT 的全屏幕编辑状态：

C:\MASM > EDIT 文件名. ASM;进入 EDIT 状态

利用 EDIT 的命令便可以在需要的位置写入源程序。在屏幕的最下面一行有当前光标所在行、列的提示。

也可以输入命令：

C:\MASM > EDIT;   进入 EDIT 状态

汇编语言源程序文件的扩展名一定要用. ASM，不可以省略，也不可以更改，否则在汇编时就会出错。

4.3.2 汇编源程序

可以用 MASM. EXE 对源程序进行汇编。汇编的过程中有一些屏幕信息，应注意查看。特别是错误信息提示有助于修改源程序。

假设源程序的文件名为 LP ASM，首先发命令：

C:\MASM > MASM LP

或

C:\MASM > MASM LP. ASM

则出现以下屏幕提示：

```
C:\MASM > MASM LP
Microsoft(R)Macro Assembler Version 5.00
Copyfght(C) Microsoft Corp 1981 - 1985, 1987.  All rights reserved。
object filename [LP. OBJ]:
```

```
Source listing [NUL. LST]:
Cross-reference [NUL.CRF]:
```

方括号中的信息为该项的默认值，若不改变默认值，就直接按回车键。

汇编后将产生以下几个文件。

（1）OBJ 文件是汇编后生成的目标代码文件，每一个汇编都应生成这个文件，但当源程序中有错时，不会生成这个文件。因此，应特别注意上述信息之后给出的 Warning errors（警告错误）和 Severe errors（严重错误）的类型和数目，当严重错误数目不为 0 时，不会生成 OBJ 文件，因此后面就无法连接；当警告错误数目不为 0 时，可以生成 OBJ 文件，若编程者容忍这些警告错误的存在，则可以将此时的 OBJ 文件用来连接。

（2）LST 文件是列表文件，可有可无。默认值是不生成这个文件。一般情况下是不需要的，所以可直接按回车键。

若需要生成列表文件，则在该项提示后面给一个文件名即可。LST 文件中同时给出源程序和机器代码程序清单，并给出符号表。这些信息对调试程序有一定的帮助。

（3）CRF 文件是用来产生交叉引用表 REF 表的。汇编时生成的 CRF 文件还必须调用另一程序 CREF.EXE，由 CREF.EXE 将 CRF 文件变成 REF 文件。因此，这时工作盘中还要复制 CREF.EXE 文件，然后发命令：

```
C:\MASM > CREF 文件名. CRF
```

机器提问：

```
List Filename［文件名. REF］:
```

若按回车键，则建立一个同名的 REF 文件；若要改名，就输入新的文件名。

一般不需要 CRF 文件，因此按回车键接受汇编时的默认值（不生成 CRF 文件）。

在汇编过程中出现的错误应回到编辑状态去修改，修改后重新汇编，直到无错出现。

4.3.3　连接程序

从汇编后得到的 LST 文件中可以看到，有些指令的机器代码后有字符"R"，表示地址是浮动的，需要在连接过程中定位。通过汇编得到正确的 OBJ 文件之后，再经连接程序处理就可以得到可执行的 EXE 文件了。连接命令如下：

```
C:\MASM > LINK LP
```

或

```
C:\MASM > LINK LP.OBJ
```

则会出现屏幕提示：

```
C:\MASM > LINK LP
Microsoft(R) overlay Linker Version 3.61
Copyright(C) Microsoft Corp 1983 - 1987. All rights reserved.
Run File [LP. EXE]:
List File [NUL. MAP]:
Libraries [.LIB]:
```

连接后，可产生两个文件。

（1）EXE 文件，可直接在 DOS 操作系统下运行。若生成同名的 EXE 文件，在 Run File 提问行按回车键即可。

（2）MAP 文件，连接程序的列表文件，又称为连接映像（LINK MAP）文件。它给出每个段在存储器中的分配情况。一般不需要 MAP 文件，所以在 List File 提问行直接按回车键即可；若需要 MAP 文件，则在此行输入文件名。

（3）LIB 文件，指明程序在运行时所需要的库文件。它不是由连接程序生成的。汇编语言程序无特殊的库文件要求，所以在 Libraries 提问行按回车键即可。当汇编语言与高级语言接口时，高级语言可能需要一定的库文件，此时输入相应的库文件名即可。

在连接的过程中，也可能出现错误信息。若有错误被检测到，则应回到编辑状态去修改。然后重新汇编和连接，最后生成正确的 EXE 文件。

若是多模块，则发出的连接命令为：

```
C:\MASM>LINK 模块1+ 模块2+ …+ 模块 N
```

各模块先各自独立汇编生成 OBJ 文件，然后连接成一个可执行文件。

4.3.4　运行程序

经过上述过程得到正确的 EXE 文件后，则在 DOS 状态下直接装入 EXE 文件运行。运行命令为：

```
C:\MASM> LP
```
或
```
C:\MASM > LP.EXE
```

到此为止，完成了汇编语言源程序从编辑、汇编、连接到运行的 4 大步骤。

若整个过程中只需要生成必要的源文件（ASM 文件）、目标代码文件（OBJ 文件）和运行文件（EXE 文件），而不要 LST 文件、CRF 文件和 MAP 文件，则用下面的命令格式就可以避免屏幕提问信息，加快汇编和连接速度。

```
C:\MASM>MASM 文件名;
C:\MASM>LINK 文件名;
```

命令中的分号告诉系统省略掉屏幕提示，并承认系统的默认值，即不生成 LST、CRF 和 MAP 文件。

4.4　汇编语言程序设计

在前面的章节里面，我们已经学习了 8086/8088 汇编语言的基本语句，下面把这些语句组合到一起编写成程序，用程序来完成一些特定的功能。本节将向大家介绍汇编语言程序的基本设计方法。

4.4.1　程序设计的基本方法

与高级语言类似，通过程序设计用计算机解决某一问题时，从具体问题到编好程序需要经过如下基本步骤。

（1）分析课题——弄清问题的性质、目的，已知数据，运算精度以及速度等方面的要求。

（2）确定算法——把实际问题转化为计算机求解的步骤和方法，即算法，而程序是用来描述算法的。

（3）画流程图——流程图是算法的一种直观而形象的表示方法，是对程序执行过程的一种形象化的描述，又称为框图。

（4）编写程序——熟悉8086/8088的指令系统及程序设计常用技巧，按流程图编写程序。要求做到简单明了，层次清晰，运算迅速，少占内存。要编写高质量的汇编语言程序，必须加深对指令系统功能的理解，注意内存工作单元和工作寄存器的分配。

（5）上机调试、修改——可以通过单机或系统机进行调试、修改，直至通过。

在学习高级语言程序设计时，知道了程序的3大主要结构：顺序结构、分支结构和循环结构。同样，汇编语言的源程序也有此3大结构，所不同的是它们的表现形式。用高级语言编写程序时，不使用"转移语句"，因而使这3种结构清晰明了。但在汇编语言的源程序中，很难不使用"转移语句"（除非是一些只有简单功能的程序），有时甚至会有各种各样的"转移语句"。由于存在这些转移语句，因此使汇编语言源程序的基本结构不太明确。如果源程序的编写者思维混乱，编写出来的源程序在结构上就会显得杂乱无章；反之，如果编写者条理清晰，安排的操作井然有序，那么，编写出来的程序在结构上就会一目了然。

总之，不论是高级语言的源程序还是汇编语言的源程序，3大基本结构都是不变的。

4.4.2　顺序结构程序设计

顺序结构是最简单的程序结构，程序的执行顺序就是指令的编写顺序，所以，安排指令的先后次序至关重要。

下面介绍一个简单的顺序程序设计实例。

【例4-7】　将变量X的值加上变量Y的值，结果保存在变量Z中。

分析：这个题目的流程很简单，但是要注意汇编语言的特点。

程序如下：

```
;…………数据段…………
DATA    SEGMENT
  X   DB  6                    ;X是一个字节类型的变量
  Y   DB  9                    ;Y是一个字节类型的变量
  Z   DB  ?                    ;Z是一个字节类型的变量
DATA    ENDS
;…………代码段…………
CODE    SEGMENT
ASSUME    CS:CODE,DS:DATA
START:MOV  AX,DATA  ;DATA不能直接赋值给DS
      MOV  DS,AX    ;对DS赋值
      MOV  AL,X     ;存储器寻址方式不能确定数据类型
      MOV  BL,Y     ;X、Y先分别送到不同的字节(8位)寄存器中
      ADD  AL,BL
```

```
        MOV  Z,AL
        HLT
CODE    ENDS
END  START
```

下面再介绍一个程序实例。

【例4-8】　变量 A 乘以变量 B，再除以 C，结果保存在 D 中。

分析：这个例题的流程仍然比较简单，但是要注意乘法指令与除法指令的使用以及寄存器的使用。

程序如下：

```
;..........数据段..........
DATA    SEGMENT
  A  DB  5
  B  DB  12
  C  DB  6
  D  DB  ?
DATA    ENDS
;..........代码段..........
CODE    SEGMENT
ASSUME  CS:CODE,DS:DATA
START:MOV  AX,DATA
        MOV  DS,AX
        MOV  AL,A
        MOV  BL,B
        MUL  BL
        MOV  BL,C
        DIV  BL
        MOV  D,AL
        HLT
CODE    ENDS
END START
```

注意　　　寄存器的使用不要冲突，虽然实际应用的程序比顺序结构复杂得多，但它是构成程序的基础，它的质量直接影响整个程序的质量。因此，如何充分利用硬件资源，合理地选择指令是编制简单程序、提高整个汇编语言程序质量的关键。

【例4-9】　设在 X 单元中存放一个 0～9 之间的整数，用查表法求出其平方值，并将结果存入 Y 单元。

分析：根据题意，首先将 0～9 所对应的平方值存入连续的 8 个单元中，构成一张平方值表，其首地址为 SQTAB。

由表的存放规律可知：表首址 SQTAB 与 X 单元中的数 i 之和正是 i^2 所在单元的地址。

程序如下：

```
;..........数据段..........
DATA        SEGMENT
SQTAB       DB  0,1,4,9,16,25,36,49,64,81;平方值表
X           DB  5
Y           DB  ?
DATA        ENDS
;..........堆栈段..........
STACK       SEGMENT  PARA  STACK  'STACK'
TAPN        DB  100  DUP (?)
TOP         EQU  LENGTH  TAPN
STACK       ENDS
```

```
;..........代码段..........
CODE      SEGMENT
ASSUME  CS:CODE,DS:DATA,SS:STACK
START:MOV  AX,DATA
      MOV  DS,AX              ;对DS段寄存器赋值
      MOV  AX,STACK
      MOV  SS,AX              ;对SS段寄存器赋值
      MOV  AL,X              ;取数i
      MOV  AH,0              ;注意这一行的作用
      MOV  BX,OFFSET  SQTAB;BX→表首址
      ADD  BX,AX
      MOV  AL,[BX]            ;取i²并保存
      MOV  Y,AL
      HLT
CODE      ENDS
END      START
```

对这个问题还可以用另外一种方式来解决。

【例4-10】 例4-9的另外一种解决方式。

```
...;前面的同例4-9
START:MOV  AX,DATA
      MOV  DS,AX
      MOV  AX,STACK
      MOV  SS,AX
      MOV  AL,X
      MOV  BX,OFFSET  SQTAB;
      XLAT
      ADD  BX,AX
      MOV  Y,AL
      HLT
CODE      ENDS
END  START
```

显然，上面两个代码段用到了不同的指令，使程序的长短、效率也不同。

下面再举两个综合的题目。

【例4-11】 计算公式 $F = X^3 + Y^2 + Z - 1000$，假设 X、Y 均在 $0 \sim 9$，$|Z| \leqslant 100$。

分析：将前面几个例题中讲解的知识合在一起考虑。

程序如下：

```
:..........数据段..........
DATA  SEGMENT
  XYZF  DW  7,6,97,?        ;分别对应为变量X、Y、Z和结果的值
  X3    DW  0,1,8,27,64,125,216,343,512,729;立方值表
  Y2    DW  0,1,4,9,16,25,36,49,64,81          ;平方值表
DATA  ENDS
;..........代码段..........
CODE  SEGMENT
ASSUME  CS:CODE,DS:DATA
START:;
      MOV  AX,DATA
      MOV  DS,AX
      ;
      MOV  BX,OFFSET  X3
      MOV  AX,[XYZF]
      ADD  AX,AX
      ADD  BX,AX
```

```
            MOV   DX,[BX]
            ;
            MOV   BX,OFFSET  Y2
            MOV   AX,[XYZF+2]
            ADD   AX,AX
            ADD   BX,AX
            MOV   AX,[BX]
            ;
            ADD   DX,AX
            ADD   DX,[XYZF+4]
            SUB   DX,1000
            MOV   [XYZF+6],DX
            HLT
    CODE    ENDS
    END  START
```

【例 4-12】 试编写一个程序，计算表达式 $W=(V-(X*Y+Z-100))/X$ 的值。式中 X、Y、Z、V 均为有符号字数据变量，结果存放在双字变量 W 之中。

程序如下：

```
;…………数据段…………
DATA    SEGMENT
  X   DW   200
  Y   DW   100
  Z   DW   3000
  V   DW   10000
  W   DW   2 DUP (?)
DATA   ENDS
;…………代码段…………
CODE   SEGMENT
ASSUME  CS:CODE,DS:DATA
START:MOV  AX,DATA
        MOV  DS,AX
        ;
        MOV  AX,X
        MOV  BX,Y
        IMUL BX
        MOV  CX,AX
        MOV  BX,DX
        MOV  AX,Z
        CWD
        ADD,CX,AX
        ADC,BX,DX
        SUB  CX,100
        SBB  BX,0
        MOV  AX,V
        CWD
        SUB  AX,CX
        SBB  DX,BX
        MOV  BX,X
        IDIV BX
        ;
        MOV  W,AX
        MOV  W+2,DX
        HLT
    CODE   ENDS
    END    START
```

4.4.3 分支结构程序设计

所谓分支结构，就是根据条件判断的结果分别执行不同的程序段。如果分支具有 N 种可能，则称其为 N 分支。一般 $N=2$ 时称为简单分支，$N \geq 3$ 时称为多分支程序。

1. 简单分支程序设计

通常简单分支程序可用一条条件转移指令来实现，这是分支程序设计的最基本方法。

【例 4-13】 设有单字节无符号数 X、Y、Z，若 $X+Y>255$，则求 $X+Z$，否则求 $X-Z$，运算结果放在 F1 中。

分析：因为 X、Y 均为无符号数，所以当 $X+Y>255$ 时会产生进位，即 CF = 1，所以可以用进位标志来判断。

程序段如下：

```
;..........数据段..........
DATA    SEGMENT
  X    DB    128
  Y    DB    90
  Z    DB    50
  F1   DB    ?
DATA    ENDS
;..........代码段..........
CODE    SEGMENT
ASSUME  CS:CODE,DS:DATA
START: MOV  AX,DATA
       MOV  DS,AX
       ;
       MOV  AL,X
       ADD  AL,Y
       JC   P1
       ;
       MOV  AL,X
       SUB  AL,Z
       JMP  EXIT
       ;
  P1:  MOV  AL,X
       ADD  AL,Z
       ;
EXIT:  MOV  F1,AL
       ;
       HLT
CODEENDS
END START
```

2. 多分支程序设计

（1）简单分支组合法

用若干个简单分支的组合来实现多分支的方法称为简单分支组合法。

【例 4-14】 试计算符号函数的值：$Y = \begin{cases} -1 & \text{当 } X<0 \\ 0 & \text{当 } X=0 \\ 1 & \text{当 } X>0 \end{cases}$

程序如下：

```
;..........数据段..........
DATA    SEGMENT
  X    DB    6
```

```
      Y    DB    ?
DATA    ENDS
;…………代码段…………
CODE    SEGMENT
ASSUME  CS:CODE,DS:DATA
START:MOV  AX,DATA
      MOV  DS,AX
      ;
      MOV  AL,X
      CMP  AL,0
      ;注意下面的分支
      JG    G1
      JZ    Z1
      ;
      MOV  AL,-1
      JMP  EXIT
      ;
   G1:MOV  AL,1
      JMP   EXIT
      ;
   Z1:MOV  AL,0
      ;
 EXIT:  MOV   Y,AL
        HLT
CODE    ENDS
END  START
```

（2）跳转表法

跳转表是由一系列的转移地址（各分支处理子程序的首地址）、跳转指令或关键字等构成的，它们依次存放在内存的一个连续存储区中。

【例4-15】　查看变量 M1 中的值，如果是 0 则执行模块 0（用标号 L0 表示的内容，下同），如果是 1 则执行模块 1，依次类推。其中，M1 的值在 0～7。

程序如下：

```
;…………数据段…………
DATA    SEGMENT
  MI  DB   4
  L   DB   L0,L1,L2,L3,L4,L5,L6,L7
DATA    ENDS
;…………代码段…………
CODE    SEGMENT
ASSUME  CS:CODE,DS:DATA
START:MOV  AX,DATA
      MOV  DS,AX
      ;
      MOV  BX,OFFSET  L
      MOV  AL,M1
      AND  AL,07H
      MOV  AH,00H
      ADD  AX,AX
      ADD  BX,AX
      JMP  WORD  PTR [BX]   ;段内间接转移
      ;
      …
      ;
  L0:;…
      ;
  L1:;
      …
      ;
```

```
    L7: ;
        …
          ;
CODEENDS
END START
```

数据段中变量 L 的值是 L0、L1、…、L7，实际上就是程序段中的标号 L0、L1、…、L7，也就是说，L 其实是一个转移地址表。显然这里用的是段内间接转移，如果是段间转移，则应该将段地址与偏移地址一同存入地址表中：

```
L  DD  L0,L1,L2,L3,L4,L5,L6,L7
```

4.4.4 循环结构程序设计

在实际工作中，有时要求对某一问题进行多次重复处理，仅仅是初始条件不同而已，这种计算过程具有循环特征。循环程序设计是解决这类问题的一种行之有效的方法。循环程序是采用重复执行某一段程序来实现要求完成计算的编程方法。

循环结构主要由以下 3 部分组成。

初始化部分：包括设置地址指针、计数器及其他变量的初值等为循环做的准备工作。

循环体部分：这是主要部分，即对问题的处理。

循环控制部分：包括每次执行循环体之后或之前参数的修改，对循环条件的判断等。

1. 单循环程序的设计方法

（1）"循环次数已知型"的程序设计。这种程序设计方法很直观，流程比较清晰，但必须在循环次数已知的条件下才能采用。

【例 4-16】 在以 NUM 为首地址的存储区中存有一组带符号的字节类型的数据，从中找出最大数并送入 MAX 单元。

程序如下：

```
;…………数据段…………
DATA   SEGMENT
  NUM     DB   7,9,-10,0,100,-27,99
  COUNT   DB   $-NUM
  MAX     DB   ?
DATA   ENDS
;…………代码段…………
CODE   SEGMENT
ASSUME  CS:CODE,DS:DATA
START:MOV  AX,DATA
      MOV  DS,AX
      ;
      MOV  CL,COUNT-1
      MOV  CH,00H
      ;
      MOV  BX,OFFSET  NUM
      MOV  AL,[BX]
      ;
  LP1:INC   BX
      CMP  AL,[BX]
      JGE   NEXT
      MOV  AL,[BX]
NEXT: LOOP  LP1
      MOV   MAX,AL
      ;
```

```
            HLT
CODE    ENDS
END   START
```

【例 4-17】　试编写一个程序将字单元 BUF 中所含 1 的个数存入 COUNT 单元中。

分析：要测出 BUF 字单元所含 1 的个数，首先将 BUF 中的数送给寄存器 AX，然后将 AX 寄存器逻辑左移一次，如果 CF=1，则表明 AX 中的最高位为 1，则计数器 BL 计数 1 次；如果 CF=0，表明 AX 最高位为 0，这样依次将最高位移入 CF 中去测试。

程序如下：

```
;..........数据段..........
DATA    SEGMENT
  BUF      DW    2345H
  COUNT   DW    ?
DATA    ENDS
;..........代码段..........
CODE    SEGMENT
ASSUME  CS:CODE,DS:DATA
START:MOV  AX,DATA
        MOV  DS,AX
        ;
        MOV  AX,BUF
        MOV  CX,16
        MOV  BL,0
LP1:  SHL  AX,1
        JNC  NEXT
        INC  BL
NEXT:  LOOP  LP1
        ;
        MOV  BH,0
        MOV  COUNT,BX
        ;
        HLT
CODE    ENDS
END     START
```

（2）"循环次数未知型"的程序设计。"循环次数未知型"的程序比"循环次数已知型"要麻烦一些，不过可以节约许多计算机的资源，提高程序的工作效率，而且更接近实际情况。

在例 4-17 中无论变量 BUF 中有没有 1，均要循环 16 次，可以进行一些改进。

【例 4-18】　试编写一个程序，将字单元 BUF 中所含 1 的个数存入 COUNT 单元中。

分析：要测出 BUF 字单元所含 1 的个数，首先将 BUF 中的数送给寄存器 AX，然后将 AX 寄存器逻辑左移一次，如果 CF=1，则表明 AX 中的最高位为 1，计数器 BL 计数 1 次；如果 CF=0，表明 AX 最高位为 0，这样依次将最高位移入 CF 中去测试。移位之后，判断 AX 的值是否为 0，如果为 0，则结束循环；如果不为 0，则继续循环。

程序如下：

```
;..........数据段..........
DATA    SEGMENT
  BUF      DW    2345H
  COUNT   DW    ?
DATA    ENDS
;..........代码段..........
CODE    SEGMENT
ASSUME  CS:CODE,DS:DATA
```

```
START:MOV   AX,DATA
      MOV   DS,AX
      ;
      MOV   AX,BUF
      MOV   BL,0
      ;
  LP1:ADD   AX,AX
      JZ    EXIT
      SHL   AX,1
      JNC   NEXT
      INC   BL
NEXT: JMP   LP1
      ;
      MOV   BH,0
      MOV   COUNT,BX
      ;
      HLT
CODE  ENDS
END   START
```

【例 4-19】 在字符串变量 STRING 中存有一个以 "$" 结尾的 ASCII 码字符串，要求计算字符串的长度，并将其存入 LENGTH 单元中。

程序如下：

```
;............数据段............
DATA    SEGMENT
STRING  DB   'HDKAYFBKLA$'
LENGTH  DB   ?
DATA    ENDS
;............代码段............
CODE    SEGMENT
ASSUME  CS:CODE,DS:DATA
START:MOV   AX,DATA
      MOV   DS,AX;
      MOV   BX,OFFSET  STRING
      MOV   DI,0
      ;
LP1:MOV   AL,[BX][DI]
    CMP   AL,'$'
    JZ    EXIT
    INC   DI
    JMP   LP1
    ;
EXIT:MOV   CX,DI
     MOV   LENGTH,CL
     ;
     HLT
CODE    ENDS
END START
```

2. 多重循环程序设计

在实际工作中，一个循环结构常常难以解决实际应用问题，所以人们引入了多重循环，这些循环是一层套一层的，因此又称为循环嵌套。

在某些时候，循环次数是已知的，每一层循环均用到 CX 作为循环次数指针，需要注意在进入内层循环的时候，要利用堆栈将外层的当前循环次数保存起来。

【例 4-20】 统计一个班级学生的总分。

分析：对于每个学生而言，需要循环累加各门成绩；对于班级而言，需要对每个学生进行循环操作。

程序如下：

```
;............源程序............
;............数据段............
DATA    SEGMENT
;假设有 3 个学生,5 门功课
  X1    DB    70,90,80,76,89,?
  X2    DB    89,70,67,90,100,?
  X3    DB    90,90,98,100,79,?
DATA ENDS
;............代码段............
CODE    SEGMENT
  ASSUME  CS:CODE,DS:DATA
START:
      MOV  AX,DATA
      MOV  DS,AX
      ;
      MOV  BX,0;也可以写成 MOV  BX,OFFSET  X1
      MOV  CX,3
      ;
LP2:
      PUSH  CX
      MOV  DI,0
      MOV  CX,5
      XOR  AX,AX
LP1:
      MOV  AH,[BX][DI]
      ADD  AL,AH
      INC  DI
      LOOP  LP1
      MOV  [BX][DI],AL
      POP  CX
      ADD  BX,6
      LOOP  LP2
      ;
      HLT
CODE    ENDS
END    START
```

在某些时候，多重循环的循环次数是未知的，这时一般会有一些事先设定的结束标志，需要注意数据段的设置。

【例 4-21】 统计班级每个学生的总分，并送到变量 ZF 中。其中，-99 表示班级成绩表结束，-9 表示个人成绩表结束，-1 表示没有成绩。

程序如下：

```
;............源程序............
;............数据段............
DATA    SEGMENT
  CJ    DB    60,89,70,90,- 1,90,- 9
        DB    90,89,99,80,90,100,- 9
        DB    78,87,89,85,88,83,- 9
        DB    - 99
  ZF    DW  100  DUP(?)
DATA    ENDS
;............代码段............
CODE    SEGMENT
  ASSUME    CS:CODE,DS:DATA
START:
      MOV  AX,DATA
```

```
        MOV  DS,AX
        ;
        MOV  BX,OFFSET  CJ
        MOV  DI,OFFSET  ZF
        ;
LP2:
        MOV  DX,0
LP1:
        MOV  AL,[BX]
        CMP  AL,- 99
        JNG  EXIT
        CMP  AL,- 9
        JNG  NEXT
        CMP  AL,- 1
        JNG  LP
        ADD  DL,AL
        ADC  DH,0
LP:
        INC  BX
        JMP  LP1
NEXT:
        MOV  [DI],DX
        INC  DI
        INC  DI
        JMP  LP2
        ;
EXIT:HLT
CODE    ENDS
END    START
```

对于多重循环，一般尽量使用不同的寄存器作为不同层次的循环指针，如果没有多余的空闲寄存器，就应该与上面一样，在进入下一层循环时，保存当前循环指针的值。

4.4.5 子程序的调用

在程序设计中，常常会遇到某些功能完全相同的程序段在同一程序的多处或不同程序中出现，为了节省存储空间、减少编制程序的重复劳动，可以将这些多次重复的程序段独立出来，附加一些额外语句，将其编制成一种具有公用性的、独立的程序段——子程序，并通过适当的方法与其他程序段连接起来，这种程序设计的方法称为子程序设计。

在汇编语言中，子程序又称为过程；调用子程序的程序称为主调程序或主程序。

子程序的定义是由过程定义伪指令 PROC 和 ENDP 来完成的，格式如下：

```
（过程名）  PROC  [NEAR/FAR]
        …
（过程名）  ENDP
```

其中，PROC 表示过程定义开始，ENDP 表示过程定义结束。过程名是过程入口地址的符号表示，可以在主程序中直接用 CALL（过程名）进行调用。

一般过程名同标号一样，具有 3 种属性，即段属性、偏移地址属性以及类型属性。

子程序可以在程序中的任意位置。一般情况下，子程序比较多的时候，将所有子程序放在代码段的开始位置，例如：

```
;…………源程序…………
CODE    SEGMENT
ASSUME  CS:CODE
START:JMP  MAIN;代码段开始位置,但不是主程序开始位置
```

```
(过程名 1)  PROC
        …
(过程名 1)  ENDP
(过程名 2)  PROC
        …
(过程名 2)  ENPD
MAIN:…;主程序真正开始位置
        …
CODE    ENDS
END    START
```

如果子程序比较少，就可以将子程序放在代码段的末尾处。

```
;…………源程序…………
CODE  SEGMENT
ASSUME   CS:CODE
START:…
        …
        HLT;主程序结束位置
(过程名 1)  PROC
        …
(过程名 1)  ENDP
CODE    ENDS
END    START
```

主程序与子程序的参数传递的方式主要有以下几种。

1. 约定寄存器法

因为汇编语言可以对计算机硬件资源直接利用，当寄存器被赋值之后，其值一直保持不变，直到重新赋值为止，所以可以利用计算机的寄存器来传递参数。

这种方法是通过寄存器存放参数来进行传递的，即在主程序调用子程序前，将入口参数送到约定寄存器中；子程序可以直接从这些寄存器中取出参数进行加工处理，并将结果也放在约定的寄存器中，然后返回主程序，主程序再从寄存器中取出结果。

　　　　约定寄存器法的特点是编程方便，速度快，节省存储单元，但只适合参数较少的情况。

2. 约定存储单元法

这种方法是使用内存单元传递参数的，即在主程序调用子程序前，将入口参数存放到约定单元中。子程序执行结束将结果也放在约定单元中。

　　　　约定存储单元法的特点是每个子程序都有独立的工作单元，工作时不易引起紊乱，但它占用了存储空间，这种方法不适合递归子程序。

3. 堆栈法

堆栈法是在紧接调用指令后面的一串单元中存放参数的。对于入口参数，一般是参数地址，当入口参数很少时，也可以是参数值；对于出口参数，一般是参数的值，当出口参数较多时也可以是地址。

　　　　赋值法的特点是入口/出口参数包括在调用程序中，比较灵活，但在存取入口/出口参数和修改返回地址时要特别仔细，以免出错。

参数传递注意事项如下：

（1）寄存器内容是否冲突。因为寄存器是计算机硬件资源，而且使用比较频繁，所以一定要注意主程序与子程序、子程序之间在使用寄存器的时候有无冲突，如果有冲突，就可以利用堆栈先进行保护。

【例 4-22】 若子程序 PROG1 中改变了寄存器 AX、BX、CX、DX 的值，则可以采用如下方法保护和恢复现场。

```
;…………源程序…………
PROC1    PROC
PUSH    AX
PUSH    BX
PUSH    CX;保护现场
PUSH    DX
    …;          子程序的执行内容
    POP    DX
    POP    CX
    POP    BX;恢复现场
    POP    AX
RET;          返回断点处
PROC1    ENDP
```

当然也可以在主程序调用子程序之前在主程序中保存。

程序如下：

```
;…………源程序…………
CODE    SEGMENT
ASSUME    CS：CODE
START:…
        PUSH    AX
        PUSH    BX
        PUSH    CX
        PUSH    DX
        CALL    PROC1
        POP    DX
        POP    CX
        POP    BX
        POP    AX
        …
        CODE    ENDS
        END    START
        POP    DX
        POP    CX
        POP    BX
        POP    AX
        CODE    ENDS
        END    START
```

（2）指令执行的次序。汇编语言程序的模块化结构很不好，所以一定要注意程序指令实际执行的前后次序。下面举一个比较典型的例子。

```
CODE    SEGMENT
ASSUME    CS：CODE
START:
PROC1    PROC
    …
PROC1    ENDP
```

```
MAIN:…                    ;主程序开始
…
CODE    ENDS
END     START
```

在这个例子中，没有注意汇编语言的特点，而是用 C 语言编写方式编写的汇编语言程序。

4.4.6　DOS 功能调用与输入/输出

MS-DOS（PC-DOS）内包含了许多涉及设备驱动和文件管理方面的子程序，DOS 的各种命令就是通过调用这些子程序实现的。为了方便程序员的使用，把这些子程序编写成相对独立的程序模块并且编上号。程序员利用汇编语言可以方便地调用这些子程序。程序员调用这些子程序可以减少对系统硬件环境的考虑和依赖，一方面可以大大精简应用程序的编写，另一方面可以使程序有良好的通用性。这些编了号的可由程序员调用的子程序就称为 DOS 功能调用或系统调用。一般认为 DOS 的各种命令是操作员与 DOS 的接口，而功能调用则是程序员与 DOS 的接口。在这里可以简单地认为它是一种类似于 C 语言中的库函数。

DOS 功能的调用主要包括 3 方面的子程序：基本 I/O、文件管理和其他（包括内存管理、置取时间、置取中断向量、终止程序等）。随着 DOS 版本的升级，这种称为 DOS 功能调用的子程序数量也在不断增加，功能更加完备，使用也更加方便，如表 4-2 所示。

DOS 功能调用的使用形式如下：

```
MOV   (***), ***         ;准备所需要的入口参数
MOV   AH,N               ;将功能号送到寄存器 AH 中
INT   21H                ;DOS 功能调用为 21H 号中断
```

表 4-2　　　　　　　　　　　　　DOS 提供的常用基本输入/输出功能

功　能　号	功　能　说　明	入　口　参　数	出　口　参　数
01H	从键盘上读入一个字符,并在监视器（显示器）上回显	无	（AL）=输入字符的 ASCII 码
02H	显示一个字符	（DL）= 要显示字符的 ASCII 码	无
09H	显示一个字符串	（DS：DX）= 字符串的首地址，字符串以字符"$"为结束标志	无
0AH	输入一个字符串	（DS：DX）=缓冲区首地址	接收到的输入字符串在缓冲区中
05H	向第一个并行口上的打印机输出一个字符	DL = 要打印的字符（ASCII 码）	无

0AH 号功能（标准输入设备，即键盘上输入一个字符串）的说明如下。

（1）缓冲区第一个字节置为缓冲区最大容量，可以认为是入口参数；缓冲区第二个字节存放实际读入的字符数（不包括回车符），可认为是出口参数的一部分；第三个字节开始存放接收的字符串。

（2）字符串以回车键结束，回车符是接收到的字符串的最后一个字符。

（3）如果输入的字符数超过缓冲区所能容纳的最大字符数，则随后的输入字符被丢失并响铃，直到遇到回车键为止。

（4）如果在输入时按 Ctrl + C 或 Ctrl + Break 组合键，则结束程序。

更多 DOS 功能调用功能见附录。

【例4-23】 写一个程序，用二进制数形式显示所按键的 ASCII 码。

分析：首先利用1号DOS功能调用接受一个字符，然后通过移位的方法从高到低依次把ASCII码值的各位移出，再转换成 ASCII 码，利用 2 号功能调用显示输出。

程序如下，它还含有一个形成回车换行（光标移到下一行首）的子程序。

```
        ;..........主程序..........
CODE    SEGMENT
ASSUME  CS:CODE,DS:CODE
START:MOV    AH,1              ;读一个键
        INT    21H
        CALL   NEWLINE          ;回车换行
        MOV    BL,AL
        MOV    CX,8             ;8 位,所以循环次数为 8
NEXT:SHL     L,1              ;依次析出高位,送到标志寄存器的 CF
        MOV    DL,30H
        ADC    DL,0             ;转换得 ASCII 码
        MOV    AH,2
        INT    1H               ;显示
LOOP  NEXT                     ;循环 8 次
        MOV    DL,'B'
        MOV    AH,2             ;显示二进制数表示符
        INT    1H
        MOV    AH,4CH           ;正常结束
        INT    21H
      ;..........子程序..........
NEWLINE   PROC
        PUSH  AX
        PUSH  DX
        MOV    DL,0DH           ;回车符的 ASCII 码是 0DH
        MOV    AH,2             ;显示回车符
        INT    21H
        MOV    DL,0AH           ;换行符的 ASCII 码是 0AH
        MOV    AH,2             ;显示换行符
        INT    21H
        POP    DX
        POP    AX
        RET
NEWLINE   ENDP
CODE    ENDS
END    START
```

4.5 汇编编程举例

下面用一个大一点的例子讲解一下汇编程序编写的过程。

【例4-24】 判断一个放在 YEAR 变量中的年份是否是闰年。

1. 解决步骤

用人的思维来分析题目要求，用文字描述出来。

　　遇到一个题目时，首先考虑解决这个问题需要怎么办，并将想法用自然语言描述出来，注意用词尽量使用"首先……然后……再后……最后……"、"如果……那么……否则……"、"依次类推（或依次执行）"等连词。这是因为这些词汇可以很容易地在流程图中用结构表达出来。

　　这个问题解决起来很简单：首先，得到 YEAR 的值；然后判断该值能否被 4 整除；如果不能被 4 整除，那么是平年，否则判断能否被 100 整除；如果不能被 100 整除，那么是闰年，否则判断能否被 400 整除；如果能被 400 整除，那么是闰年，否则是平年。

2.　根据已经写出的文字描述画出粗略的流程图

　　根据文字描述，可以一一对应地画出流程图，具体对应关系如下。

　　"首先"句画成顺序结构："首先"、"然后"、"再后"、"最后"等词汇就是流程图中的先后顺序，其中"……"表示流程中每一步具体执行的内容。

　　"如果"句转化成分支结构流程图：其中"如果"后的内容为分支结构的分支条件，而"那么"后内容是条件为真时执行的内容，"否则"后面是条件不成立时执行的内容，"如果"转换成"◇"菱形框架表示，"那么"、"否则"对应相应的连线，注意根据条件分别标出"Y"、"N"。

　　"依次类推（或依次执行）"对应循环结构：注意"次"的概念，如果循环次数已经确定，就在循环连线上标示出"循环 N 次"（见图 4-3（a））；如果是按照某条件成立与否，则参考"如果"句画出流程图（见图 4-3（b））。依次执行的内容为循环体的内容。

　　上面"判断是否是闰年"例题的流程图也可以按照这种方式画出。

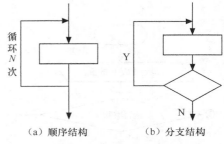

（a）顺序结构　　　（b）分支结构

图 4-3　循环程序设计粗略的流程图

3.　将粗略的流程图转化成具有汇编语言特点的流程图

　　因为汇编语言中没有结构化语句，所以，流程图中的结构化框架需用汇编语言的无条件跳转指令、条件跳转指令、循环指令等来表达。为了更好地与汇编语言的指令对应，将前面已经画好的流程图进行一些改造，这里主要涉及分支的部分，具体改造形式如图 4-4 所示。

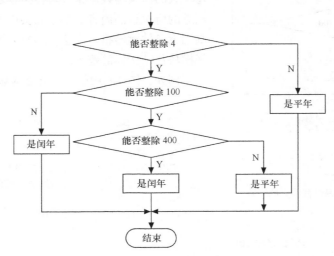

图 4-4　具有汇编语言特点的流程图

　　根据这种方法，可以将图 4-4 的流程改画成图 4-5。

4. 将流程图进一步细化

经过前面步骤所得到的流程图还不能与汇编语言指令对应，应该结合汇编语言进一步细化，直到流程图中每模块只对应一条或简单的几条指令为止。

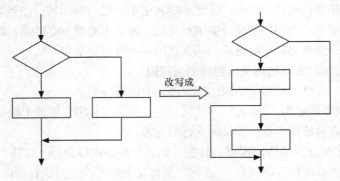

图 4-5　通用的表示流程框图

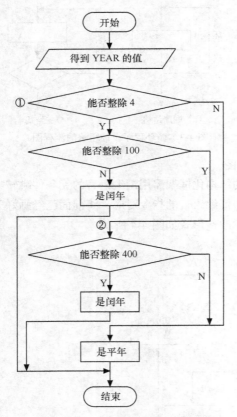

图 4-6　细化过汇编语言特点的流程

例如，"判断是否是闰年"题目中"能否整除 4"这一步骤，就需要细化成如下几个具体步骤。

（1）将 YEAR 中得到的值送到寄存器 AX 中。

（2）将除数 4 送到 BL（或其他 8 位寄存器）中。

（3）用无符号除法指令 DIV 进行除法运算。

（4）判断余数（在 AH 中）是否为 0。

5. 根据细化过的编程图写出代码段

将流程图中每一步转化为对应的汇编语言指令。

此外，流程图中连线有一部分也必须对应汇编语言指令，这里主要是指形式上"绕弯"比较大的箭头连线。

如果是带有 Y、N 分支结构的箭头连线，则先将"绕弯"大的箭头连线用条件跳转指令表达；然后，编写距离近的所执行的内容。如果箭头连线上没有任何标志，则用无条件跳转指令表达，这类无条件跳转指令用来体现模块化结构体的范围。

例如，图 4-6 中的①、②处应该写成如下形式。

```
      …
① DIV  BL            ;YEAR 中的值已经存放在 AX 中,BL
存放的为除数 4
CMP  AH,0
JNZ  A1              ;ZF 为"假",表示不能整除
…                    ;判断能否整除 100
…
…                    ;是闰年
```

```
②  JMP  EXIT
…                    ;能否整除 400
…
A1:…                 ;是平年
EXIT:…               ;结束
```

6. 完善程序

这里主要是完善汇编语言程序的语法结构。主要内容是在前面的基础上加上变量定义、段定义、段说明等，使程序段成为完整的程序。

```
;..........源程序..........
;..........数据段..........
DATA  SEGMENT                      ;数据段定义
   YEAR   DW   xxxx                ;YEAR 中存放准备判断的年份
   YN        DB   ?                ;YN 存放结果,1 表示闰年,0 表示平年
DATA  ENDS
;..........代码段..........
CODE  SEGMENT
ASSUME  CS:CODE,DS:DATA     ;段说明
START:MOV  AX,DATA          ;数据段寄存器 DS 赋值
      MOV  DS,AX
      ;
      MOV  AX,YEAR          ;得到 YEAR 的值
      MOV  BL,4             ;除以 4
      DIV  BL
      CMP  AH,0             ;余数是否为 0
      JNZ  A1               ;余数不为 0,即不能整除,则跳转到 A1 处
      MOV  AX,YEAR          ;因为上面的除法运算 AX 的内容已经改
                           ;所以 AX 需要重新赋值
      MOV  BL,100
      DIV  BL
      CMP  AH,0
      JZ   A2
      MOV  YN,1
      JMP  EXIT
   A2:MOV  AX,YEAR          ;除以 400
      MOV  DX,0             ;因为除数是 16 位,所以被除数应为 32 位
                           ;分别存放在 DX:AX
      MOV  BX,400
      DIV  BX
      CMP  DX,0
      JNZ  A1
      MOV  YN,1
      JMP  EXIT
   A1:MOV  YN,0
      ;
  EXIT:HLT
      CODE  ENDS
      END  START
```

习　　题

一、判断题

1. 指出下列指令的错误。

（1）MOV　AH, BX

（2）MOV　[BX], [SI]

（3）MOV　AX, [SI][DI]

（4）MOV　MYDAT[BX][SI], ES:AX

（5）MOV　BYTE PTR[BX], 1000

（6）MOV　BX, OFFSET MYDAT[SI]

（7）MOV　CS，AX

2. 下面哪些指令是非法的？（假设 OP1、OP2 是已经用 DB 定义的变量）

（1）CMP　15，BX　　　　　　　　（2）CMP　OP1，25

（3）CMP　OP1，OP2　　　　　　　（4）CMP　AX，OP1

3. 假设下列指令中的所有标识符均为类型属性为字的变量，指出下列指令中哪些是非法的，它们的错误是什么？

（1）MOV　BP，AL

（2）MOV　WORD_OP[BX+4*3][DI]，SP

（3）MOV　WORD_OPI，WORD_OP2

（4）MOV　AX，WORD_OP1[DX]

（5）MOV　SAVE_WORD，DS

（6）MOV　SP，SS:DATA_WORD[BX][SI]

4. JA 和 JG 指令的条件都是"大于"，所以是同一个指令的两个助记符。

5. 控制循环是否结束只能在一次循环结束之后进行。

二、画图题

1. 画图说明下列语句所分配的存储空间及初始化的数据值。

（1）BYTE_VAR DB　　'BYTE'，12，－12H，3 DUP(0，?，2 DUP(1，2)，?)

（2）WORD_VAR DW　5 DUP(0，1，2)，7，−5，'BY'，'TE'，256H

2. 试画出一个完整的数据段 DATA_SEG，把整数 5 赋给一个字节，并把整数−1、0、2、5 和 4 放在 10 字数组 DATA_LIST 的头 5 个单元中。然后写出完整的代码段，其功能为：把 DATA_LIST 中头 5 个数中的最大值和最小值分别存入 MAX 和 MIN 单元中。

三、读程序题

1. 等值语句如下：

```
ALPHA  EQU  100
BETA   EOU  25
CAMMA  EQU  2
```

下列表达式的值是多少？

（1）ALPHA*100+BETA　　　　　　　（2）ALPHA MOD GAMMA+BETA

（3）（ALPHA+2）*BETA-2　　　　　　（4）(BETA/3)MOD 5

（5）(ALPHA+3)，(BETA MOD GAMMA)　（6）ALPHA GE GAMMA

（7）BETA AND 7　　　　　　　　　　（8）GAMMA OR 3

2. 对于下面的数据定义，各条 MOV 指令单独执行后，有关寄存器的内容是什么？

```
FLDB    DB    ?
TABLEA  DW    20 DUP(?)
TABLEB  DB    'ABCD'
```

（1）MOV　AX，TYPE FLDB　　　　　（2）MOV　AX，TYPE TABLEA

（3）MOV　CX，LENGTH TABLEA　　　（4）MOV　DX，SIZE TABLEA

（5）MOV　CX，LENGTH TABLEB

3. 假设 VAR1 和 VAR2 为字变量，LAB 为标号，试指出下列指令的错误之处。

（1）ADD　VAR1，VAR2　　　　　　　（2）SUB　AL，VAR1

（3）JMP　LAB[SI]　　　　　　　　　　　（4）JNZ　VAR1

（5）JMP　NEAR LAB

四、写程序题

1. 试列出各种方法，使汇编程序把 5150H 存入一个存储器字中（例如，DW　5150H）。

2. 按下面的要求写出程序的框架。

（1）数据段的位置从 0E000H 开始，数据段中定义一个 100 字节的数组，其类型属性既是字又是字节。

（2）堆栈段从小段开始，段组名为 STACK。

（3）在代码段中指定段寄存器，指定主程序从 1000H 开始，给有关段寄存器赋值。

（4）程序结束。

3. 假设在数据段 X_SEG、附加段 Y_SEG 和堆栈段 Z_SEG 中分别定义了字变量 X、Y 和 Z，试编写一个完整的程序计算 X←X + Y + Z。

4. 编写一个完整的程序，放在代码段 C_SEG 中。要求把数据段 D_SEG 中的 AUGEND 和附加段 E_SEG 中的 ADDEND 相加，并把结果存放在 D_SEG 段中的 SUM 中。其中 AUGEND、ADDEND 和 SUM 均为双精度数，AUGEND 赋值为 99251，ADDEND 赋值为−15962。

第5章
存储器

存储器是计算机内部具有记忆功能的部件，是微型计算机系统中必不可少的组成部分，用来存放计算机系统工作时所用的信息——程序和数据。根据其在微型计算机系统中的地位，可分为内存储器（简称内存）或主存储器（简称主存）和外存储器（简称外存）或辅助存储器（简称辅存）。内存储器通常由半导体存储器组成，而外存储器的种类较多，通常包括磁盘存储器、光盘存储器及磁带存储器等，具体分类如图 5-1 所示。

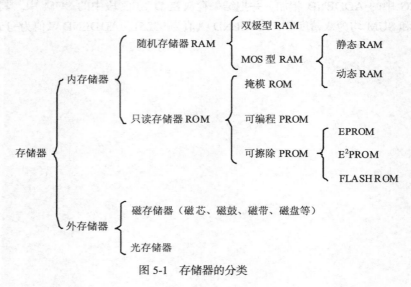

图 5-1　存储器的分类

5.1　半导体存储器

半导体存储器是一种能存储二值信息的大规模集成电路，具有集成度高、体积小、可靠性高、外部电路简单且易于接口、便于自动化批量生产等特点。

5.1.1　概述

半导体存储器内部的存储单元数目极其庞大，所以在半导体存储器中给每个存储单元编了一个地址，只有被输入地址代码指定的存储单元才能与公共的输入/输出引脚接通，进行数据的写入或读出。这样 CPU 就可以通过数据总线、地址总线和控制总线与内存储器（半导体存储器）进行程序和数据的传送。

1. 内存储器的基本结构

计算机系统中内存储器的基本结构如图 5-2 所示，图中还画出了内存储器与 CPU 的连接和信息在其间流动的概貌。

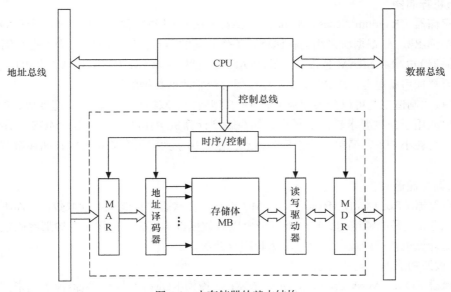

图 5-2　内存储器的基本结构

在图 5-2 中，虚线框为内存储器，其中 MB 为存储体，是存储单元的集合体。内存储器通过 M 位地址线、N 位数据线和一些有关的控制线与 CPU 交换信息。M 位地址线用来指出所需访问的存储单元的地址，N 位数据线用来在 CPU 与内存之间传送数据信息，而控制线用来协调和控制 CPU 与内存之间的读写操作。当 CPU 启动一次存储器读操作时，先将地址码由 CPU 通过地址线送入地址寄存器 MAR，然后是控制线中的读信号线 READ 有效，MAR 中地址码经过地址译码后选中该地址对应的存储单元，并通过读写驱动电路，将选中单元的数据送入数据寄存器 MDR，然后通过数据总线读入 CPU。

2. 存储器中的数据组织

在计算机系统中，作为一个整体一次存放或取出内存储器的数据称为"存储字"。例如，8 位机的存储字是 8 位字长（一个字节）；16 位机的存储字是 16 位字长（两个字节）；32 位机的存储字是 32 位字长（4 个字节）。在现代计算机系统中，特别是微型计算机系统中，内存储器一般都以字节编址，即一个存储地址对应一个 8 位的存储单元，称为字节单元。这样一个16 位存储字就占了两个连续的字节存储单元。在 Intel 80×86 系统中，16 位存储字或 32 位存储字的地址是 2 个或 4 个字节单元中最低端的字节单元的地址，而此最低端字节单元中存放的是 32 位字中最低 8 位。例如，32 位存储字 12345678H 存放在内存中的情况如图 5-3 所示，占有 30100H～30103H 4 个地址的字节单元，其中最低字节 78H 存放在 30100H 中，则该 32 位存储字的地址为 30100H。

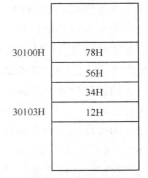

图 5-3　32 位存储字的存放情况

5.1.2　半导体存储器的分类

半导体存储器按照存取功能可以分为随机存储器和只读存储器两大类。

1. 随机存储器

随机存储器（Random Access Memory，RAM）在 CPU 执行程序中可以随时向存储器里写入数据或从中读出数据。根据所采用的存储单元工作原理的不同，又将 RAM 分为静态存储器 SRAM 和动态存储器 DRAM。SRAM 速度快，而 DRAM 集成度高。RAM 内存储的数据断电以后会丢失，所以有时要添加后备电源。RAM 主要工作于保存经常改变数据的场合。

RAM 按照制造工艺可以分为双极型和 MOS 型两类。双极型存储器工作速度快、功耗大、价格高，主要应用于速度要求较高的场合，如在微型计算机中作高速缓存用；MOS 型存储器具有集成度高、功耗小、工艺简单、价格低等特点，主要用于大容量存储系统中，如在微型计算机中作内存用。

2. 只读存储器

只读存储器（Read-Only Memory，ROM）正常工作状态下只能从中读取数据，而不能写入数据。ROM 的优点是电路结构简单，而且断电以后数据也不丢失，适用于存储那些固定数据的场合，如微型计算机执行的程序，也被称为程序存储器。

ROM 按照功能的不同分为以下几类。

（1）掩模 ROM（Mask Programmable ROM）。掩模 ROM 用最后一道掩模工艺来控制每一个基本存储元件的输出，达到预先写入信息的目的。制造完毕后用户不能更改所存信息。由于它结构简单、可靠性高、集成度高、价格便宜，因此适用于程序固定的存储器，如游戏卡等大批量生产的场合。掩模 ROM 的缺点是灵活性差，若想修改程序，必须更换新的 ROM。

（2）可编程 ROM（Programmable Read-Only Memory，PROM）。PROM 在产品出厂时并未存储任何信息，其初始内容为全"0"或全"1"。使用时，用户可利用专门设备（编程器或写入器）自行烧录信息，信息一旦写入便不可更改，因此它是一种一次性编程的 ROM。

（3）紫外线擦除的可编程 ROM（Ultraviolet Erasable Programmable Read-Only Memory，UVEPROM）。UVEPROM 芯片上有一个石英窗口，要擦除信息时，将窗口置于紫外线灯下照射 20min 以上，就可以将 UVEPROM 内存储的信息全部擦除，擦除后用户可以用编程器重新写入信息。UVEPROM 的可擦可写性大大增加了灵活性，但是 UVEPROM 擦除信息时需要将芯片从系统中卸下来，并在紫外光下照射较长时间才能完成，使用不太方便。

（4）电可擦除的可编程 ROM（Electrical Erasable Programmable Read-Only Memory，E^2PROM）。E^2PROM 是一种可用电信号进行擦除、可编程的只读存储器，擦除信息时不必把芯片从系统中卸下来，擦除时间为若干秒，比 UVEPROM 的擦除时间短得多，擦除时还可以选择一次擦除一个字还是全部擦除。E^2PROM 的缺点是写入数据的次数是有限制的。

（5）闪速存储器（FLASH ROM）。闪速存储器是一种可擦除、可改写的只读程序存储器，但是现在已经把它当作是一种单独的存储器品种来对待，因为它有一般的只读存储器所没有的良好性能。闪速存储器的存储容量比 E^2PROM 大得多，擦写速度也比 E^2PROM 快。它既有类似于 RAM 的灵活性，又有 ROM 的非易失性。

闪速存储器在计算机、通信、工业自动化及各种家用电器设备中都得到了广泛的应用，在半导体存储器市场中是增长最快的一个品种。

5.1.3　半导体存储器的主要技术指标

半导体存储器的技术指标是一个综合性指标，对不同用途的存储器有不同的要求。例如，有的存储器要求存储容量大，有的存储器要求存取速度快。

半导体存储器的主要技术指标有以下几方面。

1. 存储容量

存储容量是指存储器所能存放二进制信息的数量，存储容量越大，说明它能存储的信息量越多。

存储器中的一个基本存储单元能存储二进制数据的位数（也就是每次可以读/写的二进制代码位数）称为存储器的字长；存储器中基本存储单元的数量（也就是输入地址代码的数量）称为存储器的字数，所以存储器的存储容量就是该存储器字数与字长的乘积。例如，存储器可以存放 8 192 位的二进制数据，每次可以读/写 8 位二进制代码，即字长为 8，存储器有 1 024 个基本单元，即字数为 1 024（也就是 1K），那么它的存储容量可以用 1K×8 表示，也可记作 1KB。

2. 存取时间

现在微型计算机的工作速度越来越快，这就要求存储器的存取时间越来越短，也就是存储器的工作速度越来越快。

存储器的存取时间一般用读/写周期来描述，连续两次读出/写入操作所间隔的最短时间称为读/写周期。读/写周期短，即存取时间短，存储器的工作速度就高。

3. 可靠性

存储器的可靠性一般是指存储器对电磁场及温度等参数变化的抗干扰能力，通常用平均无故障时间（Mean Time Between Failures，MTBF）来衡量，MTBF 越长，存储器的可靠性越高。

4. 功耗和集成度

功耗反映存储器耗电的多少，集成度是指一片数平方毫米的芯片上能集成多少个基本存储元件。双极型存储器功耗比 MOS 型存储器大，发热的程度也高，所以双极型存储器的集成度比 MOS 型存储器低。

5. 性能价格比

存储器的综合性能指标包括以上几项，存储器的成本在计算机成本中占很大比重。存储器的性能价格比反映了存储器选择方案的优劣。

5.2　随机存储器

随机存储器（RAM）是一种既可以随机存储数据又可以随机取出数据的存储器，即可读可写的存储器。RAM 保存的数据具有易失性，一旦失电，所保存的数据就会立即丢失。

5.2.1　RAM 芯片的内部结构

随机存储器一般由存储矩阵、地址译码器和输入/输出控制电路 3 部分组成，如图 5-4 所示。随机存储器有 3 类信号线，即数据线、地址线和控制线。

1. 存储矩阵

一个存储器内有许多存储单元，一般按矩阵形式排列，排成 n 行和 m 列。例如，一个容量为

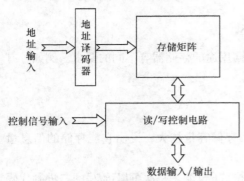

图 5-4　RAM 的基本结构

256×4 存储器（即有 256 个存储单元，每个存储单元有 4 个存储元件），共有 1 024 个存储元件，可以排成 32 行×32 列的矩阵，如图 5-5 所示。图中每 4 列存储元件连接到一个共同的列地址译码线上，组成一个存储单元。每行可存储 8 个存储单元，每列可存储 32 个存储单元，因此需要 8 根列地址选择线（$Y_0 \sim Y_7$）和 32 根行地址选择线（$X_0 \sim X_{31}$）。

2. 地址译码器

通常存储器以存储单元为单位进行数据的读/写操作，每次读出或写入一个字的数据信息，将存放同一个存储单元的存储元件编成一组，并赋于一个号码，称为地址。不同的存储单元被赋予不同的地址码，从而可以对不同的存储单元按地址进行访问，字存储单元也称为地址单元。

通过地址译码器对输入地址进行译码输出选择相应的地址单元。在大容量存储器中，一般采用双译码结构，即有行地址和列地址，分别由行地址译码器和列地址译码器译码。行地址和列地址共同决定一个地址单元。地址单元个数 N 与二进制地址码的位数 n 有以下关系：

$$N = 2^n$$

即 2^n 个存储单元需要 n 位（二进制）地址。

在图 5-5 中，256 个存储单元被赋予一个 8 位地址（5 位行地址和 3 位列地址），只有被行地址选择线和列地址选择线选中的地址单元才能对其进行数据读/写操作。

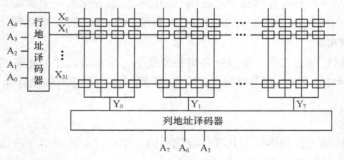

图 5-5　256 × 4 存储矩阵

3. 读/写控制电路

RAM 中的读/写控制电路除了对存储器实现读或写操作的控制外，为了便于控制，还需要一些其他控制信号。图 5-6 所示为一个简单的读/写控制电路，不仅有读/写控制信号 $R/\overline{W}$，还有片选控制信号 $\overline{CS}$。

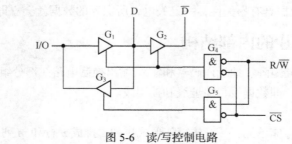

图 5-6　读/写控制电路

当片选信号 $\overline{CS}$ =1 时，两个与门 G_4、G_5 输出均为 0，3 个三态缓冲器 G_1、G_2、G_3 均处于高阻状态，输入/输出（I/O）端与存储器内部隔离，不能对存储器进行读/写操作。当 $\overline{CS}$ = 0 时，存储器使能，由 R/$\overline{W}$ 端控制数据传输方向，也就是读/写操作。若 R/$\overline{W}$=1，G_5 输出为 1，G_3 打开，G_1、G_2 处于高阻状态，存储的数据 D 经 G_3 输出，即实现对存储器的读操作；若 R/$\overline{W}$ = 0，G_4 输出为 1，G_1、G_2 打开，输入数据经缓冲后以互补形式出现在内部数据线上，实现对存储器的写操作。

5.2.2　RAM 存储元件

存储元件是存储器的最基本细胞，可以存放一位二进制数据。按工作原理不同，可以分为静态存储元件和动态存储元件。

1. 静态 RAM 存储元件

静态 RAM 存储元件的结构如图 5-7 所示。虚线框内为 6 管 SRAM 存储元件，其中 T_1～T_4 构成基本 RS 触发器。T_5、T_6 为本存储元件的控制门，由行选择线 X_i 控制。X_i = 1，T_5、T_6 导通，存储元件与位线接通；X_i = 0，T_5、T_6 截止，存储元件与位线隔离。T_7、T_8 是一列存储元件的公共控制门，用于控制位线和数据线的连接状态，由列选择线 Y_j 控制。显然，当位选信号 X_i 和列选信号 Y_j 都为高电平时，T_5～T_8 均导通，触发器与数据线接通，存储元件才能进行数据的读或写操作。静态 RAM 靠触发器保存数据，只要不断电，数据就能长久保存。

2. 动态 RAM 存储元件

动态 RAM 存储元件是利用 MOS 管栅极电容的电荷存储效应存储数据的。由于漏电流的存在，栅极电容上存储的数据（电荷）不能长期保持，必须定期给电容补充电荷，以免数据丢失，这种操作称为刷新或再生。

动态 RAM 存储元件有 3 管和单管两种。图 5-8 所示为 3 管动态存储元件。图中的 MOS 管 T_2 及其栅极电容 C 是动态 RAM 存储元件的基础，电容 C 上充有足够的电荷，T_2 导通（0 状态），否则 T_2 截止（1 状态）。图中行、列选择信号 X_i、Y_j 均为高电平时，存储元件被选中，经 T_5 读出数据，或经 T_4 写入数据。读写控制信号 R/$\overline{W}$ 为高电平时进行读操作，低电平时进行写操作。在进行读操作时，由于 G_2 门打开，经 T_3 读出的数据又再次写入存储元件，即对存储元件进行刷新。在进行写操作时，G_1 门打开，G_2 门关闭，写入数据 D_i 经 G_3 反相后使电容 C 充电或放电。简单地说，向动态 RAM 存储元件写入数据时，D_I = 0 时，电容充电；D_I = 1 时，电容放电。

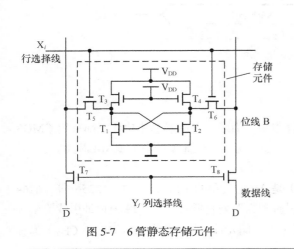

图 5-7　6 管静态存储元件

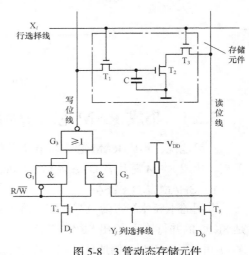

图 5-8　3 管动态存储元件

5.2.3　RAM 操作的时序

为保证存储器正确地工作,加到存储器的地址、数据和控制信号之间存在一种时间制约关系,把这种关系称为时序。

1. RAM 读操作时序

RAM 读操作时序如图 5-9 所示,从时序图中可以看出,存储单元地址 ADDR 有效后,至少需要经过 t_{AA} 时间,输出线上的数据才能稳定、可靠。t_{AA} 称为地址存取时间。片选信号 $\overline{CS}$ 有效后,至少需要经过 t_{ACS} 时间,输出数据才能稳定。图中 t_{RC} 称为读周期,它是存储芯片两次读操作之间的最小时间间隔。

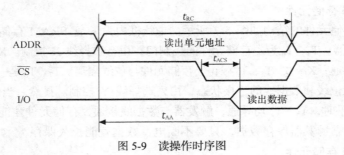

图 5-9　读操作时序图

2. RAM 写操作时序

RAM 写操作时序如图 5-10 所示,从中可知地址信号 ADDR 和写入数据应先于写信号 R/$\overline{W}$。为防止数据被写入错误的单元,新地址有效到写信号有效至少应保持 t_{AS} 时间间隔,t_{AS} 称为地址建立时间。同时,写信号失效后,ADDR 至少要保持一段写恢复时间 t_{WR},写信号有效时间不能小于写脉冲宽度 t_{WP}。t_{WC} 是写周期,它是存储器芯片两次写操作之间的最小时间间隔。

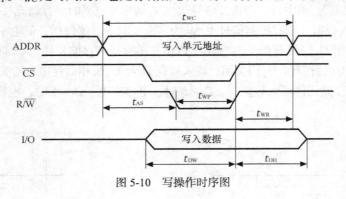

图 5-10　写操作时序图

5.2.4　集成 RAM 芯片介绍

一般地说,集成 RAM 芯片内半导体开关器件很多,为减小存储器芯片功耗大都采用 CMOS 工艺。集成 RAM 芯片有 DRAM 和 SRAM 之分,下面介绍两个较典型的集成 RAM 芯片。

1. SRAM 芯片 6264

常用的半导体静态随机存取存储器（SRAM）是 Intel 公司的 6116、6264、62256 等,6264 是 8K×8 的并行输入/输出 SRAM 芯片,采用 28 引脚塑料双列直插式封装,13 根地址引线（A_0～A_{12}）可寻址 8K 个存储地址,每个存储地址对应 8 个存储元件。当片选信号（$\overline{CE_1}$、CE_2）都有效时，通过 8 根双向输入/输出数据线（$I/O_7 \sim I/O_0$）对数据进行并行存取，数据线的输入/输出功能是由输出允许信号 $\overline{OE}$ 结合写入允许信号 $\overline{WE}$ 来决定的，输出允许信号 $\overline{OE}$ 有效时，数据线作输出；写入允许信号 $\overline{WE}$ 有效时，数据线作输入。

6264 工作方式如表 5-1 所示，引脚分布和符号如图 5-11 所示。

表 5-1　　　　　　　　　　　　　　6264 工作方式

工作方式 ＼ 引脚	$\overline{CE}_1$	CE_2	$\overline{OE}$	$\overline{WE}$	$I/O_7 \sim I/O_0$
未选中	V_{IH}	任意	任意	任意	高阻
	任意	V_{IL}			
输出禁止	V_{IL}	V_{IH}	V_{IH}	V_{IH}	高阻
读出	V_{IL}	V_{IH}	V_{IL}	V_{IH}	D_{OUT}
写入	V_{IL}	V_{IH}	V_{IH}	V_{IL}	D_{IN}

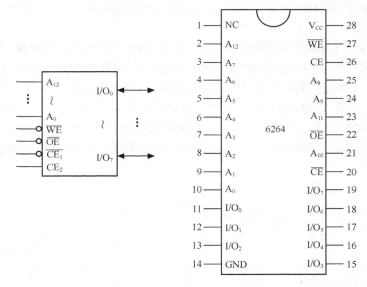

图 5-11　6264 引脚分布及方框符号

2. DRAM 芯片 41256

由于 DRAM 集成度高，存储容量大，因此需要的地址引线就多。DRAM 一般都采用行、列地址分时输入芯片内部地址锁存器的方法，减少芯片外部引线数量，使外部地址线数量减少一半。41256 的引脚分布及方框符号如图 5-12 所示。

行选通信号 $\overline{RAS}$ 下跳锁存行地址，列选通信号 $\overline{CAS}$ 下跳锁存列地址。写使能信号 $\overline{WE}$ 为低电平，且 $\overline{RAS}$ 和 $\overline{CAS}$ 都为低电

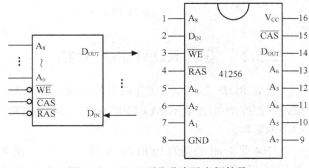

图 5-12　41256 引脚分布及方框符号

平，输入数据 D_{IN} 锁存到内部数据寄存器，执行数据写入操作。写使能信号 $\overline{WE}$ 为高电平，且 $\overline{RAS}$ 和 $\overline{CAS}$ 都为低电平，地址锁存器确定的存储单元的数据由数据输出端 D_{OUT} 输出，执行数据读操作。DRAM 没有单独片选端，由 $\overline{RAS}$ 信号提供片选功能。DRAM 必须有一个数据刷新操作，以保证数据不会丢失。

5.3 只读存储器

随机存储器具有易失性，掉电后所存数据丢失。在现实生活中，人们希望掉电后数据不丢失，只读存储器（ROM）能满足这种要求。

5.3.1 ROM 芯片的内部结构

如图 5-13 所示，ROM 的基本组成与 RAM 类似，由地址译码器、存储矩阵、输出控制电路等组成，所不同的是 ROM 正常工作时只读出数据而不写入数据，写入数据时一般用专用装置进行脱机烧录。

不可改写的 ROM 存储元件如图 5-14 所示，存储元件由 3 个 MOS 管组成，其中 T_0 是负载管，T_1 是字选择开关管，T_2 是存储信息的 MOS 管。经地址译码器输出的字选线使 T_1 导通时，选中该存储元件，如果 T_2 导通，则输出为"0"状态；如果 T_2 断开，则输出为"1"状态。芯片生产厂在 ROM 制造时，设置 T_2 的导通与断开便将该存储单元存入了"0"和"1"，这样 ROM 芯片为掩模 ROM。如果 ROM 芯片在出厂后，用户利用专用编程器可以控制 T_2 的导通与断开，也就写入了数据，这样的芯片就是 PROM。关于其他 ROM 的内部结构可以查阅相关书籍。

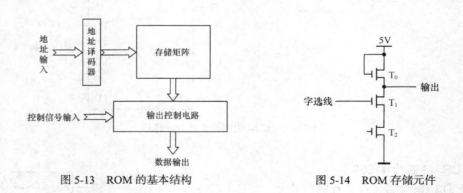

图 5-13 ROM 的基本结构　　　　　　图 5-14 ROM 存储元件

5.3.2 集成 ROM 芯片介绍

集成 ROM 芯片正常工作时只处于读工作方式，各种 ROM 芯片的引脚功能基本相同，现以紫外线擦除的可编程 ROM（EPROM）2764 为例加以介绍，其他种类的集成 ROM 芯片可查阅相关技术资料。

2764 是 Intel 公司的 EPROM 系列产品之一，该系列产品有 2716、2732、2764、27128 和 27256 等，主要性能如表 5-2 所示，型号名称"27"后面的数字表示其位存储容量，如果转换成字节存储容量，将该数字除以 8 即可。

表 5-2   EPROM 芯片主要性能

性　　能 型　　号	2716	2732	2764	27128	27256
存储容量	2KB	4KB	8KB	16KB	32KB
读出时间	350 ns	250 ns	250 ns	250 ns	250 ns
封　　装	DIP24	DIP24	DIP28	DIP28	DIP28

1．2764 的引脚功能

2764 芯片的引脚图如图 5-15 所示。

（1）$A_0 \sim A_{12}$：地址信号线，共 13 根。

（2）$D_0 \sim D_7$：数据信号线，共 8 根。由此可知，2764 芯片的存储容量为 $2^{13} \times 8 = 8KB$。

（3）$\overline{CE}$：片选信号线，低电平有效。

（4）$\overline{OE}$：数据输出选通信号线，低电平有效。

（5）V_{CC}：电源线，接+5V。

（6）GND：地线。

（7）V_{PP}：编程电源线，工作时接+5V，编程时接+25V。

（8）$\overline{PGM}$：编程脉冲输入线，编程时接宽度为 50ms 的高电平脉冲。

（9）NC：空脚。

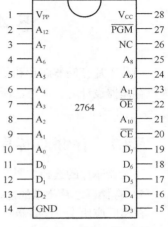

图 5-15　2764 引脚图

2．2764 的工作方式

2764 的主要工作方式为读出方式，工作在读出方式时，电源电压 5V，信号电平与 TTL 电平兼容，最大功耗为 500mV，最大读出时间为 250ns。

2764 的工作方式如表 5-3 所示，表中，L 为 TTL 低电平，H 为 TTL 高电平。

表 5-3   2764 工作方式选择

工作方式 引　脚	$\overline{CE}$（20）	$\overline{OE}$（22）	$\overline{PGM}$（27）	V_{PP}/V（1）	V_{CC}/V（28）	输出
读出	L	L	H	+5	+5	D_{OUT}
维持	H	任意	任意	+5	+5	高阻
编程	L	H	正脉冲	+25	+5	D_{IN}
检验	L	L	H	+25	+5	D_{OUT}
禁止编程	H	任意	任意	+25	+5	高阻

（1）读出方式。当片选信号 $\overline{CE}$ 和输出允许信号 $\overline{OE}$ 都为低电平，而编程信号 $\overline{PGM}$ 为高电平，V_{PP} 接+5V 时，2764 芯片处于读出方式，从地址线 $A_{12} \sim A_0$ 输入地址，所选的存储单元读出数据送到数据线上。注意片选信号 $\overline{CE}$ 必须在地址稳定后有效。

（2）维持方式。当片选信号 $\overline{CE}$ 为高电平，即片选信号无效时，芯片进入维持方式。此时数据线处于高阻状态，芯片功耗降为 200mW。

（3）编程方式。当片选信号 $\overline{CE}$ 有效，输出允许信号 $\overline{OE}$ 无效，V_{PP} 端外接 25V 电压时，从地址线 $A_{12} \sim A_0$ 输入要编程单元的地址，在 $D_7 \sim D_0$ 端输入将要存入的数据，$\overline{PGM}$ 端加宽度为 50ms 的 TTL 高电平编程脉冲，即可实现编程。注意必须在地址和数据稳定后才能加上编程脉冲，还有

V_{PP} 不得超过允许值，否则会损坏芯片。

（4）检验方式。此方式和编程方式配合使用，在每次写入 1B 数据之后，紧接着将写入的数据读出，以检验编程结果是否正确。各信号状态类似读出方式，但 V_{PP} 保持在编程电压。

（5）禁止编程方式。V_{PP} 接编程电压，但 $\overline{CE}$ 无效，故不能进行编程操作。

EPROM 与 CPU 连接时处于正常工作方式，处于读出方式或维持方式；EPROM 与编程器连接时处于编程、检验或禁止编程方式。

5.4 存储器的设计方法

用若干片存储器芯片和相关组合逻辑电路构成存储器子系统的方法为存储器的设计方法。在进行存储器设计时，要考虑所设计的存储器特性、数据线条数、存储器容量、存储器地址空间、读/写时间等问题。

5.4.1 存储器芯片的选择

存储器芯片的选择主要是指存储器芯片类型、容量和数据线条数的选择。

1. 存储器芯片类型的选择

在实际应用中，存储器芯片的类型选择主要是指 ROM 和 RAM 的选择，通常选用 ROM 存放系统程序、标准子程序和各类常数等。RAM 则是为用户编程而设置的。除此之外，存储器芯片的类型选择还要针对 CPU 选择存储芯片的时序、速度、负载匹配和性价比等问题。

2. 存储器芯片容量的选择

根据给定总设计容量选择存储器芯片的容量。存储器芯片的容量不够时，需要进行存储器容量的扩展（字扩展）。尽量选择与设计容量相近的存储器芯片，这样需要存储器芯片的数量就越少，设计连线工作就越简单方便。如果存储器芯片的容量超出了给定总设计容量，那么又造成了不必要的浪费。

3. 存储器芯片数据线条数的选择

根据 CPU 的数据总线条数来确定存储器的数据线条数。如果 CPU 的数据总线条数多于存储器芯片的数据线条数，就需要对存储器进行位扩展。通常选用与 CPU 的数据总线条数相等的存储器芯片，从而简化设计。

5.4.2 存储器容量的扩展

由于单片存储器芯片的容量有限，很难满足实际的需要，因此，必须将若干存储器芯片连在一起才能组成足够容量的存储器子系统，这就是存储器容量的扩展。按扩展方式不同，主要分为位扩展与字扩展两种方式。

1. 位扩展

存储器芯片的数据位数不能满足要求时，应采用位扩展的连接方式，将多片 ROM 或 RAM 组合成位数更多的存储器。

位扩展的方法十分简单，把相同类型的存储器芯片的地址线、片选线、读/写控制线都并联起来，数据端单独引出即可。

如图 5-16 所示，用 8 片容量为 1K×1 的芯片扩充为 1K×8 的存储器，每个芯片有 10 根地址线，把 8 片芯片的地址线都并联起来，8 个芯片共用一个片选线和读/写控制线，每个芯片的数据线单独连接。

图 5-16 中每片 1K×1 RAM 芯片都共用地址线和控制线，对其中一片 RAM 的某个存储单元进行读/写操作的同时也对其他片 RAM 的相应存储单元进行了读/写操作，即实现了存储器的位扩展。

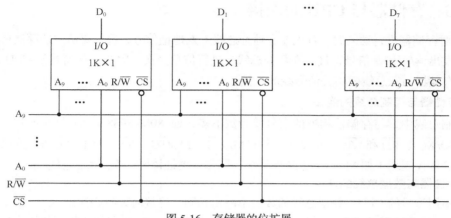

图 5-16　存储器的位扩展

2．字扩展

如果存储器的数据位数够用而字数不够用，则需要采用字扩展方式，将多片存储器芯片接成一个字数更多的存储器，字扩展实际是存储容量的扩展。

字扩展时将存储器芯片的地址线、数据线、读/写控制线并联，由不同的片选信号来区分各个存储器芯片所占据的不同地址空间范围。

如图 5-17 所示，用 4 片 16K×8 ROM 芯片组合成 64K×8 ROM 存储器，每片 16K×8 存储器由 14 根地址线、8 根数据线并联起来，4 个芯片共用一个数据输出允许控制线，4 个片选线与 2-4 译码器 74LS139 的输出端连接。

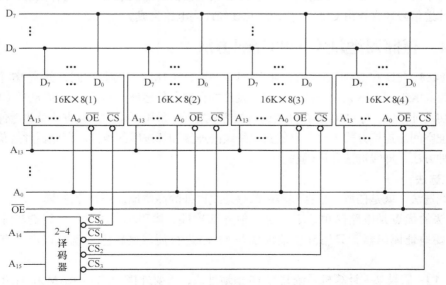

图 5-17　存储器的字扩展

如果存储器芯片的数据位数和字数都不够用，存储器需要字扩展和位扩展同时进行。假设需要存储容量为 $M \times N$ 存储器，若使用存储器容量为 $K \times L$ 的存储器芯片进行字位扩展，那么需要 $M/K \times N/L$ 个该存储器芯片。连接时先按 N/L 个该存储器芯片分组进行位扩展方式连接，然后把各组存储器芯片按字扩展方式连接，这样便构成了存储容量为 $M \times N$ 的存储器。

5.4.3 存储器与 CPU 的连接

CPU 对存储器进行访问时，首先要在地址总线上发地址信号，选择要访问的存储单元，还要向存储器发出读/写控制信号，最后在数据总线上进行信息交换。因此，存储器与 CPU 的连接实际上就是存储器与三总线中相关信号线的连接。

1. 存储器与控制总线的连接

在控制总线中，与存储器相连的信号线为数不多，如 8086/8088 CPU 最小方式下的 $M/\overline{IO}$（8088 为 $IO/\overline{M}$）、$\overline{RD}$ 和 $\overline{WR}$，最大方式下的 $\overline{MRDC}$、$\overline{MWTC}$、$\overline{IORC}$ 和 $\overline{IOWC}$ 等，连接也非常简单，有时这些控制线（如 $M/\overline{IO}$）也与地址线一同参与地址译码，生成片选信号。

2. 存储器与数据总线的连接

对于不同型号的 CPU，数据总线的数目不一定相同，连接时要特别注意。

8086 CPU 的数据总线有 16 根，其中高 8 位数据线 $D_{15} \sim D_8$ 接存储器的高位体（奇地址存储体），低 8 位数据线 $D_7 \sim D_0$ 接存储器的低位体（偶地址存储体），根据 $\overline{BHE}$（选择奇地址存储体）和 A_0（选择偶地址存储体）的不同状态组合决定对存储器进行字操作还是字节操作。

8 位机和 8088 CPU 的数据总线有 8 根，存储器为单一存储体组织，没有高低位体之分，故数据线连接较简单。

3. 存储器与地址总线的连接

可以根据所选用的存储器芯片地址线的多少，把 CPU 的地址线分为芯片外（指存储器芯片）地址和芯片内地址，片外地址经地址译码器译码后输出作为存储器芯片的片选信号，用来选中 CPU 所要访问的存储器芯片。片内地址线直接接到所要访问的存储器芯片的地址引脚，用来直接选中该芯片中的一个存储单元。连接时只需 CPU 相应数目的低位地址总线与存储芯片的地址线引脚相连，片选信号通常要由 CPU 高位地址总线经译码电路生成。

5.4.4 存储器地址空间的分配方法

8086/8088 CPU 有 20 根地址线，那么可以寻找 2^{20}（1M）个地址空间，分为 16 个逻辑段，每段容量为 64KB，需 16 条地址线。我们所设计的存储器的地址空间处于 8086/8088 CPU 可寻址空间的确切地址范围，与 CPU 和存储器的连接方式有关，采用不同的连接方式就为存储器分配了不同的地址空间。连接方式主要是存储器地址线的连接和片选线的连接。存储器片选信号的产生一般有两种方法，即线选法和译码法。

1. 线选法

所谓线选法，就是任取一根存储器内部寻址线以外的高位地址线为片选线。

线选法的优点是电路简单，不需要其他外部器件，体积小，成本低。线选法片选信号的产生不需要地址译码器，只用高位地址线与 $M/\overline{IO}$ 进行简单逻辑组合就可以产生有效的片选信号。

【例 5-1】 假设某一计算机系统共有 16 条地址线，需要外接 1KB 的 RAM 和 1KB 的 ROM，要求 ROM 的地址范围为 0000H～03FFH，RAM 的地址范围为 0400H～07FFH。

分析：

RAM 和 ROM 都需要 10 根地址线来选择芯片内部不同的存储单元，可将 CPU 的 $A_9 \sim A_0$ 同时连接到 RAM 和 ROM 芯片的地址引脚。RAM 和 ROM 的地址范围都是 0000H～03FFH，如果采用 A_{10} 作为片选信号，A_{10} 为 0 时选中 ROM 芯片，A_{10} 为 1 时选中 RAM 芯片，这样 ROM 芯片的地址范围还是 0000H～03FFH，而 RAM 芯片的地址范围就是 0400H～07FFH，符合题目要求。存储器与 CPU 的具体连接方法如图 5-18 所示。

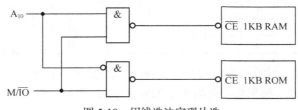

图 5-18　用线选法实现片选

若用 A_{11} 作为片选信号，则 ROM 的地址范围不变，而 RAM 的地址范围会变为 0800H～0BFFH，这样 ROM 和 RAM 的地址就不连续了。同理，用高位地址线 $A_{15} \sim A_{12}$ 之中某一根作片选信号，ROM 和 RAM 的地址也都会有间隙。另外，按图 5-18 所示方式连接片选信号时，若非片选信号 $A_{15} \sim A_{11}$ 的取值不全为 0（地址在 0000H～07FFH 以外），就仍能选中上述 ROM 和 RAM 芯片进行读写，也就是说，有多个地址对应存储器的同一个物理单元，这称为地址的多义性。

线选法的缺点是存储器的地址空间不连续，不能充分利用存储空间，每一个存储单元的地址不唯一，这会给程序设计带来一些不方便，所以线选法一般只用于 1 或 2 片存储芯片的系统中，复杂系统一般采用译码法实现。

2. 译码法

所谓译码法，就是取全部或部分存储器内部寻址线以外的高位地址线，通过地址译码器产生片选信号，如果取全部高位地址进行地址译码，就称为全译码法；如果取部分高位地址进行译码，就称为部分译码法。

译码法是一种最常用的存储器地址分配的方法，这种方法存储空间连续，能有效地利用存储器空间，适用于大容量多芯片的存储器扩展。地址译码法必须采用地址译码器，常用的译码器有 74LS138、74LS139、74LS154 等。

以 74LS138 为例介绍地址译码器的使用和译码法片选信号的实现。74LS138 有 3 个"选择输入端"C、B、A，3 个"使能端"（又称为"允许端"或"控制端"）G_1、$\overline{G}_{2B}$、$\overline{G}_{2A}$，还有 8 个输出端 $\overline{Y}_0$、$\overline{Y}_1$、$\overline{Y}_2$、$\overline{Y}_3$、$\overline{Y}_4$、$\overline{Y}_5$、$\overline{Y}_6$、$\overline{Y}_7$。其功能表如表 5-4 所示，表中 H 表示高电平；L 表示低电平；×表示无关。

表 5-4　　　　　　　　　　　　74LS138 的功能表

| 输　入 | | | | | | 输　　出 | | | | | | | |
| 使　　能 | | | 选　　择 | | | | | | | | | | |
G_1	$\overline{G}_{2B}$	$\overline{G}_{2A}$	C	B	A	$\overline{Y}_7$	$\overline{Y}_6$	$\overline{Y}_5$	$\overline{Y}_4$	$\overline{Y}_3$	$\overline{Y}_2$	$\overline{Y}_1$	$\overline{Y}_0$
L	×	×	×	×	×	H	H	H	H	H	H	H	H
×	H	×	×	×	×	H	H	H	H	H	H	H	H
×	×	H	×	×	×	H	H	H	H	H	H	H	H
H	L	L	L	L	L	H	H	H	H	H	H	H	L

续表

输 入						输 出							
使 能			选 择										
H	L	L	L	L	H	H	H	H	H	H	H	L	H
H	L	L	L	H	L	H	H	H	H	H	L	H	H
H	L	L	L	H	H	H	H	H	H	L	H	H	H
H	L	L	H	L	L	H	H	H	L	H	H	H	H
H	L	L	H	L	H	H	H	L	H	H	H	H	H
H	L	L	H	H	L	H	L	H	H	H	H	H	H
H	L	L	H	H	H	L	H	H	H	H	H	H	H

【例 5-2】 假设某一计算机系统共有 20 条地址线，如图 5-19 所示。系统中 4 片 4K 存储器芯片的片选用译码法实现，列出各存储器芯片的地址分配。

分析：

图中 CPU 扩展容量 4 片 4KB 的存储器芯片 1、2、3、4，地址线 $A_{11} \sim A_0$ 用于片内寻址，高位地址线 A_{14}、A_{13}、A_{12} 接到 74LS138 译码器的选择输入端 C、B、A，A_{15} 接到 74LS138 译码器的控制端 G_1，A_{16}、A_{17}、A_{18}、A_{19} 经与非门接到 74LS138 译码器的控制端，74LS138 译码器的 $\overline{Y}_0$、$\overline{Y}_1$、$\overline{Y}_2$、$\overline{Y}_3$ 分别作为 4 个芯片的片选信号。根据译码器的逻辑关系和存储器的片内寻址范围可以得到 4 个芯片地址空间，如表 5-5 所示。

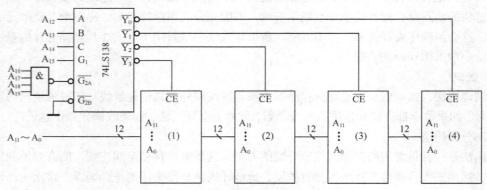

图 5-19　用译码法实现片选

表 5-5　　　　　　　　　　　　　　译码法实现片选的地址分配表

	二 进 制 表 示										十六进制表示	
	A_{19}	A_{18}	A_{17}	A_{16}	A_{15}	A_{14}	A_{13}	A_{12}	A_{11}	... A_0	A_{19} ...	A_0
存储器（1）	0	0	0	0	1	0	1	1	××××××××××××		0B000H～0BFFFH	
存储器（2）	0	0	0	0	1	0	1	0	××××××××××××		0A000H～0AFFFH	
存储器（3）	0	0	0	0	1	0	0	1	××××××××××××		09000H～09FFFH	
存储器（4）	0	0	0	0	1	0	0	0	××××××××××××		08000H～08FFFH	

如果 G_1 通过反相器接 A_{15}，则地址空间可为 00000H～03FFFH。

从图 5-19 中可以看出采用译码法实现系统扩展必须外接地址译码器，由地址译码器的输出端作为片选信号，这样就可以实现多片存储器的扩展。从表 5-5 可以看出，全译码的优点是存储器芯片的地址空间连续且唯一确定，不存在地址重叠现象，能够充分利用内存空间。

5.4.5 存储器设计举例

【例 5-3】已知某 CPU 有 16 条地址线（$A_{15} \sim A_0$），8 条数据线（$D_7 \sim D_0$）和读/写控制线（$\overline{RD}$、$\overline{WR}$）。设计一个 32K×8 的 RAM 存储器子系统，计算各存储器芯片的地址空间。

方法 1：62256 SRAM 芯片实现。

（1）选择芯片种类和数量。62256 SRAM 芯片容量为 32K×8，与给定设计的 RAM 存储器子系统相同，只需要 1 片 62256 芯片即可。

（2）确定芯片用的地址线。由于 62256 内有 32K（2^{15}）个存储单元，所以其地址线为 15 条，与 CPU 的低 15 位地址线（$A_{14} \sim A_0$）连接。

（3）确定片选方法。由于只采用 1 片存储器芯片，所以片选信号采用线选法实现，接线简单。片选信号由 CPU 的高位地址（存储器芯片不用的地址）提供，在本例中，已知 CPU 提供 16 条地址线，62256 芯片占用了低 15 位地址线（$A_{14} \sim A_0$），可选用 A_{15} 作为片选线。

（4）画出逻辑原理图。62256 与 CPU 数据线、地址线和控制线连接的逻辑原理图如图 5-20 所示。

（5）计算存储器芯片的地址空间。A_{15} 为 0 时选中 62256 芯片，那么 62256 芯片的地址空间为 0000H～7FFFH。

方法 2：6264 SRAM 芯片实现。

（1）选择芯片种类和数量。6264 SRAM 芯片容量为 8K×8，需要芯片的数量为 $\dfrac{32K \times 8}{8K \times 8} = 4$。

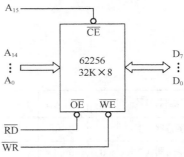

图 5-20　SRAM 62256 与 CPU 连接图

（2）确定芯片用的地址线。由于 6264 内有 8K（2^{13}）个存储单元，因此有 13 根地址线与 CPU 的低 13 位地址线（$A_{12} \sim A_0$）连接。

（3）确定片选方法。由于采用 4 片存储器芯片，因此片选信号采用译码法实现，选择 2-4 译码器。片选信号由 CPU 高位地址线经译码器生成，本例中，已知 CPU 提供 16 条地址线，6264 芯片占用了低 13 位地址线（$A_{12} \sim A_0$），所以可选用 A_{14}、A_{13} 作为译码器的输入信号，A_{15} 作为译码器的使能控制信号。

（4）画出逻辑原理图。6264 与 CPU 数据线、地址线和控制线连接的逻辑原理图如图 5-21 所示。

把每片 SRAM 6264 芯片的 13 根地址线、8 根数据线都并联起来之后与 CPU 的地址线和数据线连接，4 个芯片共用读/写控制信号线，4 个芯片的片选线分别与 2-4 译码器的输出端连接，2-4 译码器的使能控制端 ST 与 A_{15} 连接。

（5）计算存储器芯片的地址空间。在图 5-21 中，每片 6264 存储器的 13 根地址线用于区分内部的 2^{13} 个存储单元，每片 6264 的地址范围是一样的，无法区分 4 片中相同的地址单元。因此必须增加两位地址码 A_{14}、A_{13}，使地址线增加到 15 条，构成 32K×8 存储器。由 2-4 译码器 74LS139 功能可知，A_{14}、A_{13} 为 00 时选中第 1 片，为 01 时选中第 2 片，为 10 时选中第 3 片，为 11 时选中第 4 片，那么 4 片存储器的地址分配如表 5-6 所示。

【例 5-4】存储器与 8088 CPU 的连接。该存储器由 4 片 2764 EPROM 芯片组成 32KB 的 ROM 区，4 片 6264 SRAM 芯片组成 32KB 的 RAM 区。试设计该存储器子系统，计算各存储器芯片的地址空间。

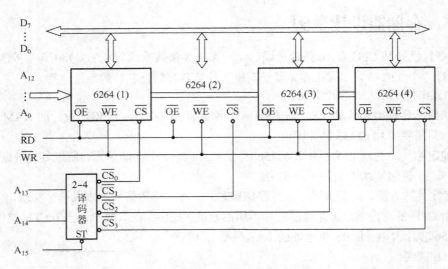

图 5-21　SRAM 6264 与 CPU 连接图

表 5-6 　　　　　　　　　　　图 5-21 中存储器占据的地址

器件编号	A_{15}	$A_{14} A_{13}$	$\overline{CS_0}$ $\overline{CS_1}$ $\overline{CS_2}$ $\overline{CS_3}$	$A_{12} A_{11} A_{10} A_9 A_8 A_7 A_6 A_5 A_4 A_3 A_2 A_1 A_0$	占据地址
存储器（1）	0	0　0	0　1　1　1	0000000000000～1111111111111	0000～1FFFH
存储器（2）	0	0　1	1　0　1　1	0000000000000～1111111111111	2000～3FFFH
存储器（3）	0	1　0	1　1　0　1	0000000000000～1111111111111	4000～5FFFH
存储器（4）	0	1　1	1　1　1　0	0000000000000～1111111111111	6000～7FFFH

　　设计存储器子系统如图 5-22 所示，CPU 的存储器读/写控制信号分别与每个存储器芯片的控制信号线连接，以实现对存储器的读/写操作。2764 和 6264 都为 8K×8 存储器芯片，两者都有 8 条数据线，可直接同 8088 CPU 的 8 位数据线相连。对 2764 和 6264 而言，片外地址线为 A_{19}～A_{13}，片内地址线为 A_{12}～A_0。根据 74LS138 的接线情况和逻辑功能分析，4 片 2764 芯片的编号为 EPROM1、EPROM2、EPROM3 和 EPROM4，4 片 6264 芯片的编号为 SRAM1、SRAM2、SRAM3 和 SRAM4，其地址范围如表 5-7 所示。

　　根据表 5-7 可知 8 片存储器芯片的地址范围如下。

　　EPROM1：F0000H～F1FFFH。

　　EPROM2：F2000H～F3FFFH。

　　EPROM3：F4000H～F5FFFH。

　　EPROM4：F6000H～F7FFFH。

　　SRAM1：F8000H～F9FFFH。

　　SRAM2：FA000H～FBFFFH。

　　SRAM3：FC000H～FDFFFH。

　　SRAM4：FE000H～FFFFFH。

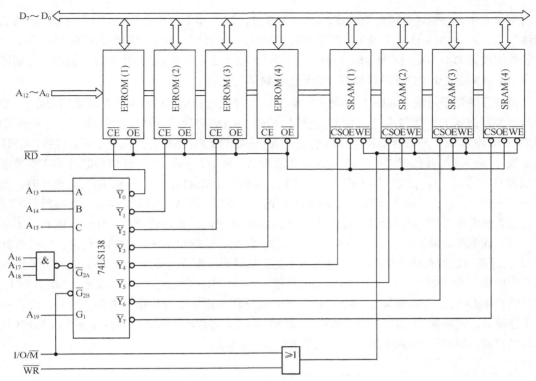

图 5-22 存储器与 8088 CPU 的连接

表 5-7　　　　　　　　　图 5-22 中各存储器芯片的地址分配表

	A19	A18	A17	A16	A15	A14	A13	A12	A11	A10	A9	A8	A7	A6	A5	A4	A3	A2	A1	A0
	G1	$\overline{G}_{2A}$			C	B	A													
ROM1	1	1	1	1	0	0	0	0	0	0	0	0	0	0	0	0	0	0	0	0
	1	1	1	1	0	0	0	1	1	1	1	1	1	1	1	1	1	1	1	1
ROM2	1	1	1	1	0	0	1	0	0	0	0	0	0	0	0	0	0	0	0	0
	1	1	1	1	0	0	1	1	1	1	1	1	1	1	1	1	1	1	1	1
ROM3	1	1	1	1	0	1	0	0	0	0	0	0	0	0	0	0	0	0	0	0
	1	1	1	1	0	1	0	1	1	1	1	1	1	1	1	1	1	1	1	1
ROM4	1	1	1	1	0	1	1	0	0	0	0	0	0	0	0	0	0	0	0	0
	1	1	1	1	0	1	1	1	1	1	1	1	1	1	1	1	1	1	1	1
RAM1	1	1	1	1	1	0	0	0	0	0	0	0	0	0	0	0	0	0	0	0
	1	1	1	1	1	0	0	1	1	1	1	1	1	1	1	1	1	1	1	1
RAM2	1	1	1	1	1	0	1	0	0	0	0	0	0	0	0	0	0	0	0	0
	1	1	1	1	1	0	1	1	1	1	1	1	1	1	1	1	1	1	1	1
RAM3	1	1	1	1	1	1	0	0	0	0	0	0	0	0	0	0	0	0	0	0
	1	1	1	1	1	1	0	1	1	1	1	1	1	1	1	1	1	1	1	1
RAM4	1	1	1	1	1	1	1	0	0	0	0	0	0	0	0	0	0	0	0	0
	1	1	1	1	1	1	1	1	1	1	1	1	1	1	1	1	1	1	1	1

【例 5-5】 存储器与 8086 CPU 的连接。该存储器由 8 片 2764 EPROM 芯片组成 32K×16 的 ROM 区，8 片 6264 SRAM 芯片组成 32K×16 的 RAM 区。设计该存储器子系统，计算各存储器芯片的地址空间。

分析：

8086 CPU 是 16 位微处理器，内存储器芯片为字节编址，一个 16 数据存放在两个以字节编址的内存单元中，存储区必须奇偶分体，RAM 区中 1、3、5 和 7 这 4 个 RAM 芯片构成"偶地址存储体"，2、4、6 和 8 这 4 个 RAM 芯片构成"奇地址存储体"，前 4 片的数据线接 $D_7 \sim D_0$，后 4 片的数据线接 $D_{15} \sim D_8$。同理，ROM 区中 1、3、5 和 7 这 4 个 ROM 芯片构成"偶地址存储体"，2、4、6 和 8 这 4 个 ROM 芯片构成"奇地址存储体"。

设计存储器子系统，如图 5-23 所示。SRAM 的译码电路由 74LS138（1 和 2）构成，1 号芯片负责偶存储体 1、3、5、7 号芯片的片选译码。6264 SRAM 芯片的存储容量为 8K×8，而 8086 CPU 要进行 16 位读/写，所以存储器芯片的地址线 $A_{12} \sim A_0$ 与 CPU 系统地址线 $A_{13} \sim A_1$ 连接，CPU 的地址线 $A_{16} \sim A_{14}$ 与译码器 74LS138 的地址输入端 A、B、C 连接，1 号译码器芯片的 3 个使能控制端为 G_1、$\overline{G}_{2A}$、$\overline{G}_{2B}$，G_1 高电平有效，与 8086 CPU 的 M/$\overline{\text{IO}}$ 连接，当 M/$\overline{\text{IO}}$ 为高电平时，允许译码器工作；$\overline{G}_{2A}$ 为低电平有效，与 8086 CPU 的 A_{17} 连接，当 A_{17} 为低电平时，允许译码器工作；$\overline{G}_{2B}$ 也为低电平有效，与地址线 A_0 连接，当 A_0 为低电平时，允许译码器工作；上述 G_1、$\overline{G}_{2A}$、$\overline{G}_{2B}$ 的有效电平必须同时满足，译码器才会工作。因此，对 74LS138（1）芯片而言，只有当 8086 CPU 执行偶地址的存储器读/写时，译码器才能正常译码，至于究竟选中 1、3、5 和 7 号 SRAM 芯片中的哪一片，则由 74LS138（1）的地址输入端 A、B、C（$A_{16} \sim A_{14}$）决定。74LS138（2）芯片负责 SRAM 的奇存储体 2、4、6 和 8 的片选译码，除 $\overline{G}_{2B}$ 与 $\overline{\text{BHE}}$（总线高允许，低电平有效）连接外，其余同 74LS138（1）芯片。74LS138（2）芯片的正常译码条件是 8086 CPU 执行奇地址的存储器读/写。SRAM 芯片的地址范围如表 5-8 所示。

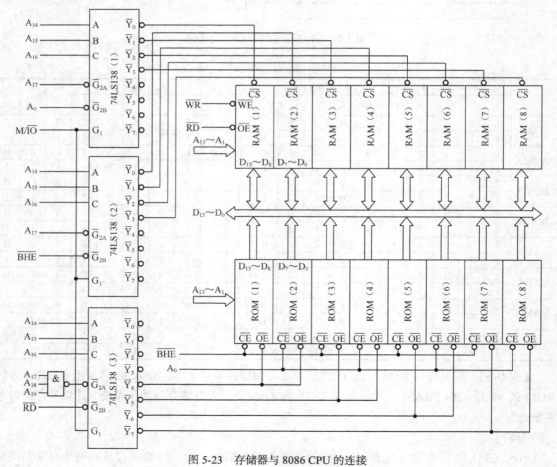

图 5-23　存储器与 8086 CPU 的连接

表 5-8　　　　　　　　　图 5-23 中各 SRAM 芯片的地址分配表

CPU 地址	A_{17}	A_{16}	A_{15}	A_{14}	A_{13}	A_{12}	A_{11}	A_{10}	A_9	A_8	A_7	A_6	A_5	A_4	A_3	A_2	A_1	A_0
SRAM 芯片地址					A_{12}	A_{11}	A_{10}	A_9	A_8	A_7	A_6	A_5	A_4	A_3	A_2	A_1	A_0	
SRAM1	0	0	0	0	0	0	0	0	0	0	0	0	0	0	0	0	0	0
	0	0	0	0	1	1	1	1	1	1	1	1	1	1	1	1	1	0
SRAM2	0	0	0	0	0	0	0	0	0	0	0	0	0	0	0	0	0	1
	0	0	0	0	1	1	1	1	1	1	1	1	1	1	1	1	1	1
SRAM3	0	0	0	1	0	0	0	0	0	0	0	0	0	0	0	0	0	0
	0	0	0	1	1	1	1	1	1	1	1	1	1	1	1	1	1	0
SRAM4	0	0	0	1	0	0	0	0	0	0	0	0	0	0	0	0	0	1
	0	0	0	1	1	1	1	1	1	1	1	1	1	1	1	1	1	1
SRAM5	0	0	1	0	0	0	0	0	0	0	0	0	0	0	0	0	0	0
	0	0	1	0	1	1	1	1	1	1	1	1	1	1	1	1	1	0
SRAM6	0	0	1	0	0	0	0	0	0	0	0	0	0	0	0	0	0	1
	0	0	1	0	1	1	1	1	1	1	1	1	1	1	1	1	1	1
SRAM7	0	0	1	1	0	0	0	0	0	0	0	0	0	0	0	0	0	0
	0	0	1	1	1	1	1	1	1	1	1	1	1	1	1	1	1	0
SRAM8	0	0	1	1	0	0	0	0	0	0	0	0	0	0	0	0	0	1
	0	0	1	1	1	1	1	1	1	1	1	1	1	1	1	1	1	1

由图 5-23 可知，SRAM 芯片 1、3、5、7 被选中的条件为 $A_0=0$，而 SRAM 芯片 2、4、6、8 被选中的条件为 $\overline{BHE}=0$，即 $A_0=1$。由表 5-8 可知各 SRAM 芯片的地址范围如下。

SRAM1：00000H～03FFFH 中的偶地址区。

SRAM2：00000H～03FFFH 中的奇地址区。

SRAM3：04000H～07FFFH 中的偶地址区。

SRAM4：04000H～07FFFH 中的奇地址区。

SRAM5：08000H～0BFFFH 中的偶地址区。

SRAM6：08000H～0BFFFH 中的奇地址区。

SRAM7：0C000H～0FFFFH 中的偶地址区。

SRAM8：0C000H～0FFFFH 中的奇地址区。

整个 RAM 区的地址范围为 00000H～0FFFFH，共占 64KB。

注意　　　　A_{19}、A_{18} 未参与译码，为部分译码，有地址重叠。这里将未译码的 A_{19}、A_{18} 假定为全 "0"。

图 5-23 中的 EPROM 的译码电路由译码器 78LS138（3）构成，与 SRAM 译码的区别有以下几点。

① $\overline{G}_{2A}$ 同与非门输出端连接，而与非门的输入端与 8086 CPU 的 A_{19}～A_{17} 连接，当 A_{19}～A_{17} 全为高电平时，允许译码器工作；$\overline{G}_{2B}$ 与 $\overline{RD}$ 连接，当 $\overline{RD}$ 为低电平时，允许译码器工作。

② 78LS138（3）的译码输出 $\overline{Y}_4$ 接 1 号和 2 号 EPROM 芯片，$\overline{Y}_5$ 接 3 号和 4 号 EPROM 芯片，$\overline{Y}_6$ 接 5 号和 6 号 EPROM 芯片，$\overline{Y}_7$ 接 7 号和 8 号 EPROM 芯片，这 4 个输出端同 2764 芯片的 $\overline{OE}$ 相连。

③ 2、4、6、8 号 EPROM 芯片的片选端 $\overline{CE}$ 与地址线 A_0 相连，只有地址线 $A_0=0$ 时，这 4 片 EPROM 才能进行读操作，即偶存储体的读操作；1、3、5、7 号 EPROM 芯片的片选端 $\overline{CE}$ 与 CPU 的 $\overline{BHE}$ 相连，

只有当高 8 位数据总线工作（$A_0=1$）时，这 4 片 EPROM 才能进行读操作，即奇存储体的读操作。

采用与 RAM 区相似的方法，可得 EPROM 各芯片的地址范围，具体如下。

EPROM 1：F0000H～F3FFFH 中的奇地址区。

EPROM 2：F0000H～F3FFFH 中的偶地址区。

EPROM 3：F4000H～F7FFFH 中的奇地址区。

EPROM 4：F4000H～F7FFFH 中的偶地址区。

EPROM 5：F8000H～FBFFFH 中的奇地址区。

EPROM 6：F8000H～FBFFFH 中的偶地址区。

EPROM 7：FC000H～FFFFFH 中的奇地址区。

EPROM 8：FC000H～FFFFFH 中的偶地址区。

整个 ROM 区的地址范围为 F0000H～FFFFFH，共占 64KB。

习 题

一、填空题

1. 半导体存储器按照存取功能可以分为_____和_____两大类。

2. 存储器的主要技术指标包括_____、_____、_____、_____和_____。

3. 计算机存储容量的基本单位：1 B（Byte）=_____b（bits），1KB =_____B，1MB =_____KB，1GB =_____MB，1TB =_____GB =_____B。

4. 在半导体存储器中，RAM 指的是_____，它可读可写，但断电后信息一般会_____；而 ROM 指的是_____，正常工作时只能从中_____信息，但断电后信息_____。

5. 存储结构为 8KB×8 位的 EPROM 芯片 2764，共有_____个数据引脚、_____个地址引脚。用它组成 64KB 的 ROM 存储区共需_____片芯片。

6. 对一个存储器芯片进行片选译码时，有一个高位系统地址信号没有参加译码，则该芯片的每个存储单元占有_____个存储器地址。

二、简答题

1. 说明 RAM 和 ROM 有何不同。

2. PROM、EPROM、E^2PROM、Flash Memory 各有何特点？用于何种场合？

3. SRAM、DRAM 各有什么特点？分别用于什么场合？

4. 已知一个具有 14 位地址和 8 位数据的存储器，回答下列问题。

（1）该存储器能存储多少字节的信息？

（2）存储器由 8KB×4RAM 芯片组成，需要多少片？

5. DRAM 为什么要刷新，存储系统如何进行刷新？

三、画图题

1. 用 16KB×1 的 SRAM 芯片组成 64KB×8 的存储器，要求画出该存储器组成的逻辑原理图。

2. 用 EPROM 2716（2KB×8）为 8088 CPU 设计一个 16KB 的 ROM 存储器。

（1）共需多少块芯片？

（2）画出存储器组成的逻辑原理图。

（3）画出存储器与 8088 CPU 的连接图。

第6章
输入/输出系统

　　输入和输出设备是计算机系统的重要组成部分,计算机通过输入/输出设备与外界进行数据交换，称这些设备为外部设备或 I/O 设备。在微型计算机系统中，被计算机处理的信息（如程序、原始数据和各种现场采集到的数据）都需要通过输入设备送入计算机中进行处理，而计算机处理的结果又需要通过输出设备输出显示。

　　随着计算机系统功能的不断增强，I/O 设备的种类繁多，常用的输入/输出设备有键盘、鼠标、磁盘、光盘、显示器、打印机、调制解调器、绘图仪等。在一些控制场合，还需要模/数转换器、数/模转换器、发光二极管、拨码盘、光电隔离器、开关等。由于这些 I/O 设备在信息格式、工作速度、驱动方式等方面彼此差别很大，如机械式、电动式、电子式和光电式等，传送的信息也不同，如数字量、模拟量和开关量等。所以，CPU 与 I/O 设备无法直接连接，必须通过接口电路连接。接口把来自外部设备的各种信号变换之后送给 CPU，而 CPU 处理的结果再经过接口变换之后送给外部设备。

6.1　输入/输出系统概述

6.1.1　外部设备的分类和特征

1. 外部设备的分类

　　外部设备也称为外围设备（Peripherals），或简称外设，指的是人们直接或间接与计算机进行信息交换并改变信息形态的装置。外部设备种类繁多，性能各异，大体上可分为 5 大类：输入设备、输出设备、外存储器、数据通信设备和过程控制设备。

　　（1）输入设备。输入设备指的是将数据、程序和某些标志信息转换成计算机所能接收的电信号并输入计算机的装置。输入设备有键盘、鼠标、扫描仪、光笔、触摸屏、光学字符识别（OCR）、纸带输入机、卡片输入机、声音输入设备以及其他图形、图像输入设备等。

　　（2）输出设备。输出设备指的是将计算机处理过的信息转换为人们所需的数字、文字、字符、声音、图形、图像等，并在其信息载体上输出的装置。输出设备有打印机、印字机、绘图仪、显示器、纸带穿孔机、卡片穿孔机、声音输出设备等。

　　（3）外存储器。外存储器有磁盘、磁带、光盘、磁卡、IC 卡、磁鼓、磁芯等，它们在外部设备中具有特殊的地位，既有存储信息的作用，又有输入/输出信息的作用。例如，软盘、盒式磁带、磁卡、IC 卡等常被用于保存信息，也方便人们与计算交换信息。

　　（4）数据通信设备。数据通信设备指的是用于计算机通信和计算机网络中的设备，如调制解调器（Modem）、多路复用器、中继器、路由器、网桥、网关、网络适配器、群集控制器、集线器（Hub）等。

（5）过程控制设备。过程控制设备指的是自动控制领域中使用的设备，最基本的是模拟量与数字量相互转换的设备，即A/D和D/A转换器、传感器以及其附属电路。利用这些设备进行数据采集，输入计算机加工处理，然后输出结果驱动执行部件，以实现自动控制。这些设备实际上也是输入/输出设备，但与单纯输入或输出的设备又不尽相同。

从根本上说，所有外部设备都具备输入/输出功能，可以通过输入/输出的控制管理方式与整个系统连接，因此常常将外部设备与输入/输出（I/O）设备混为一谈；但是上述（3）～（5）类的设备自有其特殊的功能和特性，因此在必要时需与（1）～（2）类的设备区分开。

2. 外部设备的特征

外部设备采用的工艺技术已经历了3代的演变过程，即机电结合、电子与机械结合以及微处理器与电子机械结合，并逐步走向智能化。

外部设备的特征主要有以下几点。

（1）速度。外部设备工作速率通常比CPU低得多，工作速率差别也很大。例如，带有传感器（能接受外界刺激而产生信号的元件，有温度、压力、湿度、流量、位移传感器等）的设备可能需要1s以上才能输入一个读数，但是硬盘在1s内就可以输入百万位以上数据。

（2）信号形式。许多设备的内部信号常与CPU技术中采用的电压脉冲信号不同。例如，带马达的设备需要连续的信号，而不是离散的信号；电传打字机需要电流信号，而不是电压信号；CRT显示器需要高达上万伏的电压信号等。

（3）信息格式及传输规程。CPU内部是并行传输，而有的设备是串行传输并有格式要求。在这种情况下CPU输出的处理结果通常不能直接传送给外部设备，而是要经过转换，并遵守特有的传输控制规程。通常信息格式转换交给外部设备接口去做，但处理机仍需处理外部设备接口不能做的事情，如信息的组织以及执行指令。

由于外部设备具有以上特征，因此在速率、信号形式、时序控制、信息格式各方面都需与整个系统匹配，而类型不同的外部设备在这些方面又各不相同，从而导致整个输入/输出系统复杂化。

6.1.2 I/O 接口的构成及功能

I/O接口是处于系统与外部设备之间、用来协助完成数据传送和传送控制任务的一部分电路，如图6-1所示。

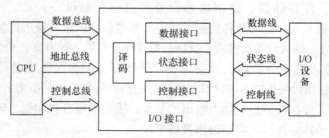

图 6-1 微型计算机系统中的接口示意图

1. I/O 接口的基本构成

I/O接口是CPU与外部设备进行信息交换的桥梁，三者之间的关系如图6-1所示。CPU与外部设备之间传送的信息流为CPU↔I/O接口↔外部设备。

CPU与I/O接口之间传送的信息主要有以下3种。

（1）命令信息：CPU 送至接口，用于控制接口的工作方式。

（2）状态信息：接口送至 CPU，供 CPU 了解接口的工作状态。

（3）数据：与外部设备交换的信息。

为了实现以上信息的传送，I/O 接口应具备信息存储和控制功能。通常由以下几部分构成。

（1）输入/输出数据缓冲单元：用来存放外部设备送入 CPU 的数据或 CPU 送往外部设备的数据。

（2）读/写控制电路：用来接收系统总线上的读/写控制信号，以便产生接口内部的读/写控制信号，完成接口内部寄存器的读出或写入。

（3）命令/状态单元：命令单元用来存放 CPU 发送给接口的命令信息，状态单元用来存放接口的工作状态信息，供 CPU 查询。每个存储单元称为寄存器或端口。

2. I/O 接口的功能

I/O 接口的主要功能可以概括为以下几点。

（1）具有对输入/输出数据进行缓冲、隔离和锁存缓冲数据的传送功能，以实现高速 CPU 与慢速 I/O 设备之间数据传送时取得同步。

（2）具有转换数据格式的功能，如串行与并行数据格式之间的转换。

（3）具有信号量转换的功能，如数字量与模拟量之间的转换。

（4）具有定时/计数功能，以满足总线对数据传送的时序要求等。

（5）为 CPU 和 I/O 设备之间提供联络。

（6）为 I/O 端口提供寻址功能。

总之，I/O 接口的功能就是完成数据、地址和控制 3 个总线的转换和连接。

3. I/O 接口的硬件分类

I/O 接口的硬件可分为专用接口芯片和通用接口芯片两大类。专用接口芯片是为某种专门用途或某种专用 I/O 设备而研制的，如 CRT 显示器接口、打印机接口、键盘和磁盘接口等。通用接口芯片以用于多种用途为目标，如并行接口、串行接口、定时/计数器等。

（1）系统板上的 I/O 芯片。这些芯片大多都是可编程的大规模集成电路，完成相应的接口操作，如定时/计数器、中断控制器、DMA 控制器、并行接口以及利用单片机构成的键盘控制器等。

（2）I/O 扩展槽上的接口控制卡。这些控制卡（适配器）是由若干个集成电路按一定的逻辑组成的一个部件，如软驱卡、硬驱卡、图形卡、打印卡、串行通信卡等。

6.2　I/O 端口编址

I/O 端口是处理器与 I/O 设备直接通信的地址。在实际应用中，通常把 I/O 接口电路中能被 CPU 直接访问的寄存器或某些特定器件称为端口（PORT），所以 CPU 通过这些端口发送命令、读取状态和传送数据，因此，一个接口可以有几个端口，如控制口、状态口、数据口等。为了使 CPU 能对端口进行正确的读/写操作，要为每个端口分配一个地址，称为端口地址，简称端口。也就是说，需要给系统中的每一台设备规定一个或多个地址码或设备号，称之为设备编址。

6.2.1　I/O 端口的编址方式

在微型计算机系统中，I/O 端口的编址有两种方式：一种是 I/O 端口地址与存储器单元地址统一编址，即存储器映射方式；另一种是 I/O 端口地址和存储器地址分开独立编址，采用不同的编址方式，即 I/O 映射方式。

1. I/O 端口与存储器统一编址（存储器映像 I/O）

这种方式把 I/O 接口中的端口当作存储器单元进行访问，不设置专门的 I/O 指令，I/O 端口与存储器单元在同一地址空间中进行统一编址（在整个地址空间中划分出一小块连续的地址分配给 I/O 端口），另一部分是内存单元地址。对于被分配给 I/O 端口的地址，存储器不能再使用，凡是对存储器可以使用的指令均可用于端口。内存与 I/O 映像编址如图 6-2 所示。

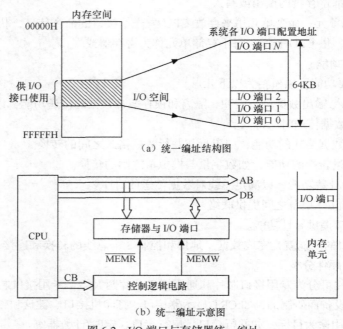

图 6-2 I/O 端口与存储器统一编址

在统一编址方式中，将 I/O 设备接口中的控制寄存器、状态寄存器、数据寄存器等需要加以识别的部件与内存单元同等对待，都看成是存储器的一个存储单元，纳入统一的存储器地址空间，为每一个端口分配一个存储器地址，CPU 利用存储器读/写指令与 I/O 设备交换信息，完成 I/O 设备的读/写。

采用统一编址的微型计算机系统有一个重要特征，就是指令系统中不需要配置专门用于输入/输出的指令。这种编址方式的优点是不用专门设置访问 I/O 接口的指令，用于存储器操作的指令都可以用于端口的操作。访问 I/O 设备使用的是存储器的指令，指令类型多，功能齐全，不仅使访问 I/O 设备端口实现输入/输出操作灵活、方便，还可对端口内容进行算术逻辑运算、移位等。另外，能给端口有较大的编址空间，这对大型控制系统和数据通信系统是很有意义的。这种方式的缺点是端口地址占用了存储器的地址空间，使存储器容量实际存储减少，使用时容易引起内存单元与 I/O 设备单元的混淆，带来一些不便。另外，指令长度比专门 I/O 指令要长，因而执行时间较长。6800 系列、6502 系列微型计算机和 PDP-11 小型计算机就是采用的这种方式。

2. I/O 端口独立编址

I/O 端口独立编址也称为 I/O 隔离编址或 I/O 指令寻址方式，即 I/O 端口地址区域和存储器地址区域的编址是独立的，端口地址单独编址而不占用存储空间，访问 I/O 端口使用专门的 I/O 指令，访问内存则使用 MOV、ADD 等指令。大型计算机通常采用这种方式，有些微型计算机（如 IBM-PC 系列和 Z-80 系列机）也采用这种方式。CPU 使用专门的 I/O 指令来访问 I/O 端口。I/O 端口独立编址指的是对 I/O 设备规定与存储器地址无关的地址。通常的方法是使两者的位数不同，如存储器采用 16 位地址，而 I/O 设备采用 16 位中的低 8 位作为地址。在 I/O 设备独立编址的情况下，为实现完全不同的 I/O 读/写和存储器读/写，在指令系统中必须配备 I/O 的读/写指令，即输入/输出指令。除指令系统具备这个特征以外，CPU 发出的控制存储器和 I/O 设备的信号必须分开，从控制总线或 CPU 的信号引脚便可判断出来，如图 6-3 所示。

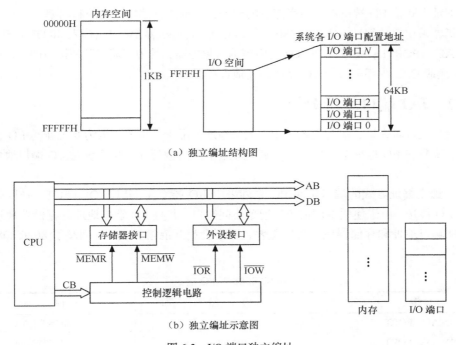

（a）独立编址结构图

（b）独立编址示意图

图 6-3　I/O 端口独立编址

I/O 端口独立编址的优点如下。

（1）I/O 端口不占用存储器的地址空间，使用专门的 I/O 指令对端口进行访问，I/O 指令短、执行速度快、译码简单。

（2）使用专门的控制信号 $\overline{\text{IOR}}$ 和 $\overline{\text{IOW}}$ 。因此，这种方式要求 CPU 设置两组读/写控制信号，即存储器读/写和 I/O 读/写。例如，8086/8088 最小模式下要用 M/$\overline{\text{IO}}$ 引脚和 $\overline{\text{RD}} - \overline{\text{WR}}$ 构成两组控制信号；在最大模式下，由于引脚不够用，没有直接输出 M/$\overline{\text{IO}}$ 、$\overline{\text{RD}}$ 和 $\overline{\text{WR}}$ 这些对外部设备和存储器进行读/写操作的控制信号。而是由 S_2、S_1、S_0 输出 3 个总线周期状态信号编码送至总线控制器 8288，经 8288 解读后，再生成存储器读/写（ $\overline{\text{MEMR}}$ / $\overline{\text{MEMW}}$ ）和 I/O 读/写（ $\overline{\text{IOR}}$ / $\overline{\text{IOW}}$ ）两组控制信号。

缺点是专门的 I/O 指令功能相对较弱，一般只有传送功能而没有运算功能。Intel 80x86 CPU 中，I/O 端口和存储器是独立编址的，采用专用的输入/输出指令访问端口。

80×86 CPU 指令系统采用了这种编址方式，有如下两种寻址方式。

（1）直接寻址。I/O 端口使用 8 位地址 $A_7 \sim A_0$ 编码，即 00H～FFH，可寻址 256 个端口。在

输入/输出指令中，I/O 端口地址以 8 位立即数方式给出，指令格式为：

```
OUT nnH,AL   ;AL→端口
IN  AL,nnH   ;AL←端口
```

（2）间接寻址。I/O 端口使用 16 位地址 $A_{15} \sim A_0$ 编码，即 0000H～FFFFH，可寻址 65 536 个端口。在输入/输出指令中，I/O 端口地址以间接方式给出，指令格式为：

```
MOV DX,nnnnH ;端口地址存入 DX
OUT Dx,AL    ;AL→端口
IN  AL,DX    ;AL←端口
```

这种编址方式使 I/O 端口不占用存储器的地址，可提高存储器空间的利用率。

许多机器采用单独编址方案，如 Z80、IBM PC 等。这些机器都有 IN(输入)和 OUT(输出)指令。例如，IN AL，(PORTl)；将端口 PORTl 的内容输入累加器，其中"端口"是接口的一部分。累加器 ACC 可换成 CPU 内部可参与 I/O 操作的其他寄存器。

6.2.2 I/O 端口地址分配

对于接口设计者来说，搞清楚系统 I/O 端口地址分配十分重要，因为要把新的 I/O 设备加入系统中去，就要在 I/O 地址空间中占有一席之地。不同的微型计算机系统对 I/O 端口地址的分配是不同的。

例如，独立编址方式的端口访问 PC 系列采用 I/O 指令（INPUT/OUTPUT）访问端口，实现数据的 I/O 传送。由于使用专门的 I/O 指令访问端口，并且 I/O 端口地址和存储器地址是分开的，故 I/O 端口地址和存储器地址可以重叠，而不会相互混淆。表 6-1 列举了 8086/8088 的 I/O 指令。

表 6-1　　　　　　　　　　　　　8086/8088 的 I/O 指令

I/O 指令	功　　能	说　　明
IN AL，PORT	AL←(PORT)	单字节访问
IN AX，PORT	AH,AL←(PORT+1,PORT)	双字节访问
IN AL，DX	AL←(DX)	单字节访问
IN AX，DX	AH,AL←(DX+1,DX)	双字节访问
OUT PORT，AL	(PORT)←AL	单字节访问
OUT PORT，AX	(PORT+1,PORT)←AH,AL	双字节访问
OUT DX，AL	(DX)←AL	单字节访问
OUT DX，AX	(DX+1,DX)←AH,AL	双字节访问

PC/XT 和 PC/AT 系统提供了 $A_9 \sim A_0$ 这 10 位地址线作为 I/O 端口地址，总共 1 024 个端口。在使用时，有的 I/O 接口可能仅用到其中的前几个地址，如表 6-2 所示。

表 6-2　　　　　　　　　　　PC/XT、PC/AT 机的 I/O 空间分配

地址范围 XT	I/O 设备	地址范围 AT	I/O 设备
000～01F	DMA 控制器 8237A	000～01F	DMA 控制器 1
020～03F	中断控制器 8259A	020～03F	中断控制器 1

续表

地址范围 XT	I/O 设备	地址范围 AT	I/O 设备
040～05F	定时器/计数器 8253	040～05F	定时器/计数器
060～07F	并行接口电路 8255A	060～07F	并行接口电路
080～09F	DMA 页面寄存器	080～09F	DMA 页面寄存器
0A0～0BF	NMI 屏蔽寄存器	0A0～0BF	中断控制器 2
0C0～0FF	保留	0C0～0DF	DMA 控制器 2
200～20F	游戏接口	0E0～0FF	协处理器
210～217	扩展箱	1F0～1F8	硬盘适配器
220～2F7	保留	200～207	游戏接口
2F8～2FF	串行通信接口 COM2	278～27F	并行打印机接口 LPT2
300～31F	实验板	2F8～2FF	串行通信接口
320～32F	硬盘适配器	300～31F	实验板
378～37F	并行打印机接口 LPT	360～36F	保留
380～38F	SDLC 通信接口	378～37F	并行打印机接口 LPT1
3A0～3AF	保留	380～38F	SDLC 通信接口
3B0～3BF	单色显示/打印机适配器	3A0～3AF	BSC 通信接口
3C0～3CF	保留	3B0～3BF	单色显示/打印机适配器
3D0～3DF	彩色图形适配器 CGA	3C0～3CF	保留
3E0～3E7	保留	3D0～3DF	彩色图形适配器 CGA
3F0～3F7	软盘适配器	3F0～3F7	软盘适配器
3F8～3FF	串行通信适配器	3F8～3FF	串行通信接口 COM1

1. 8088/8086 支持 I/O 端口与累加器之间的传送

在 I/O 指令中，可采用单字节地址或双字节地址寻址方式。若用单字节地址作为端口地址，则最多可访问 256 个端口。系统主机板上的 I/O 端口采用单字节地址，并且是直接寻址方式，其指令格式为：

```
输入  IN   AX,PORT              (输入 16 位)
      IN   AL,PORT              (输入 8 位)
输出  OUT  PORT,AX              (输出 16 位)
      OUT  PORT,AL              (输出 8 位)
```

　　　　　　PORT 是一个 8 位的字节地址。

若用双字节地址作为端口地址，则最多可寻址 2^{16}=64K 个端口。系统主板上的 I/O 端口采用双字节地址，并且是用 DX 寄存器间接寻址方式，端口地址放在寄存器中。其指令格式为：

```
    输入  MOV  DX,××××H              ;建立指针
        IN   AX,DX                  ;16 位传送
或      IN   AL,DX                  ;8 位传送
    输出  MOV  DX,××××H
```

```
        OUT    DX,AX                      ;16 位传送
或      OUT    AL,DX                      ;8 位传送
```

××××H 为 16 位的两字节地址。

2. 80286 和 80386 还支持 I/O 端口直接与 RAM 之间的数据传送

```
输入 MOV      DX, PORT
     LES      DI, Buffer_In
     IN       SB                         ;8 位传送
     (INSW)                              ;16 位传送
输出 MOV      DX, PORT
     DS       SI, Buffer_Out
     OUT      SB                         ;8 位传送
     (OUTSW)                             ;16 位传送
```

这里的输入与输出是对 RAM 而言的。输入时，用 ES:DI 指向目标缓冲区 Buffer_In；输出时，用 DS:SI 指向原缓冲区 Buffer_Out。

如果在 INS 和 OUTS 指令前加上重复前缀 REP，则可实现 I/O 设备与 RAM 之间成批数据的传输。AT 及兼容机的硬盘 I/O 控制例程（INT 13H）便是经过这种方法对硬盘扇区进行读/写的。

3. 利用 IN 或 OUT 指令实现控制功能

CPU 执行 IN 或 OUT 指令，便会向设备接口发出相应的命令信号。利用这些命令信号以及设备接口中的控制逻辑，便可实现如下功能。

（1）置位或复位设备接口的某些控制寄存器，以控制设备执行某些操作，如启动、停止等。

（2）测试设备的状态，如 BUSY（忙）、READY（准备就绪）等，以便决定下一步操作。

（3）完成数据传送。输入数据时，将 I/O 设备接口中的数据寄存器内容送到 CPU 内部的某一寄存器；输出数据时，将 CPU 内部某一寄存器的内容送到设备接口中的数据寄存器。

无论是命令、状态还是数据，实际上都是通过 CPU 与设备接口间的数据总线传送的。

4. I/O 地址空间的选用原则

只要设计 I/O 接口电路，就要使用 I/O 端口地址。在选定 I/O 端口地址时要注意以下 3 项。

（1）凡是被系统配置所占用了的地址一律不能使用。

（2）原则上未被占用的地址用户可以使用，但对计算机厂家申明保留的地址不要使用，否则会发生 I/O 端口地址重叠和冲突，使开发的产品与系统不兼容而失去使用价值。

（3）一般用户可使用 300～31FH 地址，这是 IBM-PC 系列机留作实验卡用的。在用户可用的 I/O 地址范围内，为了避免与其他插板发生地址冲突，最好采用地址开关。

6.2.3 I/O 端口地址译码

CPU 为了对 I/O 端口进行读/写操作，需要确定与自己交换信息的端口（寄存器），所以要把来自地址总线上的地址代码翻译成为所需要访问的端口（寄存器地址代码）。这就是端口地

址译码问题。

1. I/O 地址译码电路

I/O 地址译码电路不仅与地址信号有关，还与控制信号有关。它把地址和控制信号进行组合，产生对芯片的选择信号。由于 I/O 地址译码除了地址范围受上述地址分配的限制之外，还要满足其他条件，因此，译码电路的输入端要引入一些控制信号，如用 $\overline{IOR}$、$\overline{IOW}$ 信号控制对端口的读/写；用 SBHE 信号控制端口奇偶地址；用 I/O CS16 信号控制是 8 位还是 16 位 I/O 端口；用 $\overline{AEN}$ 信号控制非 DMA 传送等。所以，在设计地址译码电路时，除了精心选择地址范围之外，还要根据 CPU 与 I/O 端口交换数据时的流向（读/写）、数据宽度（8 位/16 位），以及是否采用奇偶地址的要求来引入相应的控制信号，参加地址译码电路。

地址译码电路的输出信号通常是低电平有效，高电平无效。例如，经译码电路输出的片选信号 $\overline{CS}$ 就是低电平选中，高电平未选中。

2. I/O 地址译码方法

I/O 端口地址译码的方法灵活多样，可由地址和控制信号的不同组合来选择端口地址。一般原则是把地址分为两部分：一部分是高位地址线与 CPU 的控制信号组合，经译码电路产生 I/O 接口芯片的片选 $\overline{CS}$ 信号，实现片间寻址；另一部分是低位地址线直接连到 I/O 接口芯片，实现 I/O 接口芯片的片内寻址，即访问片内的寄存器。

3. I/O 端口地址译码电路的形式

I/O 端口地址译码电路的形式可分为有固定式端口地址译码和可选式端口地址译码两种。若按译码电路采用的元器件来分，则可分为门电路译码和译码器译码。

（1）固定式端口地址译码。固定式译码是指接口中用到的端口地址不能更改。目前，接口卡中大部分都采用固定式译码。在固定式译码方式中不需要改变接口电路，可以通过接口电路中的开关、跳线器使接口卡的 I/O 端口的地址根据要求加以改变。若仅需要一个端口地址时，则可以采用门电路构成译码电路，非常简便，如图 6-4 所示。其中，图 6-4（a）所示电路可译出 2F8H 读操作端口地址，图 6-4（b）所示电路能译出进行读/写操作的 2E2H 端口地址。图中 AEN 参加译码，对端口地址译码进行控制，只有当 AEN=0（不是 DMA 操作）时译码才有效；当 AEN=1（DMA 操作）时，译码无效。在 DMA 周期，避免由 DMA 控制器对这些 I/O 端口地址的非 DMA 传送方式的外部设备进行读/写操作。

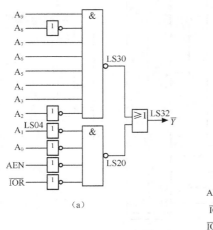
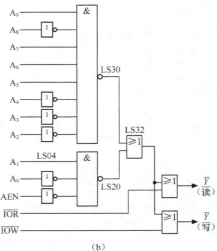

图 6-4　门电路译码电路

（2）可选端口地址译码。如果用户要求端口地址适应不同的地址分配场合，或者为系统以后有扩充的余地，可以选用可选端口地址译码。在这种方式下，可以选用译码芯片进行译码。图 6-5 就使用了译码芯片 74LS138，简称 3-8 译码器。

在 PC/XT 机中，采用图 6-5 所示的电路对主板上的设备进行译码。其中，地址线 $A_4 \sim A_0$ 提供给 8255/8259/8253/8237 等各接口芯片，在接口芯片内部进行地址译码，负责选中芯片的不同端口或寄存器；$A_9 \sim A_5$ 通过 3-8 译码器 74LS138 对各接口芯片进行片选译码（属于部分译码），译码的前提条件是 $\overline{AEN}$ 无效（有效时表示送出的地址有效），表明此时 CPU 掌握总线，可以对 I/O 端口进行访问。PC/XT 机和 PC/AT 机的译码器输出的片选信号对应的地址如图 6-5 所示。

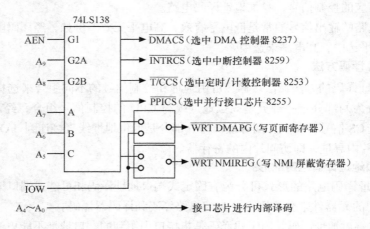

图 6-5　PC/XT 主机板上的 I/O 译码电路

若接口电路中需使用多个端口地址，则采用译码器译码比较方便。译码器的型号很多，请参阅相关资料。图 6-6 所示就是用 4 位比较器 74LS85 来译码的。

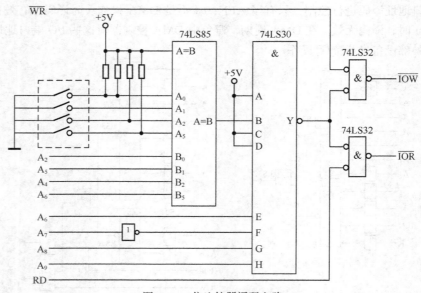

图 6-6　4 位比较器译码电路

（3）开关式可选端口地址译码。在可选端口地址译码中，还可以采用开关式端口地址译码。这种译码方式可以通过开关使接口卡的 I/O 端口地址根据要求加以改变而无需改动线路，其电路结构形式如下。

① 使用比较器+地址开关。如图 6-7 所示，图中 DIP 开关状态的设置决定了译码电路的输出，若改变开关状态，则会改变 I/O 端口地址。电路中使用了一片 8 位比较器 74LS688，它以两组 8 位输入端 $P_{0\sim7}$ 和 $Q_{0\sim7}$ 信号进行比较，形成一个输出端 P 的信号，其规则如下。

- 当 $P_{0\sim7} \neq Q_{0\sim7}$ 时，P=1，输出高电平。
- 当 $P_{0\sim7} = Q_{0\sim7}$ 时，P=0，输出低电平。

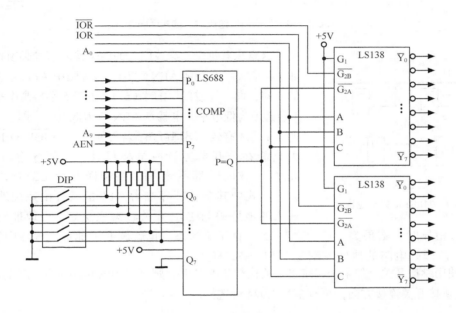

图 6-7　用比较器组成的可选式译码电路

用 $P_{0\sim7}$ 连接地址线和控制线，$Q_{0\sim7}$ 连接地址开关，而输出端 P 接到 74LS138 的控制端 $\overline{G_{2A}}$ 上。根据比较器的特性，当输入端 $P_0 \sim P_7$ 的地址与输入端 $Q_0 \sim Q_7$ 的开关状态一致时，输出为低电平，打开 138 译码器进行译码。因此，使用时可预置 DIP 开关为某一值，得到一组所要求的端口地址。图中让 $\overline{IOR}$ 和 $\overline{IOW}$ 信号参加译码，分别产生 8 个读/写端口地址，并且 $A_9 = 1$，AEN=0 才使译码有效。

② 使用"异或门"+地址开关。如果用"异或门"代替比较器，则可得到图 6-8 所示的译码电路，由 3 片"异或门"74LS136、9 位 DIP 开关和译码器 74LS138 组成。74LS136 芯片内部有 4 个"异或门"，其内部逻辑如图 6-9 所示。在译码电路图 6-8 中，"异或门"的一个输入端接地址线或控制线，另一个输入端接地址开关，并且将所有"异或门"的输出端连在一起，再接到 LS138 的控制端 G_1 上。若要使 LS138 译码器的 G_1 控制信号为"1"，则必须使每个"异或门"的输出端都为"1"，即应满足下列逻辑式：

```
G1= AEN ⊕ 5·IOR ⊕ IOW·A11 ⊕ 09·A10 ⊕ 2·A9 ⊕ 5·A8 ⊕ 9·A7 ⊕ 12·A6 ⊕ 2·A5 ⊕ 5·A4 ⊕ 9·A3
⊕ 12=1
```

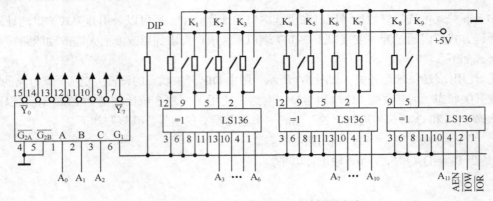

图 6-8 用"异或门"组成的可选式译码电路

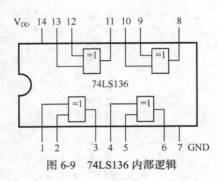

图 6-9 74LS136 内部逻辑

这意味着每个"异或门"的两个输入信号必须相异。例如，要求式中第一项 AEN ⊕ 5=1。因为图中 AEN 接在 LS136 的 4 端，即"异或门"的 4 ⊕ 5=1。由于 5 端接高电平，所以 4 端必须为低电平，也就是 AEN 应为低电平，即非 DMA 周期，译码才有效。同理可知，若要使第二项 $\overline{IOR}$ ⊕ $\overline{IOW}$ =1，则只能在分开单独读或单独写时，译码才有可能同时读/写，或同时都不读/写，封锁译码器 LS138，使译码无效。式中其余各项异或为"1"的条件由系统地址总线送来的地址码与 DIP 开关状态来决定。当地址码和 DIP

开关状态相异时，结果为"1"。改变 DIP 的开关状态，也就改变了地址。按图中所设的开关状态，该译码电路的地址范围是 710H～717H。

③ 使用跳接开关。如果采用跳接开关代替 DIP 开关，则可得到图 6-10 所示的可选式译码电路。改变跳接开关连接方向，可有多达 1 024 种选择。

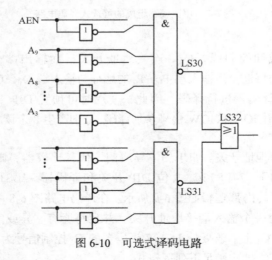

图 6-10 可选式译码电路

4. I/O 端口地址译码电路的时序

在采用门电路的地址译码电路设计中，一定要注意地址有效与读/写操作之间的时序配合。门电路延迟时间不能太长，否则有可能在 $\overline{IOR}$ 或 $\overline{IOW}$ 已生效之后，I/O 端口地址译码才有效，从而导致对其他端口地址进行误读/写操作。当然 $\overline{\text{IOR}}$ 或 $\overline{\text{IOW}}$ 信号的延迟也不能太长，否则端口地址译码过早结束，也会导致对其他端口地址进行误读/写操作，具体时序可以参考系统总线的时序图。

6.3 I/O 端口数据传送的控制方式

CPU 与 I/O 设备之间的数据传送通常有以下几种情况。

（1）I/O 程序控制方式。该方式进一步分为以下 3 种情况：

无条件传送——传送前，CPU 不需要了解接口的状态，直接传送数据。

查询传送——传送前，CPU 先查询接口的状态，接口准备就绪后传送。

I/O 中断控制方式——传送请求由外部设备提出，CPU 视情况响应后调用预先安排好的子程序来完成数据传送。

（2）直接存储器存取（DMA）控制方式。传送请求由外部设备向 DMA 控制器（DMAC）提出，后者向 CPU 申请总线，DMAC 利用系统总线完成外部设备和存储器间的数据传送。该传送完全由硬件实现，具有非常高的传送速率。

（3）通道和 I/O 处理机控制方式。CPU 委托专门的 I/O 处理机管理外部设备，完成传送和相应的数据处理。

以上方式各有不同特点，标志着 CPU 与外部设备并行操作程度的逐步提高和 CPU 效率的充分发挥。

6.3.1 程序传送控制方式

I/O 程序传送控制方式中，信息的传送完全依靠计算机在既定时刻执行 I/O 程序来完成，接口只简单地提供设备选择、数据缓冲、状态记录等功能。实现 I/O 程序控制的基本方法是，在应用程序中安排一个由输入/输出指令及其他指令所组成的程序段。当 CPU 执行该程序段时便控制完成信息的传送。

程序控制方式的特点是：输入/输出操作完全在程序控制下进行，用 IN 和 OUT 指令直接访问 I/O 端口。在这种方式中，根据外部设备的特点可以采用直接传送数据或查询方式传送数据。

I/O 程序控制方式又分为两类：无条件传送控制方式与程序查询控制方式。

1. 无条件传送控制方式

无条件传送是一种最简单的输入/输出控制方法，一般用于控制 CPU 与低速 I/O 接口之间的信息交换，在无条件传送方式下，不需要考虑外部设备的状态，只需由 CPU 执行输入或输出指令便可完成数据传送。这些信号变化缓慢，当需要采集这些数据时，外部设备已经把数据准备就绪，无需检查端口的状态，就可以立即采集数据。使用这种方式的原理是：当输入时，外部设备肯定是"准备就绪"的；当输出时，外部设备肯定是"空闲"的。符合这些条件的外部设备有继电器，速度、温度、压力、流量等变送器，机械开关，发光二极管等。

数据保持时间相对于 CPU 的处理时间长得多。因此，输入的数据不用加锁存器而直接用三态缓冲器与系统总线连接。实现无条件传送方式的软、硬件接口电路十分简单。硬件接口只需提供地址译码器、三态缓冲器（输入时用）或锁存器（输出时用），软件程序中只需写出输入/输出指令。

在图 6-11 中，两个数据端口分别支持无条件输入和无条件输出。

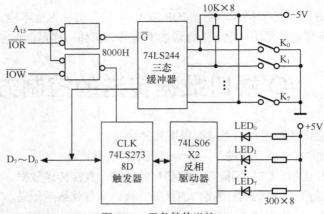

图 6-11　无条件传送接口

（1）8D 触发器 74LS273、反相驱动器 74LS06 构成输出口。当其时钟端 CLK 出现上跳沿时锁存数据，被锁存的数据经反相驱动器 74LS06 驱动 8 个发光二极管发光。由于 74LS06 是集电极开路输出，所以每根输出线需要通过电阻挂到高电平上。当 CPU 的某根数据线输出 1 时，相应的 LED 将点亮。

（2）三态缓冲器 74LS244 构成输入口。它的输入端连接 8 个开关，开关的输入端通过电阻被挂到高电平上，另一端均接地。当 CPU 选通 74LS244 时，可读取各开关的状态；读到 1 时，说明相应开关是打开的；反之，说明开关是闭合的。

【例 6-1】　无条件输入/输出点亮 LED 灯。

如图 6-11 所示，两个端口均用 A15=1 选中，由于有读、写信号参与寻址，所以输入口和输出口的 I/O 地址可以相同，这里取 8000H 为其地址。以下程序不断扫描 8 个开关，当开关闭合时，点亮相应的 LED；扫描周期为 10ms，通过调用一个子程序 DELAY 来实现，该子程序已被省略。

```
NEXT:  MOV    DX, 8000H    ;DX 指向接口
       IN     AL, DX       ;从输入口读开关状态
       NOT    AL           ;反相
       OUT    DX, AL       ;送输出口显示
       CALL   DELAY        ;调子程序延时 10ms
DELAY:MOV     SI,1000
DEL1: MOV     DI 100
DEL2: DEC     DI
      JNZ     DEL2
      DEC     SI
      JNZ     DEL1
      RET
NEXT: JMP     NEXT                ;重复
```

（3）无条件传送输入指令。实现无条件传送输入的接口如图 6-12 所示。假定输入设备的地址为 01H。当需要输入时，CPU 执行输入指令：

```
IN A, 01H
```

首先将地址码 01H 通过地址总线输出到译码器，译码器输出有效信号送至门 1；然后 CPU 发出输入输出请求及读命令作为输入操作的控制信号送至门 1，于是门 1 输出有效，打开三态缓冲器，使地址为 01H 的外部设备送来的数据进入数据总线，最后，CPU 采样数据总线并将数据传送至累加寄存器 A。

（4）无条件传送输出指令。将图 6-12 中的"三态缓冲器"改为"锁存器"，CPU 发出的"读命令"改为"写命令"，于是得到图 6-13，即可实现无条件传送输出。假定外部设备地址改为 02H，则 CPU 执行输出指令：

```
OUT (02H),A
```

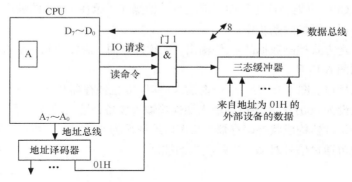

图 6-12　无条件传送输入接口

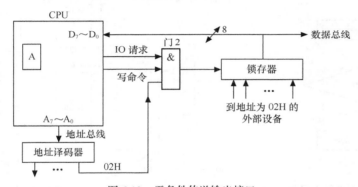

图 6-13　无条件传送输出接口

发送地址码 02H，以及输入/输出请求和写命令，这 3 个信号由门 1 组合，产生锁存器使能信号，将 A 寄存器数据通过数据总线送入锁存器锁存，然后送地址为 02H 的外部设备。

2. 程序查询方式

程序查询控制方式又称为有条件传送方式，必须由 CPU 执行程序以查询外部设备的状态，在符合条件的情况下才进行输入/输出。在这种方式下，CPU 每当执行 I/O 操作前，必须执行某些附加的指令以查询外部设备的状态，这种传送方式在接口电路中除具有数据缓冲器或数据锁存器外，还应具有外部设备状态标志位，用来反映外部设备数据的情况。例如，若外部设备"准备就绪"（READY）或"空闲"（$\overline{\text{BUSY}}$），才执行 I/O；否则 CPU 反复地继续查询，直至外部设备 READY 或 $\overline{\text{BUSY}}$ 准备就绪，才执行 I/O 指令完成一次数据的输入或输出。在接口电路中，状态寄存器也占用端口地址。

为实现程序查询方式，接口电路中除设备译码部件外，必须至少提供两个端口。

① 数据端口：用于锁存输入或输出的数据。

② 状态端口：用于记录外部设备的状态以供 CPU 查询。如果只有一台外部设备，自然可用单一触发器记录外部设备状态；若有不止一台外部设备，则可使用带有使能端的状态寄存器，用

其中1位或2位记录一台外部设备的状态。

因为 CPU 与外部设备往往不是同步工作，只有当外部设备准备就绪，CPU 才能传送数据。因此这类外部设备通常提供工作状态信息供 CPU 查询。从查询控制方式的执行过程可以看出，查询传送实际上是程序循环等待。在数据传送之前，先从 I/O 状态口读取状态字进行测试，若外部设备准备好，进行数据传送；若外部设备未准备好，继续转去读状态字进行测试。由于在外部设备准备数据期间，CPU 只能循环等待而不能进行其他操作，致使 CPU 的利用率较低。因此，这种方式适合于工作不太繁忙的系统中。

使用有条件传送方式控制数据的输入/输出，在软件方面，需要编制一个查询程序，且必须是循环程序，框图如图 6-14 所示。

（1）查询输入接口。图 6-15 为一个查询输入接口。8 位锁存器与 8 位三态缓冲器构成数据寄存器（数据口地址设为 8001H），该口的输入端连接输入设备，输出端连接系统的数据总线。1 位锁存器和 1 位三态缓冲器构成状态寄存器（状态口地址设为 8000H），CPU 可通过数据线 D_0 访问该口，输入设备也可通过信号对端口进行相应的控制。

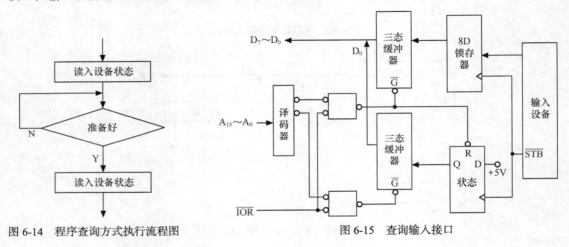

图 6-14　程序查询方式执行流程图　　　　　图 6-15　查询输入接口

配合该接口工作的相应程序段为：

```
        MOV     DX,8000H    ;DX 指向状态口
STATUS: IN      AL,DX       ;读状态口
        TEST    AL,01H      ;测试标志位 D₀
        JNZ     STATUS      ;D₀=0，继续查询
        INC     DX          ;D₀=1，就绪，DX 改指数据口
        IN      AL,DX       ;数据输入
```

（2）查询输出接口。图 6-16 为一个查询输出接口。8 位锁存器构成数据寄存器（地址设为 8001H），其输入端接系统数据总线，输出端接输出设备。1 位锁存器和 1 位三态缓冲器构成状态寄存器（地址设为 8000H），CPU 可通过数据线 D_7 访问该状态口；输出设备也可通过另外的信号线对该口进行相应的控制。

当 CPU 要输出数据时，先查询状态口（第一次输出可不查询）。若 $D_7=0$，说明外部设备"闲"，即前面输出的数据已得到处理，此时，CPU 可将数据写入数据口；同一信号将使状态锁存器置位为 1，表示此时外部设备"忙"，即在一段时间内需要对数据进行处理，因而不再能接收新的数据。

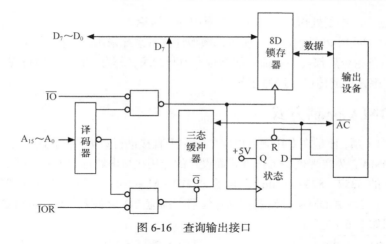

图 6-16　查询输出接口

另一方面，输出设备根据状态锁存器 Q 端为 1，获知数据已经更新，于是可开始处理收到的数据。处理结束，输出设备将给出一个应答信号，该信号将状态口重新复位为 0，表示外部设备"闲"。

配合该接口工作的相应程序段为：

```
                MOV             DX, 8000H       ;DX 指向状态
STATUS:         IN              AL, DX          ;读状态口
                TEST            AL, 80H         ;测试标志位 D₇
                JNZ             STATUS          ;D₇=1，未就绪，继续查询
                INC             DX              ;D₇=0，就绪，DX 指数据口
                MOV             AL,BUF          ;变量 BUF 送 AL
                OUT             DX,AL           ;数据输出
```

实际上，CPU 可执行为多个设备编制的查询服务程序，以便为多个设备服务。在这种情况下，需配置多位的设备状态字寄存器，用每一位表示一台外部设备的一种状态。查询时按位号顺序进行，若状态位有效，则转去执行对应设备的服务子程序，若状态位无效，则查询下一个设备。设备的优先服务权由查询的先后次序决定，因此可通过程序控制，使数据传输速率较高的设备先行查询。

3.　I/O 程序控制方式的评价

特点：CPU 主动查询，执行循环程序，等待外部设备进入规定状态。

优点：简单，接口硬设备较少。一般计算机都很容易实现这种功能。

缺点：（1）CPU 与外部设备只能串行工作。由于 CPU 的速度比外部设备速度快得多，因此在这种方式下 CPU 的大量时间都处于循环等待状态，无疑大大降低了系统的效率。

（2）CPU 在一段时间内只能和一台外部设备交换信息，无法与其他外部设备并行工作。

（3）不能发现和处理预先无法估计的错误和异常。

这种 I/O 控制方式多用于 CPU 速度不高且外部设备种类不多的场合。

6.3.2　中断传送控制方式

程序查询控制方式的缺点除了占用 CPU 较多的工作时间外，还难以满足实时控制系统对 I/O 工作的要求。一旦某个外部设备请求 CPU 为其服务时，CPU 应该以最快的速度响应其请求。这就要求系统中的外部设备具有主动申请 CPU 为其服务的权利。

中断控制方式的特点：当外部设备需要进行输入/输出操作时，向 CPU 发出"中断"请求信

号，请求 CPU 处理。中断处理过程将在第 7 章中详细讨论。

8086/8088 CPU 的中断结构灵活。所以，微型计算机系统采用中断控制 I/O 方式是很方便的。CPU 执行完每一条指令后都会去查询外部是否有中断请求，若有，就暂停执行现行的程序，转去执行中断服务程序，完成传送数据的任务。

6.3.3　DMA 控制方式

不经 CPU 的干预，而是在专用硬件电路的控制下直接进行数据传送。这种方法称为直接存储器存取，简称 DMA。为实现这种工作方式而设计的专用接口电路称为 DMA 控制器（DMAC）。例如，Intel 公司的 8257、8237，Zilog 公司的 Z8410，Motorola 公司的 MC6844 等。

DMA 控制方式是由 DMA 控制器控制存储器与高速 I/O 设备之间直接进行数据传送。DMA 传送控制示意图如图 6-17 所示。

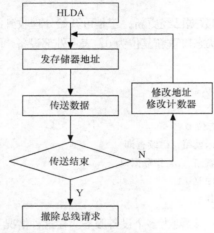

图 6-17　DMA 传送控制示意图

DMA 控制方式的工作过程是：I/O 设备与存储器之间需要传送一批数据时，先由 I/O 设备向 DMA 控制器发出请求信号 DREQ，再由 DMA 控制器向 CPU 发送请求占用总线的信号 HRQ，CPU 响应 HRQ 后向 DMA 回送一个响应信号 HLDA，随后 CPU 让出总线控制权给 DMA 控制器，再由 DMA 控制器回应 I/O 设备应答信号 DACK。此时可以在存储器与 I/O 设备之间直接传送数据。一批数据传送完毕，DMA 就把总线控制权退还给 CPU。

DMA 传送控制方式的特点是：在数据传送过程中，以内存为中心，不需要 CPU 的干预，对批量数据传送效率很高，通常用于高速 I/O 设备（如磁盘）与内存之间的数据传送。

用 DMA 方式传送数据时，在存储器和外部设备之间直接开辟高速的数据传送通路。数据传送过程不要 CPU 介入，只用一个总线周期，就能完成存储器和外部设备之间的数据传送。

DMA 主要适用于以下几种场合。

（1）硬盘和软盘 I/O。

（2）快速通信通道 I/O。

（3）多处理机和多程序数据块传送。

（4）扫描操作。

（5）快速数据采集。

（6）在 PC/XT 机中还采用 DMA 方式进行 DRAM 的刷新操作。

6.3.4　I/O 处理机方式

随着计算机系统的扩大、外部设备的增多和外部设备性能的提高，CPU 对外部设备的管理、服务任务不断加重。为了提高整个系统的工作效率，CPU 需要摆脱对 I/O 设备的直接管理和频繁的 I/O 操作。于是，专门用来处理输入/输出的 I/O 处理器 IOP 便应运而生。例如，Intel 8089 就是一种专门配合 8086/8088 使用的 I/O 处理器芯片。

以 8089 为例，IOP 在完成 I/O 传送时，拥有以下特性。

（1）它有自己的指令系统。有些指令专为 I/O 操作而设计，可以完成外部设备监控、数据拆卸装配、码制转换、校验检索、出错处理等项任务。

（2）支持 DMA 传送。

（3）8089 内有两个 DMA 通道。

IOP 与 CPU 的关系是：CPU 在宏观上指导 IOP，IOP 在微观上负责输入/输出及数据的有关处理；两者通过系统存储区（公共信箱）来交换各种信息，包括命令、数据、状态以及 CPU 要 IOP 执行程序的首地址。

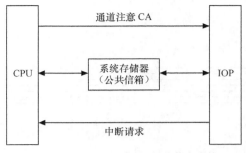

图 6-18　IOP 与 CPU 的信息交换

图 6-18 表示了两者的联络情况，当 CPU 将各种参数放入公共信箱后，用"通道注意"信号 CA 通知 IOP，这时，IOP 从信箱中获取参数，并进行有关操作。一旦操作完成，IOP 可在公共信箱中设立状态标志等待 CPU 来查询，也可向 CPU 发中断请求信号，通知它采取下一步行动。

习　题

一、填空题

1. 指令 IN 是将数据从＿＿＿＿＿传输到＿＿＿＿＿，执行该指令处理器引脚产生＿＿＿＿＿总线周期。

2. 指令"IN AL, 21H"的目的操作数是＿＿＿＿＿寻址方式，源操作数是＿＿＿＿＿寻址方式。

3. 指令"OUT DX, AX"的目的操作数是＿＿＿＿＿寻址方式，源操作数是＿＿＿＿＿寻址方式。

4. I/O 端口的数据传送控制方式包括＿＿＿＿＿、＿＿＿＿＿、＿＿＿＿＿、＿＿＿＿＿。

5. I/O 端口编址可以分为＿＿＿＿＿和＿＿＿＿＿两类。

二、判断题

1. 处理器并不直接连接外设，而是通过 I/O 接口电路与外设连接。

2. I/O 接口的状态端口通常对应其状态寄存器。

3. I/O 接口的数据寄存器保存处理器与外设间交换的数据，起着数据缓冲的作用。

4. 指令"OUT DX,AX"的两个操作数均采用寄存器寻址方式，一个来自处理器、一个来自外设。

5. 向某个 I/O 端口写入一个数据，一定可以从该 I/O 端口读回这个数据。

6. 程序查询方式的一个主要缺点是需要处理器花费大量循环查询、检测时间。

7. 中断传送方式下，由硬件实现数据传送，不需要处理器执行 IN 或 OUT 指令。

三、简答题

1. 接口电路的主要作用是什么？它的基本结构如何？

2. 说明接口电路中控制寄存器与状态寄存器的功能，通常它们可共用一个端口地址码，为什么？

3. CPU 寻址外部设备端口的方式通常有哪两种？试说明它们的优缺点。

4. CPU 与 I/O 设备数据传送的控制方式有几种？其特点是什么？

5. I/O 端口的编址方式有哪两种？它们各有什么特点？

6. 什么是总线数据的突发传送？

7. 多个主设备共享总线时会产生总线争用问题，在什么解决方式下会产生总线的冲突？

8. CPU 与 I/O 设备之间传送的信息有哪些？各表示什么含义？

第7章
中断与DMA技术

中断系统在现代计算机系统中是非常重要的。中断系统明显提高了计算机系统中处理的并行度和处理器的效率，改善了计算机系统的性能。它解决了CPU与各种外部设备之间的速度匹配问题。中断系统在故障检测、实时处理与控制、分时操作、多级系统与通信、并行处理、人机交互等诸多领域都得到了广泛应用和不断发展。本章就中断的管理、8086/8088 CPU中断系统、可编程中断控制器8259A进行了系统的介绍。

7.1 中断原理

当CPU与外部设备交换信息时，若用查询的方式，则CPU要浪费很多时间去等待外部设备，这样就存在一个快速的CPU与慢速的外部设备之间的矛盾。为解决这个问题，一方面要提高外部设备的工作速度；另一方面要使用中断处理。

7.1.1 中断的定义与作用

1. 中断的定义

中断是一个过程，即CPU在正常执行程序的过程中，若遇到外部/内部的紧急事件需要处理，则暂时中断（中止）当前程序的执行，而转去为事件服务，待服务完毕，再返回暂停处（断点）继续执行原来的程序。为事件服务的程序称为中断服务程序或中断处理程序。严格地说，上面的描述是针对硬件事件引起的中断而言的。软件方法也可以引起中断，即事先在程序中安排特殊的指令，CPU执行到该类指令时，转去执行相应的一段预先安排好的程序，然后返回去执行原来的程序，这可称为软中断。把软中断考虑进去，可给中断再下一个定义：中断是一个过程，是CPU在执行当前程序的过程中因硬件或软件的原因插入了另一段程序运行的过程。因硬件原因引起的中断过程的出现是不可预测的，即随机的，而软中断是事先安排的。

2. 中断系统的作用及功能

中断系统是指为实现中断而设置的硬件和软件集合，包括中断控制逻辑、中断管理及相应的中断指令。

中断系统在微型计算机中可以有以下作用。

（1）实现并行处理。

（2）实现实时处理。

（3）实现故障处理。

微型计算机的中断系统应具有以下功能。

（1）中断响应。当中断源有中断请求时，CPU 能决定是否响应该请求。

（2）断点保护和中断处理。在中断响应后，CPU 能保护断点，并转去执行相应的中断服务程序。

（3）中断优先权排队。当有多个中断源同时向 CPU 提出中断申请时，中断系统应能根据中断源任务的轻重缓急进行优先权排队，从中选出最高优先权的中断请求，让 CPU 予以响应，并进入相应的中断服务，处理完毕后，再响应低优先权的中断请求。

（4）中断嵌套。在中断处理过程中，若发生新的中断请求，CPU 应能识别中断源的优先级别，在高级的中断源申请中断时，能中止低级中断源的服务程序，而转去响应和处理优先级较高的中断请求，处理结束后再返回较低级的中断服务程序，这一过程称为中断嵌套或多重中断。

7.1.2 中断源

能引起中断的一切事件都称为中断源。中断源可以是外部事件（由 CPU 的中断请求信号引脚输入），也可以是 CPU 内部事件（由软件引起）。根据用途可分为以下 3 种。

（1）外部设备中断源，如外部设备要求 CPU 为自己服务一下而发出的中断、实时时钟等。

（2）硬件故障中断源，如电路故障、内存不读等。

（3）软件中断源，如运算错、程序错、中断指令等。

根据是否可屏蔽，可分为以下两种。

（1）可屏蔽中断源：某一中断源请求中断，CPU 不一定立即响应，要看自己现行程序是否重要而定，如现行程序重要，则不允许其他中断请求。

（2）非屏蔽中断源：一旦发生，CPU 必须响应的中断源。

7.1.3 中断优先权与中断嵌套

1. 中断优先权

在实际系统中，常常遇到多个中断源同时请求中断的情况，这时 CPU 必须确定首先为哪一个中断源服务以及服务的次序。解决的方法是用中断优先排队的处理方法，即根据中断源要求的轻重缓急，先排好中断处理的优先次序，即优先级（Priority），又称优先权。CPU 先响应优先级最高的中断请求。有的微处理器有两条或更多的中断请求线，而且已经安排好中断的优先级，但有的微处理器只有一条中断请求线。凡是遇到中断源的数目多于 CPU 的中断请求线的情况时，就需要采取适当的方法来解决中断优先级的问题。

另外，当 CPU 正在处理中断时，又有优先级更高的中断请求，则 CPU 立即响应，称之为中断嵌套。

优先级设置的方案如下。

- 谁工作速度快，设置优先级就高。
- 谁的任务重要，设置优先级就高。
- 谁距离 CPU 近，设置优先级就高。
- 人为安排。

优先级的判别方法通常有两种：硬件判优和软件判优。

（1）硬件判优方法有两类：中断优先权电路和采用中断控制器。

① 中断优先权电路有菊花链式优先权电路、优先权编码电路等。下面主要介绍菊花链式优先权电路。

菊花链式优先权电路是获得中断优先权排队的一个简单的硬件方法，能处理多中断源同时申请中断，也可以实现中断嵌套。其原理是在每个中断设备的接口电路中增加一个称为菊花链的逻辑电路，用于控制中断响应信号的传递，排在前面（靠近 CPU）的设备优先权最高，其余依次降低。

菊花链式优先权排队电路原理框图如图 7-1 所示，菊花链逻辑电路如图 7-2 所示。

菊花链逻辑电路主要由两个逻辑与门组成（也可由逻辑或门组成），图 7-2 中与门 A 的输入是 $\overline{INT_i}$（INT_i 反相信号）和 $\overline{INTA}$（INTA 反相信号），其输出作为下一个接口的 $\overline{INTA}$ 信号（为高电平 INTA）。与门 B 用于将 INT 信号和 INTA 信号相与后产生外部设备得到的中断响应信号。

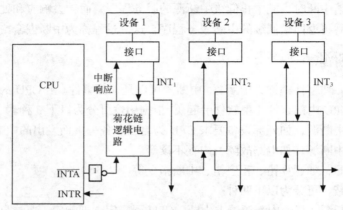

图 7-1　菊花链式优先权排队电路原理框图

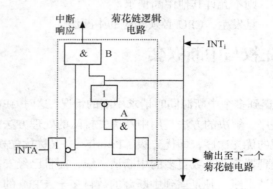

图 7-2　菊花链逻辑电路图

当多个接口同时发出中断请求信号时，中断请求信号送 CPU 的 INTR 端，如果满足中断响应条件，CPU 发出中断响应信号 $\overline{INTA}$，$\overline{INTA}$ 信号取反后变成 INTA 信号，通过菊花链传递，其原则是如果本接口无中断请求信号（$INT_i = 0$），$\overline{INTA}$ 信号将被传送至下一个与之相连的菊花链（高电平 INTA）；如果该接口有中断请求信号（$INT_i = 1$），则将 $\overline{INTA}$ 截获，不再传送给下一个菊花链。因此在多个接口同时申请中断时，优先权最高的接口获得中断响应和处理，其余接口由于没有收到 $\overline{INTA}$ 信号，继续保持中断请求信号。

只有接收到 $\overline{INTA}$ 信号的外部设备才能把该外部设备的中断识别标志送 CPU，实现向量中断，CPU 据此执行为其服务的中断服务子程序。当中断服务子程序执行完毕后，由于排在其后的接口仍然保持有中断请求信号，因此又重复以上过程，直至最后一个中断请求信号被响应。

② 可编程中断控制器。可编程中断控制器是微型计算机中解决中断优先权管理最常用的方法，主要采取优先权编码器、寄存器和比较器解决中断优先权和中断嵌套问题，在后面将详细讨

论 Intel 公司的 8259A 可编程中断控制器的功能、结构、工作方式及编程。

（2）软件查询确定中断优先级，即软件判优方法。

软件判优就是用查询法按一定顺序检查各设备是否有中断请求，因此也称为查询法。软件判优是在 CPU 决定响应中断之后进行的，也需要简单的硬件支持。

将 8 台外部设备各自的中断请求触发器组合在一起，就构成了中断寄存器，将其设定为一个端口。端口的各位状态经过或门送往 CPU 作为中断请求信号，可见，只要外部设备有中断请求，CPU 就能够发现，但问题是 CPU 并不知道是哪台或哪些外部设备有中断请求，应该为谁服务，于是执行软件查询程序，找出有中断请求的那台外部设备或从多个有中断请求的外部设备中找出当前中断优先权最高的那台，并为其服务。当 CPU 响应中断后，把中断寄存器的状态读入 CPU，可以采用屏蔽法或移位法逐位检测它们的状态，若有中断请求就去执行其所对应的中断处理程序。

2. 中断嵌套

在中断优先权已定的情况下，CPU 总是首先响应优先权最高的中断请求，而且当 CPU 正在响应某一中断源的请求，执行为其服务的中断处理程序时，如果有优先权更高的中断源发出请求，那么 CPU 就中止正在执行的程序而转入为新的中断源服务；等新的服务程序执行完毕，再返回到被中止的处理程序继续执行，直至处理结束返回主程序。这种中断套中断的过程称为中断嵌套，也称为多重中断。

图 7-3　多个中断源、单一中断请求线的流程

多重中断流程的编排与单级中断的区别有以下几点。

（1）加入屏蔽本级和较低级中断请求的环节。这是为了防止在进行中断处理时，受到来自本级和较低级中断的干扰，并允许优先级比它高的中断源进行中断。

（2）在进行中断服务之前，要开中断。如果中断仍然处于禁止状态，就会阻碍较高级中断的中断请求和响应，所以必须在保护现场、屏蔽本级及较低级中断完成之后开中断，以便允许进行中断嵌套。

（3）中断服务程序结束之后，为了使恢复现场过程不致受到任何中断请求的干扰，必须安排并执行关中断指令，将中断关闭，才能恢复现场。

（4）恢复现场后，应该安排并执行开中断指令，重新开中断，以便允许任何其他等待着的中断请求有可能被 CPU 响应。应当指出，只有在执行了紧跟在开中断指令后面的一条指令以后，CPU 才重新开中断。一般紧跟在开中断指令后的是返回指令 IRET，它将把原来被中断的服务程序的断点地址弹回 IP 及 CS，然后 CPU 才能开中断，响应新的中断请求。多个中断源、单一中断请求线的中断处理过程的流程图如图 7-3 所示。

7.1.4 中断过程

中断工作过程也称为中断过程或中断处理过程，一般包含以下 5 个步骤：中断请求、中断判优、中断响应、中断处理及中断返回。

1. 中断请求

由中断源发出中断请求信号，外部由硬件产生，内部由指令产生，这一过程随中断源类型的不同而出现不同的特点，具体如下。

（1）外部中断源的中断请求。当外部设备要求 CPU 为其服务时，需要发一个中断请求信号给 CPU 进行中断请求。

8086 CPU 有两根外部中断请求引脚 INTR 和 NMI 供外部设备向其发送中断请求信号，这两根引脚的区别在于 CPU 响应中断的条件不同。

CPU 在执行完每条指令后都要检测中断请求输入引脚，看是否有外部设备的中断请求信号。根据优先级，CPU 先检查 NMI 引脚再检查 INTR 引脚。INTR 引脚上的中断请求称为可屏蔽中断请求，CPU 是否响应这种请求取决于标志寄存器的 IF 标志位的值。IF = 1 为开中断，CPU 可以响应 INTR 上的中断请求；IF = 0 为关中断，CPU 将不理会 INTR 上的中断请求。

由于外部中断源有很多，而 CPU 的可屏蔽中断请求引脚只有一根，这又产生了如何使多个中断源合理共用一根中断请求引脚的问题。解决这个问题的方法是引入 8259A 中断控制器，由它先对多路外部中断请求进行排队，根据预先设定的优先级决定在有中断请求冲突时，允许哪一个中断源向 CPU 发送中断请求。

NMI 引脚上的中断请求称为不可屏蔽中断请求（或非屏蔽中断请求），这种中断请求 CPU 必须响应，它不能被 IF 标志位所禁止。不可屏蔽中断请求通常用于处理应急事件。在 PC 系列机中，RAM 奇偶校验错、I/O 通道校验错和协处理器 8087 运算错等都能够产生不可屏蔽中断请求。

（2）内部中断源的中断请求。CPU 的中断源除了外部硬件中断源外，还有内部中断源。内部中断请求不需要使用 CPU 的引脚，它由 CPU 在下列两种情况下自动触发：其一是在系统运行程序时，内部某些特殊事件发生（如除数为 0，运算溢出或单步跟踪及断点设置等）；其二是 CPU 执行了软件中断指令 INT n。所有的内部中断都是不可屏蔽的，即 CPU 总是响应（不受 IF 限制）。

2. 中断判优

如果有两个或两个以上中断源同时发出中断请求，要根据中断优先权，找出最高级别的中断源，首先响应其中断请求，处理完后再响应较低一级的中断源。

如果中断源发出中断请求时，CPU 正在执行中断服务程序，则应允许优先权高的中断源中断低一级的中断服务程序，实现中断嵌套，其实现方法前面已经介绍过。

3. 中断响应

CPU 接到外部可屏蔽中断请求信号后，在满足一定条件下就进入中断响应周期。

CPU 响应外部可屏蔽中断的条件如下。

（1）接收到有效的中断请求信号。

（2）CPU 开放中断（对于 8086 来讲，中断标志 IF 是 "1"）。

（3）CPU 执行完当前指令。

CPU 响应中断后，将自动完成以下处理。

（1）关中断（8086 CPU 清 IF）。因为 CPU 响应中断后要进行必要的中断处理，在此期间不允许其他中断源来打扰。

（2）断点保护。对于 8086 CPU 来讲，是把断点地址 CS 和 IP 及标志寄存器 FR 自动压入堆栈。

（3）形成中断入口地址。CPU 响应中断后，根据判优逻辑提供的中断源标识，获得中断服务程序的入口地址，转向对应的中断服务程序。

4. 中断处理

中断处理也称为中断服务，是由中断服务程序完成的。中断服务程序一般应由以下几部分按顺序组成。

（1）保护现场：用入栈指令把中断服务程序中要用到的寄存器内容压入堆栈，以便返回后 CPU 能正确运行原程序，断点地址是由硬件自动保护的，不用在中断服务程序中保护。

（2）CPU 开放中断：以便执行中断服务时能响应高一级的中断请求，实现中断嵌套。需要注意的是：用 STI 指令开放中断时，在 STI 指令的后一条指令执行完毕后才真正开放中断。在中断过程中，可以多次开放和关闭中断，但一般只在程序的关键部分才关闭中断，其他部分则要开放中断以允许中断嵌套。

（3）中断服务程序：执行输入/输出或事件处理程序。

（4）CPU 关中断：为恢复现场做准备。

（5）恢复现场：用出栈指令把保护现场时进栈寄存器内容恢复，注意应按先进后出的原则与进栈指令一一对应。出栈后，堆栈指针也应恢复到进入中断处理时的位置。

（6）CPU 开放中断：保证返回后仍可响应中断。

（7）中断返回：8086 CPU 必须根据中断结束方式，发中断结束指令，并在最后用一条中断返回指令 IRET。

5. 中断返回

自动返回到断点地址，继续执行被中断的程序。对 8086 CPU 也就是断点地址 CS 和 IP 自动出栈。

值得注意的是，有些微处理器，如 MC6800 保护现场是由硬件自动完成的，而恢复现场时，开中断、中断返回用一条返回指令 IRET 完成。

在中断服务程序的最后，应安排一条中断返回指令 IRET。该指令完成如下功能。

（1）从栈顶弹出一个字送至 IP。

（2）各类中断源的中断过程基本相同，以可屏蔽中断的过程再从栈顶弹出一个字送至 CS。

（3）从栈顶弹出一个字送至 FLAGS。

IRET 指令执行完毕后，CS、IP 恢复为原中断前的值。

7.2 8086/8088 CPU 中断系统

8086/8088 有一个简单而灵活的中断系统，采用向量型中断结构，可以处理多达 256 个不同类型的中断请求。

7.2.1 8086/8088 的中断类型

CPU 的中断有两类，即内部中断和外部中断。外部中断又分为非屏蔽中断 NMI 和可屏蔽中断 INTR。8086/8088 的中断系统结构如图 7-4 所示。

1. 内部中断

内部中断是由 CPU 内部事件引起的中断。例如，执行一条软件中断指令或单步中断标志 TF 为 1 时，执行任意一条指令都可引起中断。因此内部中断也称软件中断，包括溢出中断、除法出错中断、单步中断、断点中断 4 个由内部硬件设置或自动引发的中断和指令设置的中断（内部软件中断）。

（1）溢出中断。溢出中断是在执行溢出中断指令 INTO 时，若溢出标志 OF 为 1，产生一个向量号为 4 的内部中断。溢出中断为程序员提供一种处理算术运算出现溢出的方法，通常和带符号数的加、减法指令一起使用。

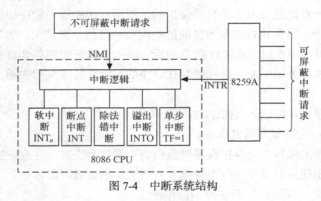

图 7-4 中断系统结构

（2）除法出错中断（INT_0）。除法出错中断是在执行除法指令（无符号数除法指令 DIV 或带符号数除法指令 IDIV）时，若除数为 0 或商大于目的寄存器所能表达的范围（对于带符号数，单字节数为 $-128 \sim +127$，双字节数为 $-32\ 768 \sim +32\ 767$；对于无符号数，单字节数为 $0 \sim 255$，双字节数为 $0 \sim 65\ 535$），产生一个向量号为 0 的内部中断。0 型中断没有相应的中断指令，也不由外部硬件电路引起，故也称"自陷"中断。

（3）单步中断（INT_1）。单步中断是当单步中断标志 TF 为 1 时，在每条指令执行结束后，产生一个向量号为 1 的内部中断。

在中断过程中，CPU 自动把标志寄存器 FR 压入堆栈，然后把 TF 和 IF 清零，以正常方式工作，中断过程结束时，从堆栈中自动弹出标志寄存器 FR 的内容，TF 恢复为 1，又恢复单步中断工作方式。

单步中断是为调试程序而设置的。例如，DEBUG 中的跟踪命令就是将 TF 置 1。

8086 没有直接对 TF 置 1 或清 0 的命令，可以修改存放在堆栈中的标志内容，再通过 POPF 指令改变 TF 的值。

（4）断点中断（INT$_3$）。断点中断是指令中断中一个特殊的单字节指令中断，执行一个 INT$_3$ 指令，产生一个向量号为 3 的内部中断。断点中断常用于设置断点，停止正常程序的执行，转去执行某种类型的特殊处理，用于调试程序。

（5）指令中断（INT$_n$）。指令中断是执行 INT$_n$ 时，产生一个向量号为 n 的内部中断，为两字节指令，INT$_3$ 除外。INT$_n$ 主要用于系统定义或用户自定义的软件中断，如 BIOS 功能调用和 DOS 功能调用。

内部中断向量号除指令中断由指令指定外，其余都是预定好的，因此都不需要传送中断向量号，也不需要中断响应周期。

2. 外部中断

外部中断也称为硬件中断，是 CPU 外部中断请求信号引脚上输入有效的中断请求信号引起的，分为非屏蔽中断 NMI 和可屏蔽中断 INTR 两种。

（1）非屏蔽中断 NMI。非屏蔽中断 NMI 是由 NMI 引脚上输入有效的中断请求信号引起的一个向量号为 2 的中断。NMI 用来通知 CPU 发生了致命性事件，如电源掉电、存储器读/写错、总线奇偶位错、DMA 请求等。NMI 是不可用软件屏蔽的，而且是上升沿触发的，中断类型号预定为 2，不需要中断响应周期。在 IBM PC 系列机中，NMI 用于处理存储器奇偶校验错、I/O 通道奇偶校验错以及 8087 协处理器异常中断等。

（2）可屏蔽中断 INTR。CPU 的 INTR 引脚通常由 8259A PIC 的 INT 输出信号驱动，8259A 又与需要请求中断的外部设备相连。在外部设备发出中断请求信号时，8259A 根据优先权和屏蔽状态决定是否发出 INT 信号。外部设备的中断请求信号必须在中断请求信号被接受前保持有效，而 CPU 对 INTR 信号的采样是在每条指令的最后一个时钟周期进行的。接到有效的 INTR 信号后，CPU 是否响应该中断请求取决于中断允许标志位 IF 的状态。若 IF = 1，CPU 开放中断，则响应，否则不响应。因此，要响应 INTR 的中断请求，CPU 必须开放中断。

8086/8088 设有对中断标志位 IF 置 1 或清 0 的指令，STI 指令将 IF 置 1，CPU 开中断；CLI 指令将 IF 清 0，CPU 关中断。

除了 CPU 开、关中断之外，外部设备的中断请求是否被传送到 CPU 还受到中断控制器的控制，如 8259A 设有中断屏蔽寄存器，可对接于其上的每一个外部设备的中断请求屏蔽或开放，有选择地允许中断响应。中断屏蔽寄存器的内容可以由 CPU 通过命令写入。如果出现中断嵌套的情况，只有满足中断嵌套条件才能发出中断请求信号。

根据 8086 内部的中断逻辑电路，各种中断源的优先权顺序为：除法出错中断→软件中断→溢出中断→NMI→INTR→单步中断。

7.2.2　8086/8088 的中断向量及中断向量表

1. 中断向量

中断处理过程是中断系统按一定的步骤在硬件和软件的结合下完成的。当外部中断源共用一个中断请求引脚向 CPU 提出中断请求时，首先是中断源的识别问题。

中断源的识别可通过向量中断或中断查询来完成。

中断查询方式是 CPU 在接到中断请求信号后响应中断，立即执行中断服务程序，在服务程序中首先查明哪个中断源在申请中断，再执行相应的中断服务程序段。该方法能同时实现中断优先权排队（先查询的优先），接口电路简单，但需要查询端口且处理滞后一步，影响了实时性。

向量中断也称为矢量中断，是 CPU 响应中断时通过中断响应信号选通中断接口，中断接口将中断向量号送至数据总线，CPU 通过它获知中断程序入口地址，转去执行该中断服务程序。IBM PC 系列微型计算机中正是采用这种方法。

在向量中断中，每个中断服务程序都有一个确定的入口地址，该地址称为中断向量。

2. 中断向量表

8086/8088 中断系统采用的是向量型中断方式，每个中断源都有一个为它服务的中断服务程序。8086/8088 最多能管理 256 个中断，统一编号为 0～255，称为中断类型号或中断向量号，是识别中断源的唯一标志。

把系统中所有中断向量集中起来，按中断类型号从小到大的顺序存放到存储器的某一区域内，这个存放中断向量的存储区称为中断向量表，即中断入口地址表。

在 8086/8088 系统中，在内存的最低 1KB（00000H～003FFH）地址范围建立了一个中断向量表，如表 7-1 所示。每个中断向量占用 4 个存储单元，4 个单元中的前 2 个单元存放的是中断服务程序所在段内的偏移量（IP 的内容，16 位地址），低位字节存放在低地址，高位字节存放在高地址；后 2 个单元存放的是中断服务程序所在段的段基地址（CS 的内容，16 位地址），存放方法与前 2 个单元相同。CPU 响应中断时，从中断向量表中查出中断向量地址，再从该地址中取出内容分别装入 IP 和 CS，从而转去执行相应的中断服务程序。

中断向量在表中的位置称为中断向量地址，中断向量地址与中断类型号的关系为：

中断向量地址（首地址）=中断类型号*4

表 7-1   8086/8088 CPU 中断向量表

存储器地址（中断向量地址）	存储器内容（中断向量）	对应中断类型号
00000H	中断服务程序入口偏移地址低 8 位	0
00001H	中断服务程序入口偏移地址高 8 位	
00002H	中断服务程序入口段基址低 8 位	
00003H	中断服务程序入口段基址高 8 位	
00004H	中断服务程序入口偏移地址低 8 位	1
00005H	中断服务程序入口偏移地址高 8 位	
00006H	中断服务程序入口段基址低 8 位	
00007H	中断服务程序入口段基址高 8 位	
⋮	⋮	⋮
003F8H	中断服务程序入口偏移地址低 8 位	254
003F9H	中断服务程序入口偏移地址高 8 位	
003FAH	中断服务程序入口段基址低 8 位	
003FBH	中断服务程序入口段基址高 8 位	
003FCH	中断服务程序入口偏移地址低 8 位	255
003FDH	中断服务程序入口偏移地址高 8 位	
003FEH	中断服务程序入口段基址低 8 位	
003FFH	中断服务程序入口段基址高 8 位	

8086 的中断矢量表如图 7-5 所示，是中断类型与它对应的中断服务程序入口地址之间的换算表。

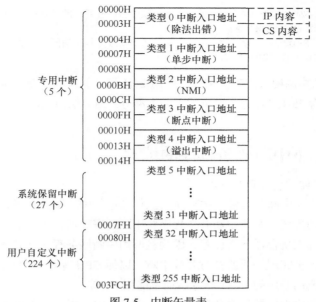

图 7-5　中断矢量表

在中断向量表中，类型号 0～4 已由系统定义，不允许用户修改；类型号 5～31 是系统备用中断，是为软/硬件开发保留的，一般也不允许改为它用；类型号 32～255 供用户自由应用。

从类型号 5 开始，其中断类型可以是双字节 INT n 指令中断，也可以是 INTR 的硬件中断。

专为 IBM PC 开发的基本输入/输出系统 BIOS 中断调用占用 10H～1AH 共 11 个中断类型号，如 INT 10H 为屏幕显示调用，INT 13H 为磁盘 I/O 调用，INT 16H 为键盘输入调用，INT 1AH 为时钟调用等，都是双字节指令中断，这些中断为用户提供直接与 I/O 设备交换信息又不必了解设备硬件接口的一系列子程序。

DOS 中断占用 20H～3FH 共 32 个中断类型号（其中，A0～BBH 和 30H～3FH 为 DOS 保留类型号），如 DOS 系统功能调用（INT 21H）主要用于对磁盘文件的存储管理。

对于系统定义的中断，如 BIOS 中断调用和 DOS 中断调用，在系统引导时就自动完成了中断向量表中断向量的装入，即中断类型号对应中断服务程序入口地址的设置。对于用户定义的中断调用，除设计好中断服务程序外，还必须把中断服务程序入口地址放置到与中断类型号相应的中断向量表中，具体方法如下。

（1）在程序设计时定义如下格式的数据段。

```
VECDATA    SEGMENT  AT  0              ;设置段基址为 0
           ORG N*4                     ;中断向量地址=类型号*4
VINTSUB    DW  OFFSET RKDZ             ;取中断服务程序 RKDZ 的偏移地址
           DW  SEG RKDZ                ;取中断服务程序 RKDZ 的段基地址
               :
VECDATA    ENDS
```

其中，N 为中断类型号，RKDZ 为对应的中断服务程序入口地址（符号地址）。

（2）用数据传送指令来设置，例如：

```
MOV  AX,0
MOV  ES,AX
MOV  BX,N*4
```

```
        MOV   AX,OFFSET RKDZ            ;取中断服务程序的偏移地址
        MOV   ES:WORD PTR [BX],AX
        MOV   AX,SEG RKDZ               ;取中断服务程序的段基地址
        MOV   ES:WORD PTR [BX+2],AX
```

（3）利用 DOS 功能调用来实现。例如，使用 25H 号功能设置中断向量，具体方法是在执行 INT 21H 前预置 AH 为 25H，AL 为要设置的中断类型号，DS：DX 中预置中断向量，执行 INT 21H 即可。

7.2.3　DOS 下中断服务程序的编写

1. 中断服务程序编写要注意的问题

（1）保护现场：由于中断是打断了主程序的执行来运行中断服务程序，因此在中断服务程序中要注意保护主程序的现场，凡是中断服务程序要用到的寄存器，事先都要入栈保存，在返回主程序前再进行恢复。标志寄存器不用保存，因为在调用中断服务程序前 CPU 已进行了保存。

（2）开放中断：保护完现场后要及时开放中断，以便 CPU 响应更高级别的中断。

（3）中断的返回要用专用的 IRET 指令，而不能用 RET。

（4）在中断服务程序中，尽量避免调用 DOS 功能 21H，因为它不可重入（但为简单起见，后面的例子还是调用了它）。

2. 中断服务程序的安装问题

程序在运行后，主模块要完成中断服务程序的安装，即将中断服务程序的地址设置到中断矢量表的相应项目中。设置工作既可以用 MOV 指令直接写中断矢量表，也可以用相关 DOS 功能调用，最好是用后者，因为这样更安全一些。

与中断矢量设置、读取有关的 DOS 功能调用如下

（1）设置中断矢量：（25H 号调用）。

入口参数：AH = 25H，AL = 中断类型号，DS：DX = 中断矢量。

出口参数：无。

（2）读取中断矢量：（35H 号调用）。

入口参数：AH = 35H，AL = 中断类型号。

出口参数：ES：BX = 中断矢量。

另外，在 256 个中断类型号中，60H～67H 是专为用户保留的中断，用户自己开发的中断一般应使用这些类型号。

【例 7-1】　中断服务程序的安装与调用（本例中断服务程序代码未驻留内存）。

```
CODESEGMENT
ASSUME    CS:CODE
INT_START:                      ;以下是中断服务程序代码,在屏幕上显示 1 个*号
PUSH      AX
PUSH      DX
MOV       AH,2
MOV       DL,'*'
INT       21H
POP       DX
POP       AX
IRET                            ;中断服务程序到此结束
START:
MOV       AH,25H                ;安装中断服务程序的 DOS 功能调用
```

```
MOV      AL,67H                    ;中断类型号
PUSH     CS
POP      DS                        ;中断服务程序的段基址(在 CS 内)赋给 DS
MOV      DX,OFFSET INT_START       ;中断服务程序的偏移量赋给 DX
INT      21H                       ;进行中断矢量表设置
INT      67H                       ;调用 67H 号中断
MOV      AH,4CH
INT      21H                       ;返回 DOS
CODE ENDS
END  START
```

3. 中断服务程序的内存驻留问题

程序结束后，其所占内存被 DOS 收回，中断服务程序变为不可用。若想让程序退出后中断服务程序所占内存仍然保留，以便为后续程序提供中断服务，则必须让中断服务程序驻留内存。

DOS 的功能调用 31H 可实现终止并驻留内存。

入口参数：DX = 驻留内存节数，AL = 退出码（如果后续程序不用，可任意设置）。

出口参数：无。

DX 中要指出节数而不是字节数，一节等于 16 个字节。设需要驻留部分长度为 n 个字节，则计算公式为：

$$DX = (n \div 16) + 1 + 16$$

上式中加 1 是为了防止 n 不是 16 整数倍时将余数部分考虑上，再加 16 是因为 DOS 在启动应用程序时会在程序前加上一程序段前缀 PSP（DOS 管理程序用的数据结构），它需要和程序一块驻留内存，PSP 占 256 B，正好是 16 节。

【例 7-2】 驻留内存的中断服务程序。

以下程序运行后将自己驻留部分的地址登记在中断矢量表中 5 号中断位置处，从而用自己的中断服务程序替换了系统原先的 5 号中断服务程序。5 号中断为屏幕打印中断，当按键盘上的 Print Screen 键时，会触发这一中断。旧的中断服务程序（BIOS 提供）的功能是将屏幕内容复制到打印机上，而下面的程序将其替换，按 Print Screen 键时，将不再打印屏幕，而是在屏幕上显示一个星号。

```
CODE SEGMENT
ASSUME CS:CODE
INT_START:                         ;以下是中断服务程序代码,在屏幕上显示一个*号
    PUSH AX
    PUSH DX
    MOV AH,2                        ;显示字符功能调用
    MOV DL,'*'                      ;显示字符 ASCII 码
    INT 21H
    POP DX
    POP AX
    IRET                           ;中断服务程序到此结束
START:
    PUSH CS
    POP DS                         ;中断服务程序的段基址(在 CS 内)赋给 DS
    MOV DX,OFFSET INT_START         ;中断服务程序的偏移量赋给 DX
    MOV AH,25H
    MOV AL,05H
    INT 21H                        ;调用中断服务程序设置功能
    MOV DX,START-INT_START          ;START-INT_START 为需要驻留部分长度
    MOV CL,4
    SHR DX,CL                      ;右移 4 位,即除以 16
```

```
ADD DX,11H                    ;加上 17
MOV AH,31H
INT 21H                       ;终止并驻留
CODE ENDS
END START
```

7.3　可编程中断控制器 8259A

可编程中断控制器（Programmable Interrupt Controller）8259A 是用于系统中断管理的专用芯片，在 IBM PC 系列微型计算机中都使用了 8259A，但从 80386 开始，8259A 都集成在外围控制芯片中。

8259A 有强大的中断管理功能，主要体现在以下 4 个方面：

（1）具有 8 级优先权，并可通过级联扩展至 64 级；

（2）可通过编程屏蔽或开放接于其上的任一中断源；

（3）在中断响应周期能自动向 CPU 提供可编程的标识码，如 8086/8088 的中断类型号；

（4）可编程选择各种不同的工作方式。

此外，8259A 不仅有各种不同的向量中断工作方式，也能实现查询中断方式。在 CPU 对 8259A 进行查询时，8259A 把状态字送 CPU，指出请求服务的最高优先权级别，CPU 因此转移到相应的中断服务程序段。

7.3.1　8259A 的引脚及内部结构

1.　8259A 的内部结构

8259A 的内部结构框图如图 7-6 所示。

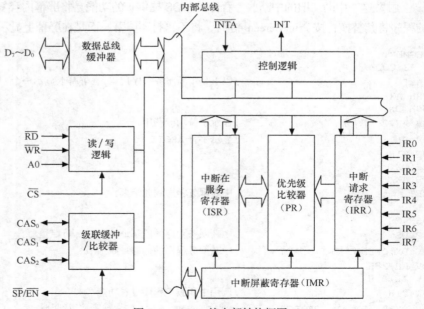

图 7-6　8259A 的内部结构框图

8259A 由以下 8 个功能模块组成。

（1）中断请求寄存器（IRR）。IRR 用于存放从外部设备来的中断请求信号 $IR_0 \sim IR_7$，是一个具有锁存功能的 8 位寄存器。IRR 具有上升沿触发和高电平触发两种触发方式，但无论采用哪种触发方式，中断请求信号（$IR_0 \sim IR_7$）都必须保持到第一个中断响应周期信号 $\overline{INTA}$ 有效，否则会丢失。

（2）中断屏蔽寄存器（IMR）。IMR 用于存放对应中断请求信号的屏蔽状态，也是一个 8 位寄存器，对应位为 1，表示屏蔽该中断请求；对应位为 0，表示开放该中断请求。IMR 可通过屏蔽命令，由编程来设置。

（3）优先级比较器（PR）。PR 用于管理、识别各中断源的优先级别。各中断源的优先级别通过编程确定优先权方式来定义和修改，中断过程中自动变化。

当有多个中断请求同时出现时，选出其中最高中断级的中断请求。

当出现中断嵌套时，将新的中断请求与 ISR 中正在服务的中断源的优先权进行比较，若高于 ISR 中的中断级，则发出 INT，中止当前的中断处理程序，转而处理该中断，并在中断响应时把 ISR 中相应位置位。反之，不发 INT 信号。

（4）中断服务寄存器（ISR）。ISR 用于寄存所有正在被服务的中断源，是一个 8 位寄存器，对应位为 1，表示对应的中断源正在被处理。ISR 中的位是在 8259A 接到第一个中断响应周期的信号 $\overline{INTA}$ 后自动置位的，与此同时，相应的 IRR 位复位。ISR 位的复位在 AEOI 方式时是自动实现的（在第二个中断响应周期的信号到来后），其他工作方式是通过中断结束命令 EOI 实现的。一般情况下，ISR 只有 1 位为 1，只有中断嵌套时才有多个 ISR 位为 1，其中优先权最高的位是正在服务的中断源的对应位。

（5）控制逻辑。控制逻辑根据 PR 的请求，向 CPU 发出 INT 信号，同时接收 CPU 发来的 $\overline{INTA}$ 信号，并将其转换为 8259A 内部所需的各种控制信号，完成相应处理，如置位相应的 ISR 位，复位相应的 IRR 位，清除 INT 信号；在第二个中断响应周期把中断类型号放到数据总线上。

（6）读/写逻辑。读/写逻辑接收 CPU 的读/写命令，并把 CPU 写入的内容存入 8259A 内部（属读/写逻辑）相应的端口寄存器中，或把端口寄存器（如状态寄存器）的内容送至数据总线。

（7）数据总线缓冲器。数据总线缓冲器用于 8259A 内部总线和 CPU 数据总线之间的连接，是一个三态 8 位双向缓冲器。8259A 可通过此数据总线缓冲器直接与数据总线相连（如单片 8259A 采用非缓冲工作方式时），也可通过外接数据总线缓冲器与数据总线相连（如采用缓冲工作方式时）。

（8）级联缓冲/比较器。该电路用于多片 8259A 的级联。级联应用时，8259A 一片主片最多可接 8 片从片，扩展到 64 级中断。连接时，从片的 INT 信号接主片的 $IR_0 \sim IR_7$，并确定了在主片中的优先级，从片的 $IR_0 \sim IR_7$ 接外部设备的中断请求信号，最终确定了 64 个优先级（不过很少遇到）。

2．8259A 的引脚信号

8259A 是 28 脚 DIP 封装的芯片，引脚排列如图 7-7 所示。引脚信号可分为 4 组。

（1）与 CPU 总线相连的信号。

$D_7 \sim D_0$：双向三态数据线，与 CPU 数据总线直接相连或与外部数据总线缓冲器相连。

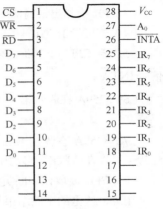

图 7-7　8259A 引脚排列图

$\overline{RD}$、$\overline{WR}$：读、写命令信号线，可以与 CPU 的读、写信号相连。

$\overline{CS}$：片选信号线，通常接 CPU 高位地址总线或地址译码器的输出。

INT：中断请求信号输出端，用于向 CPU 发出中断请求信号。

$\overline{INTA}$：中断响应输入信号，用于接收 CPU 发出的中断响应信号。

A0：地址线，通常接 CPU 低位地址总线，8086/8088 系统中接 CPU 地址总线 A_1。$A_1=0$ 是偶地址，$A_1=1$ 是奇地址，该地址线与 $\overline{RD}$、$\overline{WR}$ 信号配合，可读/写 8259A 内部相应的寄存器，如表 7-2 所示。

（2）与外部中断设备相连的信号。

$IR_7 \sim IR_0$：与外部设备的中断请求信号相连，通常 IR_0 优先权最高，IR_7 优先权最低，按序排列。

表 7-2　　　　　　　　　　　　　　8259A 寄存器读/写地址表

A_0	$\overline{RD}$	$\overline{WR}$	地址（奇、偶）	功　能	备　注
0	1	0	偶地址	写 ICW_1、OCW_2、OCW_3	
0	0	1	偶地址	读查询字、IRR、ISR	$\overline{CS}$ 应有效（低电平）
1	1	0	奇地址	写 ICW_2、ICW_3、ICW_4、OCW_1	
1	0	1	奇地址	读 IMR	
x	1	1		数据总线为高组态	

（3）级联信号。

$CAS_2 \sim CAS_0$：级联信号线，主片为输出，从片为输入，与 $\overline{SP}/\overline{EN}$ 配合，实现级联。

$\overline{SP}/\overline{EN}$：主从/允许缓冲线。在缓冲工作方式中，用作输出信号，以控制总线缓冲器的接收和发送（$\overline{EN}$）；在非缓冲工作方式中，用作输入信号，表示该 8259A 是主片（$\overline{SP}=1$）或从片（$\overline{SP}=0$）。

（4）其他。

V_{CC}：接+5V 电源。

GND：地线。

3. 8259A 的工作流程

8259A 的工作流程如下：

（1）中断源产生中断请求，使 8259A 的 IRR 相应位置 1；

（2）经 IMR 屏蔽电路处理后送 PR；

（3）PR 检测出最高的中断请求位，并经过嵌套处理，决定是否发出 INT 信号；

（4）若可发 INT 信号，则控制逻辑将 INT 信号送 CPU 的 INTR 引脚；

（5）若 CPU 开中断，则在执行完当前指令后，CPU 进入中断响应周期，发出两个中断响应信号 $\overline{INTA}$；

（6）8259A 在收到第一个中断响应信号 $\overline{INTA}$ 后，控制逻辑使相应的 ISR 位置 1，相应的 IRR 位清 0；

（7）8259A 在收到第二个中断响应信号 $\overline{INTA}$ 后，控制逻辑将中断类型号送至数据总线。若 8259A 工作在 AEOI（自动中断结束）模式，则使相应的 ISR 位清 0；

（8）CPU 读取该中断类型号后，查中断向量表，转去执行相应的中断服务程序。

注意，这里的中断结束是指将 8259A 的 ISR 对应位复位，而不是结束用户的中断服务程序，中断服务程序要执行 IRET 指令后才能结束。

7.3.2　8259A 的工作方式

8259A 的工作方式分为 3 类，即中断触发方式、中断优先权管理方式和连接系统总线的方式，可通过编程来设置。

1. 中断触发方式

（1）上升沿触发方式。上升沿触发方式是指中断请求输入端 IR_i 出现由低电平到高电平的跳变时为有效的中断请求信号的一种中断触发方式。其优点是 IR_i 端只在上升沿申请一次中断，故该端一直可以保持高电平而不会误判为多次中断申请。

该方式由初始化命令字 ICW_1 的 D_3 位置 0 来设置。

（2）电平触发方式。电平触发方式是指中断请求输入端 IR_i 出现高电平时为有效的中断请求信号的一种中断触发方式。使用该方式时应注意，在 CPU 响应中断后（ISR 相应位置位后），必须撤销 IR_i 上的高电平，否则会发生第二次中断请求。

该方式由初始化命令字 ICW_1 的 D_3 位置 1 来设置。

2. 中断优先权管理方式

中断优先权管理方式是工作方式的核心，包括中断屏蔽方式、设置优先级方式和中断结束处理方式。

（1）中断屏蔽方式。

① 普通屏蔽方式。按 IMR 给出的结果，屏蔽或开放该级中断，同时允许高级的中断源中断低级的中断服务程序，不允许同级的中断源或低级的中断源中断目前正在执行的中断服务程序。

普通屏蔽方式通过写入屏蔽字 OCW_1 来设置，OCW_1 的内容存放在 IMR 中，对应位为 1，屏蔽该中断；对应位为 0，开放该中断。

② 特殊屏蔽方式。与普通屏蔽方式不同，特殊屏蔽方式在执行较高级的中断时，开放所有未被屏蔽的中断，包括较低级的中断。采用特殊屏蔽方式时，用屏蔽字 OCW_1 对 IMR 中的某一位置 1，同时使 ISR 对应位清 0，这样在执行中断服务程序过程中，通过对本级中断源的屏蔽，可开放所有未被屏蔽的中断。

特殊屏蔽方式通过在中断服务程序中将操作命令字 OCW_3 的 D_6D_5 位设置为 11 进入，要开放所有未被屏蔽的中断，需要将屏蔽字 OCW_1 设置为对本级中断源屏蔽。

若要退出特殊屏蔽方式，则要通过在中断服务程序中将操作命令字 OCW_3 的 D_6D_5 位设置为 10 来实现。

（2）设置优先级方式。

① 普通全嵌套方式。该方式是 8259A 最常用的方式，简称全嵌套方式。若 8259A 初始化后未设置其他优先级方式，则按该方式工作，所以普通全嵌套方式是 8259A 的默认工作方式。

普通全嵌套方式下，$IR_7 \sim IR_0$ 优先级由低到高按序排列，且只允许高级的中断源中断低级的中断服务程序。

在该方式下，一定要预置 AEOI=0，使中断结束处于正常方式，否则，低级的中断源也可能打断高级的中断服务程序，使中断优先级次序发生错乱，不能实现全嵌套。

② 特殊全嵌套方式。特殊全嵌套方式执行中断服务程序时不但要响应比本级高的中断源的中断申请，而且要响应同级别的中断源的中断申请。

特殊全嵌套方式一般由 8259A 级联工作时主片采用，主片采用特殊全嵌套工作方式，而从片采用普通全嵌套工作方式可以实现从片各级的中断嵌套。在该方式下，也要预置 AEOI=0。

在特殊全嵌套方式中，对主片的中断结束操作应检查是否是从片的唯一中断，否则，不能给主片发 EOI 命令，以便从片能实现嵌套工作，只有从片中断服务全部结束后才能给主片发 EOI 命令。

优先级设置方式的普通/特殊全嵌套是通过初始化命令字 ICW4 的 D_4 位来控制的，D_4 位为 0 是普通全嵌套方式，D_4 位为 1 是特殊全嵌套方式。

③ 优先权自动循环方式。优先权自动循环方式在给定初始优先顺序 IR_7～IR_0 由低到高按序排列，某一中断请求得到响应后，其优先权降到最低，比它低一级的中断源优先级最高，其余按序循环。例如，IR_0 得到服务，其优先权变成最低，IR_1～IR_7 优先级由高到低按序排列。

使用优先权循环方式，每个中断源有同等的机会得到 CPU 的服务。

通过把操作命令字 OCW_2 的 D_7D_6 位置为 10 可得到该工作方式。

④ 优先权特殊循环方式。优先权特殊循环方式与优先权自动循环方式相比，不同点在于它可以通过编程指定初始最低优先级中断源，使初始优先级顺序按循环方式重新排列。例如，指定 IR_3 优先级最低，则 IR4 优先级最高，初始优先级顺序为 IR_3、IR_2、IR_1、IR_0、IR_7、IR_6、IR_5、IR_4。

通过把操作命令字 OCW_2 的 D_7D_6 位置为 11 可得到该工作方式。同时，OCW_2 的 $D_2D_1D_0$ 位指明了最低优先级输入端。

（3）中断结束处理方式。当中断服务结束时，必须给 8259A 的 ISR 相应位清 0，表示该中断源的中断服务已结束，使 ISR 相应位清 0 的操作称为中断结束处理。

中断结束处理方式有两类：自动结束方式（AEOI）和非自动结束方式（EOI）。非自动结束方式（EOI）又分为一般中断结束方式和特殊中断结束方式。

① 自动结束方式。当某级中断被 CPU 响应后，8259A 在第二个中断响应周期的 $\overline{INTA}$ 信号结束后，自动将 ISR 中的对应位清 0。

该方式是最简单的一种中断结束处理方式，但只适用于有一片 8259A 且没有中断嵌套的系统，因为 ISR 中的对应位清 0 后，所有未被屏蔽的中断源均已开放，同级或低级的中断申请都可被响应。

该方式通过初始化命令字 ICW4 的 D_1 位置 1 来实现。

② 一般中断结束方式。该方式通过在中断服务程序中设置 EOI 命令，使 ISR 中的级别最高位清 0。该方式只适用于全嵌套方式，因为 ISR 中的级别最高位就是当前正在处理的中断源的对应位。

该方式通过初始化命令字 ICW4 的 D_1 位清 0，同时将 OCW_2 的 $D_7D_6D_5$ 设置为 001 来实现。

③ 特殊中断结束方式。该方式与一般的中断结束方式相比，区别在于发中断结束命令的同时，用软件方法给出结束中断处理的中断源号，使 ISR 的相应位清 0，适用于任何非自动中断结束的情况。

该方式通过初始化命令字 ICW4 的 D_1 位清 0，同时将 OCW_2 的 $D_7D_6D_5$ 设置为 011 来实现，$D_2D_1D_0$ 位给出结束中断处理的中断源号。

3. 连接系统总线方式

（1）缓冲方式。每片 8259A 都通过总线驱动器与系统数据总线相连，适用于多片 8259A 级联的大系统中。

该方式通过初始化命令字 ICW$_4$ 的 D$_3$ 位置 1 来实现。8259A 主片的 $\overline{SP}/\overline{EN}$ 端输出低电平信号，作为总线驱动器的启动信号，接总线驱动器的 $\overline{OE}$ 端。从片的 $\overline{SP}/\overline{EN}$ 端接地。

（2）非缓冲方式。每片 8259A 都直接和数据总线相连，适用于单片或片数不多的 8259A 组成的系统中。该方式通过初始化命令字 ICW$_4$ 的 D$_3$ 位清 0 来设置。

在非缓冲方式时，单片 8259A 的 $\overline{SP}/\overline{EN}$ 端接高电平，级联 8259A 的主片的 $\overline{SP}/\overline{EN}$ 端接高电平，从片的 $\overline{SP}/\overline{EN}$ 端接低电平。

4. 程序查询方式

以上所述都是 8259A 的向量工作方式，但 8259A 不仅可以工作在向量中断工作方式，还可以工作在查询中断工作方式。

在查询工作方式下，8259A 不发 INT 信号，CPU 也不开放中断，而是不断查询 8259A 的状态，当查到有中断请求时，就根据提供的信息转入相应的中断服务程序。

设置查询方式的方法是：CPU 关中断（IF = 0），写入 OCW$_3$ 查询方式字（OCW$_3$ 的 D$_2$ 位为 1），然后执行一条输入指令，8259A 便将一个查询字送到数据总线上。在查询字中，D$_7$ = 1 表示有中断请求，D$_2$D$_1$D$_0$ 表示 8259A 请求服务的最高优先级是哪一位。

如果 OCW$_3$ 的 D$_2$D$_1$ 位为 11 时，表示既发查询命令，又发读命令。执行输入指令时，首先读出的是查询字，然后读出的是 ISR（或 IRR）。

查询方式不需要执行中断响应周期，不用设置中断向量表，响应速度快，占用空间少。

7.3.3　8259A 的级联

在微型计算机系统中，可以使用多片 8259A 级联，使中断优先级从 8 级扩大到最多 64 级。级联时，只能有一片 8259A 为主片，其余都是从片，从片最多 8 片，如图 7-8 所示。

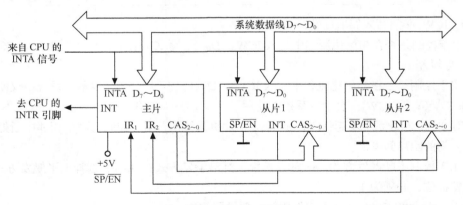

图 7-8　8259A 级联

主片 8259A 的 CAS$_2$～CAS$_0$ 作为输出线，可直接或通过驱动器连接到从片的 CAS$_2$～CAS$_0$，每个从片的 INT 连接到主片的 IR$_7$～IR$_0$ 中的一个，主片的 INT 端连 CPU 的 INTR 端。

8259A 缓冲方式和非缓冲方式下其他信号线的连接如前面所述。

在主从式级联系统中，主片和从片都必须通过设置初始化命令字进行初始化，通过设置工作方式命令字设置工作方式。

在主从式级联系统中，当从片中任一输入端有中断请求时，经优先权电路比较后，产生 INT

信号送主片的 IR 输入端，经主片优先权电路比较后，如允许中断，主片发出 INT 信号给 CPU 的 INTR 引脚，如果 CPU 响应此中断请求，发出 $\overline{INTA}$ 信号，主片接收后，通过 $CAS_2 \sim CAS_0$ 输出识别码，与该识别码对应的从片则在第二个中断响应周期把中断类型号送数据总线。如果是主片的其他输入端发出中断请求信号并得到 CPU 响应，则主片不发出 $CAS_2 \sim CAS_0$ 信号，主片在第二个中断响应周期把中断类型号送至数据总线。

7.3.4　8259A 的命令字

8259A 有两种控制字：初始化字和操作命令字，可对它进行初始化及工作方式设定。8259A 的编程也可分为两部分，即初始化编程和工作方式编程。

8259A 的初始化字有 4 个，即 $ICW_1 \sim ICW_4$，用于初始化。操作命令字有 3 个，即 $OCW_1 \sim OCW_3$，用于设定 8259A 的工作方式及发出相应的控制命令。

初始化命令字通常是计算机系统启动时由初始化程序设置的，一旦设定，在工作过程中一般不再改变。操作命令字由应用程序设定（如设备的中断服务程序），用于中断处理过程的动态控制，可多次设置。

1. 8259A 初始化与初始化命令字（ICW）

（1）初始化字 ICW_1。初始化字 ICW_1 也称芯片控制字，是 8259A 初始化流程中写入的第一个控制字。ICW_1 写入后，8259A 内部有一个初始化过程，故 ICW_1 称为初始化字。初始化过程的主要动作有顺序逻辑复位，准备按 ICW_2、ICW_3、ICW_4 的确定顺序写入；清除 ISR 和 IMR；指定 $IR_7 \sim IR_0$ 由低到高的固定优先级顺序；从片方式地址置为 7（对应 IR_7）；设置为普通屏蔽方式；设置为 EOI 方式；状态读出电路预置为 IRR。

ICW_1 的格式如下：

A_0		D_7	D_6	D_5	D_4	D_3	D_2	D_1	D_0
0					1	LTIM	ADI	SNGL	ICW4

$A_0=0$：ICW_1 必须写入偶地址端口。

D_0：用于控制是否在初始化流程中写入 ICW_4。$D_0=1$，写 ICW_4；$D_0=0$，不写 ICW_4。8086/8088 系统中 D_0 必须置 1。

D_1：用于控制是否在初始化流程中写入 ICW_3。$D_1=1$，不写 ICW_3，表示本系统中仅使用了一片 8259A；$D_0=0$；写 ICW_3，表示本系统中使用了多片 8259A 级联。

D_2：对 8086/8088 系统不起作用，在 8098 单片机系统中，用于控制每两个相邻中断处理程序入口地址之间的距离间隔值。

D_3：用于控制中断触发方式。$D_3=0$，选择上升沿触发方式；$D_3=1$，选择电平触发方式。

D_4：特征位，必须为 1。

$D_7 \sim D_5$：对 8086/8088 系统不起作用，一般设置为 0。

【例 7-3】　在 8086 系统中，设置 8259A 为单片使用，上升沿触发，试初始化。

先设定 ICW1：

13H		0	0	0	1	0	0	1	1

则程序段为：

```
MOV AL,13H              ;ICW₁ 的内容
```

```
OUT 20H,AL                          ;写入偶地址端口
```

（2）中断向量字 ICW_2。中断向量字 ICW_2 是 8259A 初始化流程中必须写入的第二个控制字，用于设置中断类型号，格式如下：

A_0	D_7	D_6	D_5	D_4	D_3	D_2	D_1	D_0
1	T_7	T_6	T_5	T_4	T_3			

$A_0=1$：ICW_2 必须写入奇地址。

$D_7 \sim D_3$：由用户根据中断向量在中断向量表中的位置决定。

$D_2 \sim D_0$：中断源挂接的 IR 端号。例如，挂接在 IR_7 端，$D_2 \sim D_0$ 为 111；挂接在 IR_6 端，$D_2 \sim D_0$ 为 110，其余类推，这 3 个编码不由软件确定。若 CPU 写入某 8259A 的 ICW_2 为 40H，则连接到该 8259A 的 IR_5 端的中断源的中断类型号为 45H，中断类型号确定后，中断源挂接的 IR 端号以及 $D_7 \sim D_3$ 的值也就确定了。

如果已知中断向量地址，除以 4 即可得中断向量号。

【例 7-4】　PC 中将 $IR_7 \sim IR_0$ 上的中断请求类型码设置为 $A0 \sim A7H$。

分析：将 ICW_2 高 5 位设置为 10100 即可，对应程序段为：

```
MOV AL,0A0H                         ;ICW2 的内容
OUT 21H,AL                          ;写入奇地址端口
```

（3）级联控制字 ICW_3。在级联系统中，主片和从片都必须设置 ICW_3，但两者的格式和含义有所区别。

主片 ICW_3 的格式如下：

A_0	D_7	D_6	D_5	D_4	D_3	D_2	D_1	D_0
1								

$A_0=1$：　ICW_3 必须写入奇地址端口。

$D_7 \sim D_0$：表示对应的 IR 端上有从片（对应位为 1）或无从片（对应位为 0），如 IR_5 上挂接有从片，$D_5=1$；若其他端无从片，则主片的 $ICW_3=20H$。

【例 7-5】　参照图 7-8，主片的 IR_0 与 IR_1 上接有从片，则主片的初始化程序段为：

```
MOV AL,03H                          ;ICW3 的内容
OUT 21H,AL                          ;写入奇地址端口
```

从片 ICW_3 的格式如下：

A_0	D_7	D_6	D_5	D_4	D_3	D_2	D_1	D_0
1						ID_2	ID_1	ID_0

$A_0=1$：ICW_3 被写入奇地址。

$D_7 \sim D_3$：不用，常取 0。

$D_2 \sim D_0$：从片的识别码，编码规则同 ICW_2。例如，若某从片的 INT 输出接到主片的 IR_5 端，则该从片的 $ICW_3=05H$。

【例 7-6】　参照图 7-8，从片 1 的 INT 引脚接在主片的 IR_0 上，则从片 ICW_3 的低 3 位编码为 $ID_2 \sim ID_0 = 000$，该从片初始化程序为：

```
MOV AL,00H                          ;ICW3 的内容
OUT 21H,AL                          ;写入奇地址端口
```

（4）中断方式字 ICW_4。ICW_4 主要用于控制初始化后即可确定并且不再改变的 8259A 的工作方式，格式如下：

A_0	D_7	D_6	D_5	D_4	D_3	D_2	D_1	D_0
1	0	0	0	SFNM	BUF	M/S	AEOI	PM

$A_0=1$：ICW_4 必须写入奇地址端口。

D_0：系统选择，为 1 选择 8086/8088，为 0 选择 8080/8085。

D_1：结束方式选择，为 1 自动结束（AEOI），为 0 正常结束（EOI）。

D_2：此位与 D_3 配合使用，表示在缓冲方式下本片是主片还是从片，为 1 是主片，为 0 是从片。

D_3：缓冲方式选择，为 1 选择缓冲方式，为 0 选择非缓冲方式。当 $D_3=0$ 时，D_2 位无意义。

D_4：嵌套方式选择，为 1 选择特殊全嵌套方式，为 0 选择普通全嵌套方式。

$D_7 \sim D_5$：特征位，必须为 000。

2. 工作方式编程与操作命令字 OCW

初始化字的 ICW_1 决定了中断触发方式，ICW_4 决定了中断结束是否为 AEOI，是否采用缓冲方式，是否采用特殊全嵌套。这些工作方式在 8259A 初始化后就不能改变，除非重新对 8259A 进行初始化。其他工作方式（如中断屏蔽、中断结束和优先级循环、查询中断方式等）则都可在用户程序中利用操作命令字 OCW 设置和修改。

在 8259A 初始化完成后，8259A 即可接受中断申请，其工作方式即是初始化时确定的工作方式，也可称为默认方式。如果不使用默认方式，则可在初始化完成后写入操作命令字 OCW。另外，要屏蔽某些中断源或读出 8259A 的状态信息，也可向 8259A 写入 OCW。

OCW 的写入没有严格的顺序，OCW 除了采用奇偶地址区分外，还采用了命令字本身的 D_4D_3 位作为特征位来区分。

（1）屏蔽控制字 OCW_1。屏蔽控制字 OCW_1 用于在有多个中断源时对某些不希望它中断的中断源进行控制，屏蔽字的格式如下：

A_0	D_7	D_6	D_5	D_4	D_3	D_2	D_1	D_0
1								

$A_0=1$：OCW_1 必须写入奇地址端口。

$D_7 \sim D_0$：对应位为 1，屏蔽该级中断；对应位为 0，开放该级中断。

【例 7-7】 欲屏蔽中断源 IR_5，其余允许中断请求，则程序段为：

```
MOV AL,20H          ;OCW₁ 的内容
OUT 21H,AL          ;写入奇地址端口
```

（2）优先级循环和非自动中断结束方式控制字 OCW_2。优先级循环和非自动中断结束方式控制字 OCW_2 用于各中断源优先级循环方式和非自动中断结束方式的控制。OCW_2 的格式如下：

A_0	D_7	D_6	D_5	D_4	D_3	D_2	D_1	D_0
0	R	SL	EOI	0	0	L_2	L_1	L_0

$A_0=0$：OCW_2 必须写入偶地址端口。

$D_2 \sim D_0$（$L_2 \sim L_0$）：中断源编码，在特殊 EOI 命令中指明清 0 的 ISR 位，在优先级特殊循环方式中指明最低优先权 IR 端号。

D_4D_3：特征位，必须为 00。

$D_7 \sim D_5$：配合使用，用于说明优先级循环和非自动中断结束方式。其中，D_7（R）是中断优先权循环的控制位，为 1 循环，为 0 固定；D_6（SL）是 $L_2L_1L_0$ 有效控制位，为 1 有效，为 0 无效；D_5 是非自动中断结束方式控制位，$D_5=1$ 为普通中断结束方式，$D_5=0$ 为特殊中断结束方式。配合使用确定的工作方式如表 7-3 所示。

表 7-3　　　　　　　　　　　　　　　R、SL、EOI 配合使用表

R	SL	EOI	工　作　方　式	备　　注
0	0	1	普通 EOI	组合出有效的 7 个操作命令
0	1	1	特殊 EOI，$L_2L_1L_0$ 指定的 ISR 位清 0	
0	0	0	取消优先级自动循环	
0	1	0	无操作意义	
1	0	1	普通 EOI 命令，优先级自动循环	
1	1	1	普通 EOI 命令及优先级特殊循环方式，当前最低优先级由 $L_2L_1L_0$ 所指定	
1	0	0	优先级自动循环	
1	1	0	优先级特殊循环，$L_2L_1L_0$ 指定级别最低的优先级的 IR 端号	

【例 7-8】 已知 8259A 中 ISR 的 D_3 位已置位，试将其清 0。

分析：通过特殊 EOI 中断结束命令来实现，OCW_2 的格式应为 01100011B，即 63H。

程序如下：

```
MOV AL,63H        ;OCW1 的内容
OUT 20H,AL        ;写入偶地址端口
```

（3）屏蔽方式和读状态控制字 OCW_3。屏蔽方式和读状态控制字 OCW_3 用于设置查询中断方式、特殊屏蔽方式、读 IRR 或 ISR 控制，格式如下：

A_0		D_7	D_6	D_5	D_4	D_3	D_2	D_1	D_0
0		x	ESMM	SMM	0	1	P	RR	RIS

$A_0=0$：　OCW_3 必须写入偶地址端口。

D_7：无关。

D_6D_5：特殊屏蔽方式控制位，为 11 时允许特殊屏蔽方式，为 10 时复位特殊屏蔽方式。

D_4D_3：特征位，必须是 01。

D_2：查询中断方式控制位。$D_2=1$，进入查询中断方式，8259A 将送出查询字；$D_2=0$，进入向量中断方式。

D_1：读命令控制位，$D_1=1$ 是读命令，否则不是读命令。

D_0：读 ISR、IRR 选择位。为 1 选择 ISR，否则选择 IRR。读命令中没有选择 IMR 的控制位，但这并不是说 CPU 不能读出 IMR 的内容，而是可以直接使用输入指令读出 IMR 的内容，因为 ISR、IRR、查询字都是偶地址，而只有 IMR 是奇地址，因此读 ISR、IRR 之前一般要发读命令，而读 IMR 之前不用发读命令。在读偶地址之前不发读命令也是可以的，但读出的内容一定是 IRR。

实际上，通过 $D_2D_1D_0$ 这 3 位组合控制了输入指令读出的是什么内容。$D_2=1$ 且 $D_1=0$，读出的是查询字；$D_2=0$ 且 $D_1=1$，读出的是 ISR（$D_0=1$）或 IRR（$D_0=0$）；$D_2=1$ 且 $D_1=1$，则第一条输入指令读出的是查询字，第二条输入指令读出的是 ISR（$D_0=1$）或 IRR（$D_0=0$）。IMR、ISR、IRR

各位的含义在前面已有介绍。查询字的格式和各位的含义如下：

D_7	D_6	D_5	D_4	D_3	D_2	D_1	D_0
1					W_2	W_1	W_0

D_7：有无中断请求位，为 1 表示有，为 0 表示无。

$D_6 \sim D_3$：无意义。

$D_2 \sim D_0$（$W_2 \sim W_0$）：当前优先级最高中断源编码。

综上所述，8259A通过奇偶两个地址以及写入顺序和特征位，可以写入7个控制字，通过 OCW$_3$ 又可以读出 1 个查询字和 2 个寄存器状态字 ISR 和 IRR，而 IMR 可直接读出。

7.4 8259A 的应用举例

上节介绍了 8259A 的两类编程命令：初始化命令字 ICW$_1 \sim$ICW$_4$ 和操作命令字 OCW$_1 \sim$OCW$_3$。本节介绍 8259A 的初始化顺序及几个实例，以进一步掌握这几个控制字的用法。

1. 8259A 的初始化顺序

8259A 初始化命令字的使用有严格的顺序，如图 7-9 所示。

【例 7-9】 设 8259A 应用于 8088 系统，中断类型号为 08H～0FH。它的偶地址为 20H，奇地址为 21H，设置单片 8259A 按如下方式工作：电平触发，普通全嵌套，普通 EOI，非缓冲工作方式，试编写初始化程序。

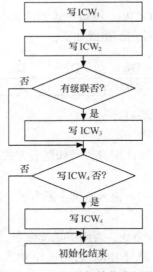

图 7-9 8259A 的初始化流程图

分析：根据 8259A 应用于 8088 系统，单片工作，电平触发，可得 ICW$_1$=00011011B。根据中断类型号 08H～0FH，得 ICW$_2$=00001000B。根据普通全嵌套，普通 EOI，非缓冲工作方式，得 ICW$_4$=00000001B。写入这 3 个字即可完成初始化，程序如下：

```
MOV   AL,1BH              ;00011011B,写入 ICW₁
OUT   20H,AL
```

```
MOV  AL,08H                        ;00001000B,写入 ICW₂
OUT  21H,AL
MOV  AL,01H                        ;00000001B,写入 ICW₄
OUT  21H,AL
```

【例 7-10】 设 8259A 应用于 8086 系统,采用主从两片级联工作,主片偶地址为 20H,奇地址为 22H(这里的偶地址和奇地址是相对于 8259A 的片内地址而言的),中断类型号为 08H～0FH;从片偶地址为 0A0H,奇地址为 0A2H,中断类型号为 70H～77H,主片 IR₃ 和从片级联,要实现从片级全嵌套工作,试编写初始化程序。

分析:8259A 应用于 8086 系统,主从式级联工作,所以主片和从片都必须有初始化程序。要实现从片级全嵌套工作,所以主片必须采用特殊全嵌套,从片采用普通全嵌套,主片和从片初始化程序如下。

（1）主片初始化程序:

```
MOV  AL,19H                        ;00011001B,写入 ICW₁
OUT  20H,AL
MOV  AL,08H                        ;00001000B,写入 ICW₂
OUT  22H,AL
MOV  AL,08H                        ;00001000B,写入 ICW₃,在 IR₃ 引脚上接有从片
OUT  22H,AL
MOV  AL,11H                        ;00010001B,写入 ICW₄
OUT  22H,AL
```

（2）从片初始化程序:

```
MOV AL,19H                         ;00011001B,写入 ICW₁
OUT 0A0H,AL
MOV AL,70H                         ;01110000B,写入 ICW₂
OUT 0A2H,AL
MOV AL,03H                         ;00000011B,写入 ICW₃,本从片的识别码为 03H
OUT 0A2H,AL
MOV AL,01H                         ;00000001B,写入 ICW₄
OUT 0A2H,AL
```

【例 7-11】 某 8086/8088 系统中有一片 8259A,中断请求信号为电平触发,中断类型码为 50H～57H,中断优先级采用一般全嵌套方式,中断结束方式为普通 EOI 方式,与系统连接方式为非缓冲方式,8259A 的端口地址为 F000H 和 F001H,试写出初始化程序。

```
MOV DX,0F000H                      ;设置 8259A 的偶地址
MOV AL,1BH                         ;设置 ICW₁
OUT DX,AL
MOV DX,0F001H                      ;设置 8259A 的奇地址
MOV AL,50H                         ;设置 ICW₂,中断类型号基值
OUT DX,AL
MOV AL,01H                         ;设置 ICW₄
OUT DX,AL
```

注意

IN 及 OUT 指令中,如果端口地址为 16 位,则必须使用 DX 间址指令。

2. 8259A 在 8086 微型计算机中的应用

在 PC/XT 系统中，8259A 的使用方法如下：单片使用，中断请求信号边沿触发，固定优先级，中断类型号范围为 08H～0FH，非自动 EOI 方式，端口地址为 20H 和 21H，硬件连接及 8 级中断源的情况如图 7-10 所示。

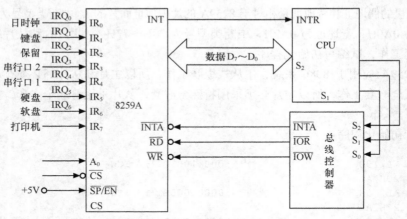

图 7-10 PC/XT 中 8259A 硬件连接图

【例 7-12】 PC/XT 机内 8259A 的端口地址为 20H 和 21H，机内的 8259A 已被初始化成边沿触发、固定优先级、一般中断结束方式。8 个中断源中 7 个已被系统使用（见图 7-10），IRQ_2 保留给用户使用，其中断类型号为 0AH。现有一个外部设备，会定时通过 IRQ_2 向 CPU 发中断，要求编写对应的中断服务程序。为简单起见，中断服务程序的功能为在屏幕上显示一串提示信息。

```
            DATA SEGMENT
            MESS DB 'THIS IS AN IRQ₂ INTERRUPT!',0AH,0DH,'$' ;中断服务程序中的提示信息
            DATA ENDS
            CODE SEGMENT
            ASSUME CS:CODE,DS:DATA
            INT_START:
                PUSH    DS
                PUSH    AX
                PUSH    DX
                MOV     AX,DATA                     ;设置 DS 指向数据段
                MOV     DS,AX
                MOV     DX,OFFSET MESS              ;显示发生中断的信息
                MOV     AH,09
                INT     21H
                MOV     DX,0020H                    ;PC/XT 系统中 8259A 的偶地址端口
                MOV     AL,20H                      ;普通 EOI 中断结束命令
                OUT     DX,AL                       ;发中断结束命令
                POP     DX
                POP     AX
                POP     DS
                NEXT:   IRET                        ;中断返回
            START:
                PUSH    CS
                POP     DS                          ;中断服务程序的段基址(在 CS 内)给 DS
                MOV     DX,OFFSET INT_START         ;中断服务程序的偏移量赋给 DX
                MOV     AH,25H
                MOV     AL,0AH                       ;IRQ₂ 对应的中断类型码
```

```
INT          21H                    ;调用中断服务程序设置功能
MOV          DX,START-INT_START     ;START-INT_START 为需要驻留部分长度
MOV          CL,4
SHR          DX,CL                  ;右移 4 位,即除以 16
ADD          DX,11H                 ;加上 17
MOV          AH,31H
INT          21H                    ;终止并驻留
CODE         ENDS
END START
```

7.5　DMA 控制器

DMA 传送主要用于需要高速、大批量数据传送的系统中，以提高数据的吞吐量，在如在磁盘存取、图像处理、高速数据采集系统、同步通信中的收发信号等方面应用甚广。

在一般的程序控制传送方式（包括查询与中断方式）下，数据从存储器送到外部设备，或从外部设备送到存储器，都要经过 CPU 的累加器中转，若再加上检查是否传送完毕以及修改内存地址等操作，则占用了很多 CPU 资源。采用 DMA 传送方式是让存储器（高速器件）与高速外部设备（磁盘）直接交换数据，不需要 CPU 干预，减少了中间环节。内存地址的修改、传送完毕的结束报告也都由硬件完成，因此大大提高了传输速度。所以通常采用 DMA 控制器（DMAC）来取代 CPU，负责 DMA 传送的全过程控制。目前 DMA 控制器芯片类型很多，如 Z-80DMA、Intel 8257、Intel 8237。

7.5.1　DMA 系统概述

1. DMA 系统组成

为了实现 DMA 传送，一般除了 DMA 控制器以外，还需要其他配套芯片组成一个 DMA 传输系统。在 PC 系列中，采用 Intel 8237A 为 DMA 控制器。另外，还配备了 DMA 页面寄存器及总线裁决逻辑，构成一个完整的 DMA 系统，可支持 4 个通道（单片）或 7 个通道（两片）的 DMA 传输。其系统逻辑框图如图 7-11 所示。

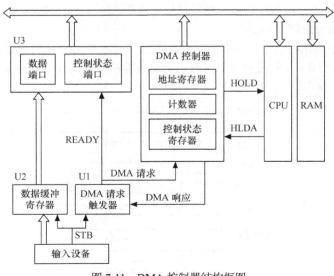

图 7-11　DMA 控制器结构框图

2. DMA 控制器在系统中的地位

DMA 控制器与其他外部接口控制器不同，它具有接管和控制微型计算机系统总线（包括数据、地址和控制线）的功能，即取代 CPU 而成为系统的主控者。但是在它取得总线控制权之前，又与其他 I/O 接口芯片一样受 CPU 的控制。因此，DMA 控制器在系统中有两种工作状态，即主动态与被动态；并处在两种不同的地位，即主控器与受控器。

主动态时，DMAC 取代处理器 CPU，获得了对系统总线（AB、DB、CB）的控制权，成为系统总线的主控者，向存储器和外部设备发号施令。此时，它通过总线向存储器或外部设备发出地址和读/写信号，以控制在两个存储实体（存储器和外部设备）间的信息传送。DMA 写操作时，数据由外部设备传到存储器，它发出 $\overline{IOR}$ 和 $\overline{MEMW}$ 信号；DMA 读操作时，数据从存储器传送到外部设备，它发出 $\overline{IOW}$ 和 $\overline{MEMR}$ 信号。

被动态时，接受 CPU 对它的控制和指挥。例如，在对 DMAC 进行初始化编程以及从 DMAC 读取状态时，它就如同一般 I/O 芯片，受 CPU 的控制，成为系统 CPU 的受控者。一般情况下，当 DMAC 加电或复位时，DMAC 自动处于被动 DMA 状态。也就是说，在进行 DMA 传送之前，必须由 CPU 处理器对 DMAC 编程，以确定通道的选择、数据传送模式和类型、内存首地址、地址递增还是递减以及需要传送的字节数等参数。在 DMA 传送完毕后，需要读取 MDMC 的状态，这时 DMA 控制器是 CPU 的从设备。

3. DMA 传送过程

为了说明 DMAC 获得总线控制权和进行 DMA 传送的过程，先来介绍一下 DMAC 的两类（组）联络信号：DMAC 和 I/O 设备之间有 I/O 设备发向 DMAC 的请求信号 DREQ 和 DMA 发向 I/O 设备的应答信号 DACK；DMAC 和处理器之间有 DMAC 向 CPU 发出的总线请求信号 HRQ 和 CPU 发回的总线应答信号 HLDA。

当 DMAC 收到一个从外部设备发来的 DREQ 请求信号请求 DMA 传送时，DMA 控制器经判优及屏蔽处理后向总线仲裁器送出总线请求 HRQ 信号要求占用总线。经总线仲裁器裁决后，CPU 在认为可能的情况下，完成总线周期后进入总线保持状态。使 CPU 对总线的控制失效（地址、数据、读、写控制线呈高阻浮空），并且发 HLDA 总线应答信号通知 DMAC。CPU 已交出系统总线控制权。此时 DMAC 就由被动态进入主动工作态，成为系统的主控者。然后由它向 I/O 设备发应答信号 DACK 和读/写信号，向存储器发地址信号和读/写信号，开始 DMA 传送。传送结束，DMAC 向 I/O 设备输出计数终止信号 $\overline{EOP}$。

DMA 传送期间，HRQ 信号一直保持有效，同时 HLDA 信号也一直保持有效，直到 DMA 传送结束，HRQ 撤销，HLDA 随之失效，这时系统总线控制权又回到处理器 CPU。DMA 工作时序如图 7-12 所示。

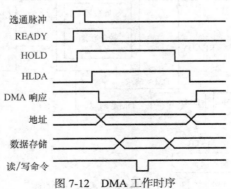

图 7-12　DMA 工作时序

7.5.2 8237 内部结构及引脚

8237A DMA 控制器有 4 个独立的通道，每个通道均有 64KB 寻址与计数能力，并且可以用级联方式来扩充更多的通道。它允许在外部设备与系统存储器以及系统存储器之间直接变换信息，其数据传送率可达 1.5MB/s。它提供了多种控制方式和操作模式，大大增强了系统的性能，8237A 是一个高性能通用可编程的 DMAC。

1. 8237A 的引脚

8237A DMA 控制器是一个 40 个引脚的双列直插式组件，如图 7-13 所示。由于它既作主控者又作受控者，故其外部引脚设置也独具特色，它的 I/O 读/写线（$\overline{IOR}$、$\overline{IOW}$）和地址线（$A_0 \sim A_3$）是双向的，另外，还设置了存储器读/写线（$\overline{MEM}$、$\overline{MEMV}$）和 16 位地址输出线（$DB_0 \sim DB_7$、$A_0 \sim A_7$）。这些都是其他 I/O 接口芯片所没有的。下面对各引脚功能加以说明。

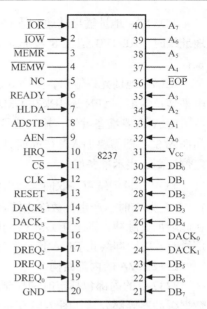

图 7-13 8237A 外部引脚图

$DREQ_0 \sim DREQ_3$：外部设备对 4 个独立通道 0～3 的 DMA 服务请求，由申请 DMA 传送的设备发出，可以是高电平或低电平有效，由程序选定。它们的优先级是按 $DREQ_0$ 最高，$DREQ_3$ 最低的顺序排列的。

$DACK_0 \sim DACK_3$：8237 控制器发给 I/O 设备的 DMA 应答信号，有效电平可高可低，由编程选定，在 PC 系列中将 DACK 编程为低电平有效，系统允许多个 DREQ 信号同时有效，即可以几个外部设备同时提出 DMA 申请，但在同一个时间，8237A 只能有一个回答信号 DACK 有效，为其服务。这一点类似于中断请求/中断服务的情况。

HRQ：总线请求，高电平有效，是由 8237A 控制器向 CPU 发出的要求接管系统总线的请求。

HLDA：总线应答，高电平有效，由 CPU 发给 8237A 控制器。HLDA 有效时，表示 CPU 已让出总线。

$\overline{IOR}$ / $\overline{IOW}$：I/O 读/写信号，是双向的。8237A 为主态工作时，它们是输出。在 DMAC 控制下，对 I/O 设备进行读/写。为从态工作时，它们是输入，由 CPU 向 CMAC 写命令、初始参数或读回状态。

$\overline{MEMR}$ / $\overline{MEMW}$：存储器读/写信号，单向输出。只有当 8237A 为主态工作时，才由它发出命令，控制向存储器读或写数据。

$\overline{CS}$：该脚为低时，允许 CPU 与 DMAC 交换信息，在被动态时由地址总线经译码电路产生。

$A_0 \sim A_3$：低位地址线，双向三态。从态时为输入，CPU 对 8237A 进行初始化时，访问芯片内部寄存器与计数器寻址；主态时为输出，作为 20 位内存地址的最低 4 位。

$A_4 \sim A_7$：地址线，单向。当 8237A 为主态时是输出，作为访问存储器地址的 20 位中低 8 位的高 4 位。

$DB_0 \sim DB_7$：双向三态双功能线。从态时为数据线，作为 CPU 对 8237A 进行读/写操作的数据输入/输出线。主态时为地址线，作为访问存储器地址的高 8 位地址线，同时也可作为数据线传送数据、地址和数据分时共用。另外，在存储器到存储器传送方式时，$DB_0 \sim DB_7$ 还作为数据的输入/输出端。可见，8237A 只能提供 16 位地址线：$A_0 \sim A_7$（低 8 位），$DB_0 \sim DB_7$（高 8 位）。

ADSTB：地址输出选通，是 16 位地址的高 8 位锁存器的输入选通，即当 $D_0 \sim D_7$ 作为高 8 位地址线时，ADSTB 把这 8 位地址锁存到地址锁存器的输入选通信号。高电平允许输入，低电平锁存。

AEN：地址允许输出，是高 8 位地址锁存器输出允许信号。高电平允许地址锁存器输出，低电平禁止输出。AEN 还用来在 DMA 传送时禁止其他系统总线驱动器占用系统总线。

READY：准备就绪，输入信号，高电平有效。慢速 I/O 设备或存储器要求在 S_3 和 S_1 状态之间插入 S_w，即需要加入等待周期时，迫使 READY 处于低电平。一旦等待周期满足要求，该信号电位变高，表示准备好。

$\overline{EOP}$：过程结束，双向，输出信号。在 DMA 传送时，每传送一个字节，字节计数寄存器减 1，直至为 0 时，产生计数终止信号 $\overline{EOP}$ 负脉冲输出，表示传送结束，通知 I/O 设备。若从外部在此端加负脉冲，则迫使 DMA 终止，强迫结束传送。不论采用内部终止还是外部终止，当 EOP 信号有效时，即终止 DMA 传送并复位内部寄存器。

2. 8237A 的内部结构

8237A 的内部包括定时和控制逻辑、命令控制逻辑、优先级控制逻辑、寄存器组以及地址/数据缓冲器等部分，如图 7-14 所示。其中，与用户编程直接发生关系的是内部寄存器。

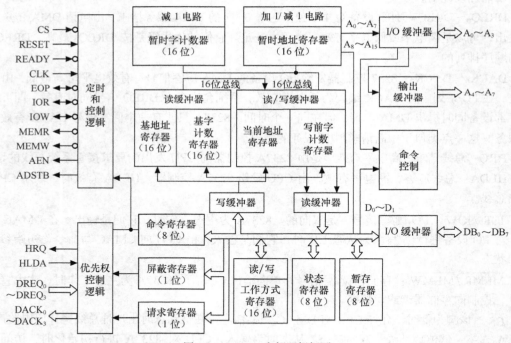

图 7-14 8237A 内部逻辑框图

8237A 内部有 4 个独立通道，每个通道都有各自的 4 个寄存器（基地址、当前地址、基值字节计数、当前字节计数），另外还有 4 个通道共用的工作方式寄存器、命令寄存器、状态寄存器、屏蔽寄存器、DMA 服务请求寄存器以及暂存寄存器等。通过对这些寄存器的编程，可实现 8237A 的 3 种基本传送方式、3 种 DMA 传送类型、2 种工作时序、2 种优先级排队、自动预置传送地址和字节数，以及实现存储器与存储器之间的传送等一系列操作功能。下面从编程使用的角度来分别讨论这些寄存器的含义与格式。

表 7-4			PC/XT 的 8237A 寄存器端口地址	
端口	通道	I/O 口地址	寄存器	
			读（IOR）	写（IOW）
DMA+0	0	00	读通道 0 当前地址寄存器	写通道 0 基地址与当前地址寄存器
DMA+1	0	01	读通道 0 当前字节计数寄存器	写通道 0 基字节计数与当前字节计数寄存器
DMA+2	1	02	读通道 1 当前地址寄存器	写通道 1 基地址与当前地址寄存器
DMA+3	1	03	读通道 1 当前字节计数寄存器	写通道 1 基字节计数与当前字节计数寄存器
DMA+4	2	04	读通道 2 当前地址寄存器	写通道 2 基地址与当前地址寄存器
DMA+5	2	05	读通道 2 当前字节计数寄存器	写通道 2 基字节计数与当前字节计数寄存器
DMA+6	3	06	读通道 3 当前地址寄存器	写通道 3 基地址与当前地址寄存器
DMA+7	3	07	读通道 3 当前字节计数寄存器	写通道 3 基字节计数与当前字节计数寄存器
DMA+8	公用	08	读状态寄存器	写命令寄存器
DMA+9		09	—	写请求寄存器
DMA+10		0A		写单个屏蔽位的屏蔽寄存器
DMA+11		0B		写工作方式寄存器
DMA+12		0C		写清除先/后触发器命令*
DMA+13		0D	读暂存寄存器	写总清命令*
DMA+14		0E		写清 4 个屏蔽位的屏蔽寄存器命令*
DMA+15		0F	—	写置 4 个屏蔽位的屏蔽寄存器

注：带 "*" 的为软命令。

从图 7-14 中的 4 根地址输入线 $A_0 \sim A_3$ 可知，8237A 内部有 16 个端口可供 CPU 访问。记作 DMA+0～DMA+15。在 PC/XT 中，8237A 占用的 I/O 端口地址为 00H～0FH，各寄存器的端口地址分配如表 7-4 所示。

（1）工作方式寄存器（DMA+11）。它用于控制 DMA 传送的操作方式和传送类型以及自动预置，其格式如下。

D_7 D_6	D_5	D_4	D_3 D_2	D_1 D_0
模式选择	地址	自动	类型选择	通道选择
00=询问方式	1=地址	−1=预置	00=校验	00=0 通道
01=单一方式	−1	1=自动	01=DMA 写	01=1 通道
10=成组方式	0=地址	预置	10=DMA 读	10=2 通道
11=级联方式	+1	0=非自动预置	11=无效	11=3 通道

其中，D_7D_6 决定 DMA 操作模式。在主动态，即 DMA 有效周期时，DMA 控制器接有 4 种操作模式。

① 单一传送模式：在这种模式下，通道启动一次只传送一个数据，传送之后就释放系统总线并交还给 CPU。每次传送后，当前地址寄存器的内容增 1 或减 1（由 D_5 位决定）。当前字节计数器内容减 1，当字节计数器减 1 至零时，送出 $\overline{EOP}$ 信号，表示传送过程结束。

这种方式的特点是一次 DMA 请求只传送一个数据，占用一个总线周期，然后释放系统总线，因此，这种方式又称为总线周期窃取方式，每次总是窃取一个总线周期完成一个字节的传送之后立即归还总线。

② 成组传送模式：在这种模式下，通道启动一次可把整个数据块传送完。当外部设备准备好之时，向 DMAC 发 DREQ，DMAC 则向 CPU 发出 HRQ 请求占用总线，CPU 同意 HRQ 请求，则向 DMAC 发回 HLDA 信号，这时 DMAC 向外部设备发 DACK，开始传送数据，直到整个数据块传送完为止。也就是说，只有当前字节计数器内容减 1 到 0 时，或由外部输入 $\overline{EOP}$ 信号才结束 DMA 传送过程，并释放系统总线。这种模式下，进行传送期间，CPU 失去总线控制权，因而其他 DMA 请求也被禁止。

③ 询问传送模式：这种方式与成组传送模式类似，其不同点在于每传送一个字节之后要检测（询问）DREQ 引脚是否有效，若无效，则立即"挂起"，但并不释放总线，若变成有效，则继续传送。DMA 传送过程的结束可以是当前计数器减 1 至 0，或由外部在 $\overline{EOP}$ 引脚施加负脉冲。

④ 级联模式：这种模式不是数据传送模式，而是表示 8237A 用于多片连接方式，第一级为主片，第二级为从片。当第一级编程为级联模式时，它的 DREQ 和 DACK 引脚分别对应于第二级芯片的 HRQ 和 HLDA 引脚相连。主片在响应从片的 DMA 请求时，它不输出地址和读/写控制信号，避免与从片中有效通道的输出信号冲突。

D_3D_2 位决定 DMA 传送类型。在上述 3 种数据传送模式中，如何表示数据的传送方向呢？8237A 对每种模式提供了 4 种类型，表示数据传送的方向。

● DMA 读：数据从内存读出，写到 I/O 设备。

● DMA 写：数据从 I/O 设备读入，写到内存。

● 校验：一种伪传送，仅对芯片内部读/写功能进行校验，而对存储器与 I/O 接口的控制信号均被禁止，即处于无效。但是在每一 DMA 周期后，地址增 1 或减 1，字节计数器减 1，直至产生 $\overline{EOP}$，作为进行某种校验过程。

● 存储器：为数据块传送而设置（PC 系列未用）。这种传送占用通道 0 与通道 1。通道 0 作为源，通道 1 作为目的。从以通道 0 的当前地址寄存器的内容指定的内存单元中读出数据，先存入 8237A 的暂存寄存器中，然后，从暂存寄存器取出数据，写到以通道 1 的当前地址寄存器的内容指定的内存单元中去。每传送一个字节，双方内存地址加 1 或减 1。通道 1 的当前字节计数器减 1，直到为 0 时产生 $\overline{EOP}$ 信号而终止传送。这种方式是采用软件请求的方法来启动 DMA 服务的。

D_4 位决定"自动预置"，当出现 $\overline{EOP}$ 负脉冲时，把基值（地址、字节计数）寄存器的内容装入当前（地址、字节计数）寄存器中去，又从头开始同一操作。

D_5 位决定每传送一个字节后，存储器地址加 1 或减 1。$D_5=0$，地址加 1；$D_5=1$，地址减 1。

例如，PC 系列软盘读/写操作选择 DMA 通道 2，单字节传送。地址增 1，不用自动预置，其读/写操作的方式字如下：

读盘(DMA 写)=01000110B=46H

写盘(DMA 读)=01001010B=4AH

校验盘(DMA 校验)=01000010B=42H

因此，若采用上述方式从软盘上读一个扇区的数据存放到内存区，则方式字为（01000110）B=46H。如果采用同样的方式从内存写一个扇区的数据到软盘上，则方式字为（01001010）B=4AH。

（2）基值地址寄存器（DMA+0，+2，+4，+6）。16 位地址寄存器，存放 DMA 传送的内存首地址，在初始化时，由 CPU 以先低字节后高字节顺序写入。传送过程中基值地址寄存器的内容不变，只能写，不能读。

（3）当前地址寄存器（DMA+0，+2，+4，+6）。16 位地址寄存器，存放 DMA 传送过程中的内存地址，在每次传送后地址自动增 1（或减 1）。它的初值与基值地址寄存器的内容相同，并且是两者由 CPU 同时写入的。在自动预置条件下，$\overline{EOP}$ 信号使其内容重新置为基地址值，可读可写。

（4）基值字节计数器（DMA+1，+3，+5，+7）。16 位地址寄存器，存放 DMA 传送的总字节数，在初始化时，由 CPU 以先低字节后高字节顺序写入。传送过程中基值字节计数器内容不变。对基值字节计数寄存器的预置应予注意。因为当 8237A 执行当前字节计数寄存器已为 0 的那个 DMA 周期时，过程才结束，所以，若欲传送 N 字节，则写基值字节计数寄存器的字总数值应为 $N-1$，只能写，不能读。

（5）当前字节计数器（DMA+1，+3，+5，+7）。16 位地址寄存器，存放 DMA 传送过程中没有传送完的字节数，在每次传送之后，字节计数器减 1，当它的值减为零时，便产生 $\overline{EOP}$，表示字节数传送完毕。它的初值与基值字节计数器的内容相同，并且两者是由 CPU 同时写入的。自动预置时，$\overline{EOP}$ 信号使内容重新预置为基计数值，可读可写。

（6）屏蔽寄存器（DMA+10，+15）。屏蔽寄存器用来禁止或允许通道的 DMA 请求。当屏蔽位置位时，禁止本通道的 DREQ 进入。若通道编程为不自动预置，则当该通道遇到 $\overline{EOP}$ 信号时，所对应的屏蔽位置位。屏蔽字有两种格式，即写一个屏蔽位的屏蔽字和写 4 个屏蔽位的屏蔽字。

① 单一屏蔽寄存器（DMA+10）：每次只能屏蔽一个通道，通道号由 D_1D_0 位决定。通道号选定后，若 D_2 置 1，则禁止该通道请求 DREQ；若 D_2 置 0，则允许请求 DREQ。该寄存器只能写，不能读，其格式如下。

D_7	D_6	D_5	D_4	D_3	D_2	D_1 D_0
					屏蔽位	通道选择
未用					1=屏蔽 0=不屏蔽	00=选定通道 0 01=选定通道 1 10=选定通道 2 11=选定通道 3

所以，它的作用是开通或屏蔽各通道的 DMA 请求。编程时，要使用哪个通道就使该通道的屏蔽位置 0。例如，如果要使 8237A 的通道 2 开通，则只需用程序向它写入 02H 代码。如果要使通道 2 屏蔽，则写入 06H。

② 4 位屏蔽位寄存器（DMA+15）：4 位屏蔽寄存器可同时屏蔽 4 个通道（但对由软件设定的 DMA 请求位不能屏蔽）。若用程序使寄存器的低 4 位全部置 1，则禁止所有的 DMA 请求，直到清屏蔽寄存器命令的执行。或低 4 位置 0，才允许 DMA 请求。该寄存器只能写，不能读，其格式如下。

D_7	D_6	D_5	D_4	D_3	D_2	D_1	D_0
未用				通道 3	通道 2	通道 1	通道 0

其中，1=置屏蔽；0=清屏蔽。

例如，为了在每次软盘读/写操作时进行 DMA 初始化，都必须开放通道 2，以便响应软盘的 DMA 请求，可采用下述两种方法之一来实现。

使用单一屏蔽寄存器(DMA+10)：
```
MOV     AL,00000010B        ;最低 3 位为 010，开放通道 2
OUT     DMA+10,AL           ;写单一屏蔽寄存器
```
使用 4 位屏蔽寄存器(DMA+15)：
```
MOV     AL,00001011B        ;最低 4 位为 1011，仅开放通道 2
```

```
OUT        DMA+15,AL                        ;写 4 位屏蔽寄存器
```

另外，8237A 还设有一个开放 4 个通道的命令，其端口地址是 DMA+14，属于软命令，在后面介绍。

（7）请求寄存器（DMA+9）。DMA 请求可由 I/O 设备发出，也可由软件产生。请求寄存器就是用于由软件来启动 DMA 请求的，存储器到存储器传送就是利用软件 DREQ 来启动的。这种软件请求 DMA 传输操作必须是成组传输方式，并且在传送结束后，$\overline{EOP}$ 信号会清除相应请求位，因此，每执行一次软件请求 DMA 传送，都要对请求寄存器编程一次，如同硬件 DREQ 请求信号一样。RESET 信号清除整个请求寄存器。软件请求位是不可屏蔽的。该寄存器只能写，不能读。其格式如下。

D_7	D_6	D_5	D_4	D_3	D_2	D_1 D_0
					请求位	通道选择
未用					1 = 有请求 0 = 无请求	00 = 选定通道 0 01 = 选定通道 1 10 = 选定通道 2 11 = 选定通道 3

请求使用的通道号由最低 2 位 D_1D_0 的编码决定。D_2 是请求使用位，$D_2=1$，请求使用该通道；$D_2=0$，不请求。

例如，若用软件请求使用通道 1 进行 DMA 传送，则向请求寄存器写入 05H 代码即可。

（8）命令寄存器（DMA+8）。它用来控制 8237A 的操作，其内容由 CPU 写入，由复位信号 RESET 和清除命令清除。该寄存器只能写，不能读，各命令位的功能如下。

D_7	D_6	D_5	D_4	D_3	D_2	D_1	D_0
DACK 极性	DREQ 极性	写入选择	优先级编码	时序选择	工作允许	通道口寻址	存储器间传送

$D_0=0$	禁止存储器到存储器传送		$D_4=0$	固定优先权
$D_0=1$	允许存储器到存储器传送		$D_4=1$	循环优先权
$D_1=0$	通道 0 地址不保持		$D_5=0$	滞后写（写周期滞后读）
$D_1=1$	通道 0 地址保持不变		$D_5=1$	扩展写（与读同时）
$D_2=0$	允许 8237A 工作		$D_6=0$	DREQ 高电平有效
$D_2=1$	禁止 8237A 工作		$D_6=1$	DREQ 低电平有效
$D_3=0$	正常（标准）时序		$D_7=0$	DACK 低电平有效
$D_3=1$	压缩时序		$D_7=1$	DACK 高电平有效

D_0 位控制存储器到存储器传送。$D_0=0$ 时，禁止存储器到存储器传送。$D_0=1$ 时，8237A 允许存储器到存储器传送，首先由通道 0 发软件 DMA 请求，并从以通道 0 的当前地址寄存器的内容指定的源地址存储单元读入数据，读入的数据字节存放在暂存寄存器中，再把暂存寄存器的数据写到以通道 1 的当前地址寄存器的内容指定的目标地址存储单元，然后两通道地址各自加 1 或减 1，直到通道 1 的字节计数器为 0 时，产生 $\overline{EOP}$ 信号而结束 DMA 传送。

D_1 位控制通道 0 地址在存储器到存储器整个传送过程中保持不变。这样可把同一个源地址存储单元的数据写到一组目标存储单元中去。$D_1=1$，保持通道 0 地址不变；$D_1=0$，不保持通道 0 地址不变。若 $D_0=0$，则 D_1 位无意义。

D_2 位控制是否允许 DMA 控制器工作。$D_2=0$，允许 8237A 工作；$D_2=1$，禁止 8237A 工作。

D_3 位选择工作时序。$D_3=0$，采用标准（正常）时序（保持 S_3 状态）；$D_3=1$，采用压缩时序（去

掉 S_3 状态)。

D_4 位控制通道的优先权。$D_4=0$，采用固定优先权（DREQ），$DREQ_0$ 优先权最高，$DREQ_3$ 优先权最低；$D_4=1$，采用循环优先权，即通道的优先权随 DMA 服务的结束而发生变化，已服务过的通道优先权变为最低，而它下一个通道的优先权变成了最高，如此循环下去。

　　任何一个通道开始 DMA 服务后，其他通道不能打断该服务的进行。这一点和中断嵌套处理是不相同的。

D_5 位控制写入的时刻。$D_5=0$，采用滞后写（写入周期滞后读）；$D_5=1$，采用扩展写（与读同时)。标准时序与压缩时序、滞后写与扩展写的解释可以参看 8237A 的时序图。

D_6 和 D_7 位决定 DREQ 和 DACK 信号的有效电平。$D_6=0$，DREQ 高电平有效；$D_6=1$，DREQ 低电平有效。$D_7=0$，DACK 低电平有效；$D_7=1$，DACK 高电平有效。

例如，PC 系列中的 8237A 按如下要求工作：禁止存储器到存储器传送，按正常时序滞后写入，固定优先级，允许 8237A 工作。DREQ 信号高电平有效，DACK 信号低电平有效，则命令字为 00000000B=00H。

```
MOV AL,00H        ;命令字
OUT DMA+8,AL      ;写入命令寄存器
```

（9）状态寄存器（DMA+8）。存放 8237A 的状态，提供哪些通道已到终止计数，哪些通道有 DMA 请求等状态信息，以供 CPU 使用，该寄存器只能读出，不能写入，其格式如下。

D_7	D_6	D_5	D_4	D_3	D_2	D_1	D_0
通道 3	通道 2	通道 1	通道 0	通道 3	通道 2	通道 1	通道 0
请求服务				过程结束			
有尚未处理的 DMA 请求，写 1				已接收到终止计数信号，写 1			

$D_0 \sim D_3$ 位表示 4 个通道中哪些通道已到计数终点或出现外加 $\overline{EOP}$ 信号。$D_4 \sim D_7$ 位表示 4 个通道中哪些通道有 DMA 请求还未处理。1 表示通道的传送过程已结束，有 DMA 请求；0 表示过程未结束，无 DMA 请求。

（10）暂存寄存器（DMA+13）。存储器对存储器传送时，暂存寄存器将暂时保存从源地址读出的数据。RESET 信号清除暂存寄存器的内容。

（11）软命令。8237A 有 3 条特殊的"软命令"。所谓软命令，就是其要对特定的地址进行一次写操作（$\overline{CS}$、内部寄存器地址与 $\overline{IOW}$ 同时有效），命令就生效，而与写入的具体数据无关。3 条特殊软命令如下。

① 清先/后触发器（DMA+12）命令。在向 16 位地址和字节计数器进行写操作时，要分两次写入，先/后触发器就是用来控制写入次序的。先/后触发器为 0 态时，写低 8 位有效；为 1 态时，写高 8 位有效。在实际工作时，当先/后触发器为 0 态时，写入低 8 位后自动置 1，再写入高 8 位后又自动清为 0。因此，在写入基地址和基字节计数值之前，一般要将先/后触发器清为 0 态，以保证先写入低 8 位。在程序中，只需向端口（DMA+12）写入任意数，即可使先/后触发器清为 0 态。命令程序段如下。

```
MOV  AL,0AAH       ;AL 为任意值
OUT  (DMA+12),AL   ;清先/后触发器端口
```

② 总清除（DMA+13）命令。它与硬件 RESET 信号作用相同，即执行该软命令的结果会使"命令"、"状态"、"请求"、"暂存"寄存器以及"先/后触发器"清除。系统进入空闲状态，而屏蔽寄存器置位，屏蔽所有外部 DMA 请求。命令程序段如下。

```
MOV AL,0BBH          ;AL 为任意值
OUT (DMA+13),AL      ;总清命令端口
```

③ 清屏蔽寄存器（DMA+14）命令。该命令使 4 个屏蔽位均清为 0。这样，4 个通道均允许接受 DMA 请求。命令程序段如下。

```
MOV  AL,0CCH         ;AL 为任意值
OUT (DMA+14),AL      ;清屏蔽寄存器命令端口
```

3. DMA 控制器的工作时序

DMA 控制器 8237A 有两种工作状态。从时间顺序来看，可看成两个操作周期，DMA 空闲周期（被动工作方式）和 DMA 有效周期（主动工作方式），其中还有一个从空闲周期到有效周期的过渡阶段。8237A 有 7 种状态周期 S_I、S_0、S_1、S_2、S_3、S_4 及 S_w。每种状态包含一个完整的时钟周期，如图 7-15 所示。下面结合时序图来分析 DMA 控制器的工作过程。

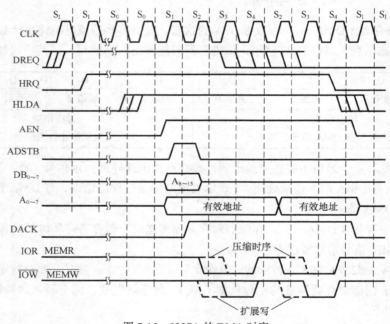

图 7-15　8237A 的 DMA 时序

（1）DMA 空闲周期 S_I。8237A 在上电之后，未编程之前，或已编程但还没有 DMA 请求时，进入空闲周期 S_I，即 DMA 控制器处于被动工作方式。此时，控制器一方面检测它的输入引脚 DREQ，看看是否有外部设备请求 DMA 服务；同时，还对 $\overline{CS}$ 端进行采样，检测 CPU 是否要对 DMA 控制器进行初始化编程或从中读取信息。当发现 $\overline{CS}$ 为有效（低电平），且无外部设备提出 DMA 请求，即 DREQ 为无效（低电平）时，则为 CPU 对 DMAC 进行编程，此时 CPU 向 8237A 的寄存器写入各种命令和参数。

（2）过渡状态 S_0。8237A 编程完毕后，若检测到 DREQ 请求有效，则表示有外部设备要求 DMA

传送。此时，DMAC 即向 CPU 发出总线请求信号 HRQ。DMAC 向 CPU 发出 HQR 信号之后，DMAC 的时序从 S_1 状态跳出进入 S_0 状态，并重复执行 S_0 状态。直到收到 CPU 的应答信号 HLDA 后才结束 S_0 状态，进入 S_1 状态，开始 DMA 传送。可见，S_0 是 8237A 进出 HRQ 信号到它收到有效的 HLDA 信号之间的状态周期，这是 DMA 控制器从被动工作方式到主动工作方式的过渡阶段。

（3）DMA 有效周期。在 CPU 的回答信号 HLDA 到达后，8237A 进入 DMA 有效周期，开始传送数据。一个完整的 DMA 传送周期包括 S_1、S_2、S_3 和 S_4 这 4 个状态。如果存储器或外部设备的速度跟不上，可在 S_3 和 S_4 之间插入等待状态周期 S_w。下面讨论 DMA 有效周期内 8237A 的有关操作与状态周期的关系。

① S_1：更新高 8 位地址。DMA 控制器 8237A 在 S_1 状态发出地址允许信号 AEN，允许在 S_1 期间，8237A 把高 8 位地址 $A_8 \sim A_{15}$ 送到数据总线 $DB_0 \sim DB_7$ 上，并发地址选通信号 ADSTB。ADSTB 的下降沿（S_2 内）把地址信息锁存到锁存器中。S_1 是只在地址的低 8 位有向高 8 位进位或借位时才出现的状态周期，也就是当需要对地址锁存器中的 $A_8 \sim A_{15}$ 内容进行更新时，才去执 S_1 状态周期，否则省去 S_1 状态周期。所以可能在 256 次传送中只有一个 DMA 周期中有 S_1。图 7-15 中表示连续传送 2 个字节的 DMA 传送时序。从图中可以看到，在第二个字节传送时，由于高 8 位地址未变，因此没有 S_1 状态周期。

② S_2：在 S_2 状态周期中，要完成以下两件事。

一是输出 16 位地址到 RAM，其中高 8 位地址由数据线 $DB_0 \sim DB_7$ 输出，用 ADSTB 下降沿锁存，低 8 位地址由地址线 $A_0 \sim A_7$ 输出。在没有 S_1 的 DMA 周期中，高 8 位地址没有发生变动，则输出未变动的原来的高 8 位地址及修改后的低 8 位地址。

二是 S 状态周期还向申请 DMA 传送的外部设备发出请求回答信号 $\overline{DACK}$（代替对 I/O 设备的寻址，因为地址线已被访问 RAM 占用），数据传送即将开始，随后发读命令。

③ S_3：读周期。在此状态下，发出 $\overline{MEMR}$（DMA 读）或 $\overline{IOR}$（DMA 写）命令。这时，把从内存或 I/O 接口读取的 8 位数据收到数据线 $DB_0 \sim DB_7$ 上等待写周期到来。若采用提前写（扩展写），则在 S_3 中同时发出 $\overline{MEMW}$（DMA 写）或 $\overline{IOW}$（DMA 读）命令，即把写命令提前到与读命令同时从 S_3 开始，或者说，写命令和读命令一样扩展为 2 个时钟周期。若采用压缩时序，则去掉 S_3 状态，将读命令宽度压缩到写命令的宽度，即读周期和写周期同为 S_4。因此，在成组传送不更新高 8 位地址的情况下，一次 DMA 传送可压缩到 2 个时钟周期（S_2 和 S_4），这可获得更高的数据吞吐量。

④ S_4：写周期。在此状态下，发出 $\overline{IOW}$（DMA 读）或 $\overline{MEMW}$（DMA 写）命令。此时，把读周期之后保持在数据线 $DB_0 \sim DB_7$ 上的数据字节写到 RAM 或 I/O 接口。至此，完成了一个字节的 DMA 传送。正是由于读周期之后所得到的数据并不送入 DMA 控制器内部保存，而是保持在数据线 $DB_0 \sim DB_7$ 上，所以写周期一开始即可快速地从数据线上直接写到 RAM 或 I/O 接口，这就是高速 DMA 传送提供直接通道的真正含义。

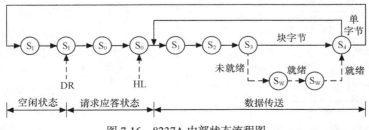

图 7-16　8237A 内部状态流程图

上述 DMA 控制器 8237A 的时序可用状态流程图表示，如图 7-16 所示。

从图中可以看出 S_1 状态开始前，8237A 检测就绪（READY）端的输入信号。如果未就绪，即 READY 信号为低电平，则在 S_3 和 S_4 之间插入等待状态周期 Sw；如果已就绪，即 READY 为高电平，则不插入 Sw，8237A 直接进入 S_4 状态周期。

在 PC 系列中，用于动态 RAM 刷新的通道 0 的 DMA 周期由 S_1～S_4 这 4 个状态周期组成，DMA 周期为 840ns。其他通道的 DMA 周期由 S_1、S_2、S_3、S_w 及 S_4 这 5 个状态周期组成，DMA 周期为 1.02μs。

7.5.3　DMA 控制器在系统中的使用

DMA 控制器接入微型计算机系统之后，它是怎样进行工作的，以及它与其他器件模块之间的关系如何处理？

1．DMA 控制器有效地址的生成

DMA 控制器在微型计算机系统中的有效地址问题，是指当 DMA 控制器取得总线控制权后，作为系统主控制器，它如何向存储器和 I/O 设备发地址信号，这要从存储器地址和 I/O 设备地址两方面来分析。

（1）如何提供存储器的地址。8237A 由于管脚受到限制，每个通道本身只能提供 16 位地址（A_0～A_7 为低 8 位，DB_0～DB_7 为高 8 位），但在 PC/XT 的系统地址总线有 20 位。1MB 的寻址空间（PC/AT 机地址线为 24 位，寻址空间为 16MB），显然 8237A 与 PC 系统两者的地址线不能直接相连。为此在系统中设置 DMA 页面地址寄存器，产生 DMA 通道的高 4 位地址 A_{16}～A_{19}（PC/AT 要产生高 8 位地址 A_{16}～A_{23}）。它与 8237A 输出的 16 位地址一起组成 20 位地址线，以访问存储器全部存储单元。如图 7-17 所示，DMA 系统的 20 位有效地址是由 DMA 页面地址寄存器 74LS670（最高 4 位）、DMA 地址锁存器 74LS373（高 8 位）和 8237A 的 A_0～A_7 低 8 位地址共同生成的。当 $\overline{\text{DMAAEN}}$ 为低电平时，DMA 系统即可输出 20 位地址，可在 1MB 空间范围内的任意一个 64KB 存储单元进行 DMA 传送。

（2）DMA 页面地址寄存器的工作原理。74LS670 是三态输出的 4 个 4 位寄存器堆，寄存器

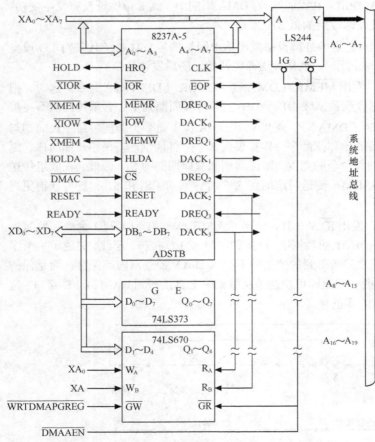

图 7-17　8237A 在系统中有效地址的生成

的口地址在写入和读出时是分开的。写入时，由 W_B、W_A 两端编码选择写入的寄存器号；读出时，由 R_B、R_A 两端编码选择读出的寄存器号。写入控制信号 $\overline{GW}$ 和读出控制信号 $\overline{GN}$ 均为低电平有效。4 位数据输入端为 $D_1 \sim D_4$，4 位数据输出端为 $Q_1 \sim Q_4$。当输入控制端 $\overline{GW}$ 为低电平时，数据写入由 W_B、W_A 编码所指定的寄存器完成。当输出控制端 $\overline{GR}$ 为低电平面，数据从 R_B、R_A 编码所指定的寄存器中读出，如表 7-5 和表 7-6 所示。

表 7-5　　　　　　　　　　　　　　74LS670 写操作地址编码

$\overline{GW}$	$W_B(XA_1)$	$W_B(XA_0)$	功　能	PC 中的地址
0	0	0	写入 0 号寄存器	80H
0	0	1	写入 1 号寄存器	81H
0	1	0	写入 2 号寄存器	82H
0	1	1	写入 3 号寄存器	83H
1	×	×	不写入	

表 7-6　　　　　　　　　　　　　　74LS670 读操作地址编码

$\overline{GW}$	$W_B(XA_1)$	$W_B(XA_0)$	功　能	PC 中的地址
0	0	0	读出 0 号寄存器	—
0	0	1	读出 1 号寄存器	CH2
0	1	0	读出 2 号寄存器	CH2
0	1	1	读出 3 号寄存器	CH2
1	×	×	输出端呈高阻	

在图 7-17 中，输入控制端 $\overline{GW}$ 接到写 DMA 页面地址寄存器 $\overline{GRTDMAPG}$ 信号，以它作为写页面地址寄存器堆的片选信号；写入寄存器的选择端 W_B、W_A 分别接到地址总线的 A_1 和 A_0，以这 2 位地址的编码作为写页面地址寄存器堆内部寄存器的寻址。按照这种连接，根据表 7-5 的地址编码以及 $\overline{GRTDMAPG}$ 信号的地址范围，可得到页面寄存器的写入端口地址，如表 7-7 所示。

表 7-7　　　　　　　　　　　　　　页面寄存器的写入地址

$\overline{GW}=0$	WB（A_1）	WB（A_0）	寄 存 器 号	地　　址
	0	0	0 号寄存器	
$\overline{WRTDMAPGREG}=0$	0	1	1 号寄存器	81H
（地址译码=80～9FH）	1	0	2 号寄存器	82H
	1	1	3 号寄存器	83H

注：表 7-7 说明了页面寄存器堆内部寄存器的写入口地址与寄存器号的对应关系。

在图 7-17 中，输出控制端 $\overline{GR}$ 接到 $\overline{EMAAEN}$ 信号上，以它作为读页面地址寄存器堆的片选信号，读出时的寄存器选择端 R_B 和 R_A 分别接到 $DACK_2$ 和 $DACK_3$（DACK 低电平有效），以这两个信号为地址编码作为读页面地址寄存器堆内部寄存器的寻址。按照这种连接，并且根据表 7-4 的地址编码，可得到读出时页面寄存器堆内部寄存器与 DMA 通道的对应关系，如表 7-8 所示。

表 7-8　　　　　　　　　　　　　　　读出时页面寄存器与 DMA 通道的关系

$\overline{GR}=0$		通 道 号	$R_B(\overline{DACK_2})$	$R_A(\overline{DACK_3})$	寄存器号
$\overline{DMAAEN}=0$			0	0	0 号寄存器
	$\overline{DACK_2}=0$	CH_2	0	1	1 号寄存器
	$\overline{DACK_3}=0$	CH_3	1	0	2 号寄存器
	$\overline{DACK_2}=1$	CH_1	1	1	3 号寄存器
	$\overline{DACK_3}=1$				
		CH_0			

表 7-8 说明了 DMA 各通道 $CH_1 \sim CH_3$ 所用的页面寄存器。由于 CH_0 用作动态 RAM 刷新，只需 16 位地址，不使用页面寄存器，故 0 号寄存器未用。从表中可以看出，在 DMA 传送时，既不是 CH_2 工作也不是 CH_3 工作时就允许 CH_1 工作，并且可从 3 号寄存器获得页面地址。

（3）如何提供 I/O 设备的地址。如上所述，8237A 产生的 20 位地址线已全部提供给内存访问地址，所以无法同时提供给 I/O 设备地址。DMA 控制器提供 DACK 信号来取代 I/O 设备地址选择逻辑，使申请 DMA 传送并被认可的设备在 DMA 传送过程中保持为有效设备，即对请求以 DMA 方式传送的 I/O 设备，在进行读写数据时，只要 $\overline{DACK}$ 信号、$\overline{RD}$ 或 $\overline{WR}$ 信号同时有效，就能完成对 I/O 设备端口的读或写操作，而与 I/O 设备的端口地址无关。或者说，DACK 代替了芯片选择和片内地址译码功能。

2. PC 系列的 DMA 系统

PC 系列的 DMA 系统配置逻辑结构框图如图 7-18 所示。

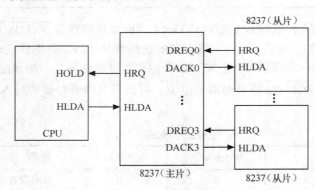

图 7-18　8237 级联方式

（1）PC/XT 的 DMA 系统。PC/XT 采用 1 片 8237A，支持 4 个通道 DMA 传送。其中，0 通道用于动态 RAM 刷新（刷新请求周期为 16.08μs），通过对存储器读（DMA 读）操作实现刷新功能。通道 1 保留（同步通信，如网络数据链路控制卡的使用，当系统未配置网络卡时，通常由用户安排使用），通道 2 用于软盘，通道 3 用于硬盘传送数据。以上通道均传送 8 位数据，每次 DMA 传送最多为 64KB，可在 1MB 空间范围寻址。因此，系统中设置一个页面地址寄存器存放 20 位地址的最高 4 位（$A_{16} \sim A_{19}$），而低 16 位地址由 8237A 本身提供。

CPU 对 8237A 访问的端口地址为 00～0FH，即 DMA+0～DMA+15（DMA EQU 0）。页面地址寄存器的端口地址为 81H（软盘）、82H（硬盘）和 83H（通道 1）。

（2）PC/AT 的 DMA 系统。PC/AT 机采用 2 片 8237A（片 0 和片 1）支持 7 个通道 DMA 传送。

其中，片 0 的 4 个通道仅通道 2 仍为软盘 DMA 传送服务。原来在 PC/XT 中为动态 RAM 刷新和硬盘 DMA 传送服务的通道 0 与通道 3 也都空下来未使用，因为在 PC/AT 的动态 RAM 中有专门的刷新电路支持刷新，硬盘驱动器采用高速 PIO 传送数据，故无需 DMA 通道支持。另外，片 1 的通道 4 用作片 0 和片 1 的级联。当片 1 的通道 4 响应 DMA 请求时，它本身并不发出地址和控制信号，而由片 0 当中请求 DMA 传送的通道占有总线并发送地址和控制信号，行使主控制者的功能。在 PC/AT 中的 0、1、3、5、6、7 共 6 个通道均保留使用。

第 0 片的 1～3 通道仍按 8 位数据进行 DMA 传送，最大传送 128KB。第 0 片的 0 通道和第 1 片的 5、6、7 通道按 16 位数据进行 DMA 传送，每次 DMA 传送最大为 64KB。两片 8237A 都支持 16MB 空间的寻址能力。CPU 对第 0 片 8237A 访问端口仍使用 00～0FH，即 DMA+0～DMA-15（DMA EQU0）。页面地址寄存器端口地址为 81H（软盘）。CPU 对第 1 片 8237A 访问端口使用字边界（偶字节地址，A_0 固定为 0）。其起始端口定为 C0H，每个端口地址间隔为 2，端口地址为 0C0～0DEH，即 DMA1+0～DMA1+30（DMA1 EQU C0H）。页面地址寄存器端口地址为 89H～8BH。

PC/XT 和 PC/AT 的 DMA 芯片端口地址如表 7-9 所示。

表 7-9   PC/XT 和 PC/AT 的 DMA 芯片端口地址

端口名称		XT 与 AT8237（0）		AT8237（1）	
通道 0	基/当前地址寄存器	0	（00H）	192	（C0H）
	基/当前字节计数器	1	（01H）	194	（C2H）
通道 1	基/当前地址寄存器	2	（02H）	196	（C5H）
	基/当前字节计数器	3	（03H）	198	（C6H）
通道 2	基/当前地址寄存器	4	（040H）	200	（C8H）
	基/当前字节计数器	5	（05H）	202	（CAH）
通道 3	基/当前地址寄存器	6	（06H）	204	（CCH）
	基/当前字节计数器	7	（07H）	206	（CEH）
读状态寄存器/写命令寄存器		8	（08H）	208	（D0H）
写请求寄存器		9	（09H）	210	（D2H）
写单个通道屏蔽寄存器		10	（0AH）	212	（D4H）
写方式字寄存器		11	（0BH）	214	（D6H）
写清除先/后触发器		12	（0CH）	216	（D8H）
读暂存寄存器/写总清除		13	（0DH）	218	（DAH）
写清除屏蔽寄存器		14	（0EH）	220	（DCH）
写 4 个通道屏蔽寄存器		15	（0FH）	222	（DEH）

7.5.4   DMA 控制器 8237A 的初始化编程

1. 初始化编程应注意的事项

CPU 对 8237A 的编程方法与一般的 I/O 接口芯片基本相同，但有以下几点需要注意。

（1）为确保软件编程时不受外界硬件信号的影响，在编程开始时要通过命令寄存器发送命令，禁止 8237A 工作或向屏蔽寄存器发送屏蔽命令，将要编程的通道加以屏蔽，在编程完成后再允许芯片工作或清除屏蔽位。

（2）所有通道的方式字寄存器都要加载。当系统上电时，用硬件复位信号 RESET 或软件复位（总清）命令，使所有内部寄存器（除屏蔽寄存器各通道屏蔽位置位以外）均被清除。为使各通道在所有可能的情况下都正确操作，应保证各通道的方式字寄存器用有效值加载，即使某些目前不使用的通道也这样做。一般对不使用的通道可用 40H、41H、42H 和 43H 写入通道 0～3 的方式字寄存器，表示按单字节方式进行 DMA 校验操作。

（3）8237A 芯片的检测。通常在系统上电期间要对 DMA 芯片进行检测，只有在芯片检测通过后才可以继续 DMA 初始化，实现 DMA 传送。检测内容是对所有通道的 16 位寄存器进行读/写测试。当写入和读出结果相等时，则判断芯片正确可用，否则视为致命性错误，芯片不可用，令系统停机。

2. 初始化编程

【例 7-13】 对 PC 系列的 DMA 控制器 8037A 进行检测。

程序中的变量 DMA 地址是 00H。测试程序对 4 个通道的 8 个 16 位寄存器先后写入全 "1"或全 "0"。再读出比较，看是否一致。若不一致则出错，停机。

```
     ;检测前,禁止 DMA 控制器工作
          MOV    AL,04          ;命令字;禁止 8237A 工作
          OUT    DMA+08,AL      ;命令字送命令寄存器
          OUT    DMA+0DH,AL     ;总清命令,使 8237 进入空闲周期,包括先清/后触发器
          ;作全 "1" 检测
          MOV    AL,0FFH        ;0FF→AL
C16:      MOV    BL,AL          ;保存 AX 到 BX,以便比较
          MOV    BH,AL          ;
          MOV    CX,8           ;循环测试 8 个寄存器
          MOV    DX,DMA         ;FF 写入 0～3 号通道的地址或字节数寄存器
C17:      OUT    DX,AL          ;写入低 8 位
          OUT    DX,AL          ;写入高 8 位
          MOV    AL,01H         ;读前,破坏原内容
          IN     AL,DX          ;读出刚才写入的低 8 位
          MOV    AH,AL          ;保存到 AH
          IN     AL,DX          ;读出写入的高 8 位
          CMP    BX,AX          ;读出的与写入的内容比较
          JE     C18            ;相等,则转 C18,转入下一个寄存器
          HLT                   ;不等则出错,系统停止
C18:      INC    DX             ;寄存器口地址加 1,指向下一个寄存器,进行检查
          LOOP   C17            ;未完,继续
          ;作全 "0"检测
          INC    AL             ;已完,使 AL=0(全"1"+1=0)
          JEC    AL             ;返回再作写全 "0"检测
                                ;全"1"和全"0"检测通过,开始设置命令字
          SUB    AL, AL         ;命令字为 00H,DACK 为低电平,DREQ 为高电平
          OUT    DMA+8, AL      ;写滞后读,固定优先级,芯片工作允许
                                ;禁止 0 通道寻址保持,禁止 M-M 传送
          ;各通道方式寄存器加载
          MOV    AL,40H         ;通道 0 方式字,单字节传送方式,DMA 校验
          OUT    DMA+0BH, AL    ;
          MOV    AL, 41H        ;通道 1 方式字
          OUT    DMA+0BH, AL    ;
          MOV    AL,42H         ;通道 2 方式字
```

```
OUT        DMA+0BH, AL
MOV        AL, 43H                    ;通道 3 方式字
OUT        DMA+0BH, AL
```

7.5.5　DMA 控制器的应用举例

下面以 DMA 控制器与软磁盘控制器的连接及 DMA 设置程序 DMA-SETUP 为例,说明 DMA 控制器 8237A 的连接及编程方法。

1．DMA 控制器与 I/O 设备的连接

8237A 与 CPU 一侧的信号线是标准的总线,可与系统总线直接相连,而它与 I/O 设备及存储器之间的信号线情况比较复杂。其中,它与存储器之间的连接问题主要是两者地址线宽度不匹配,这在上一节 8237A 的 20 位有效地址线形成问题中已经解决了。现在讨论 8237A 与 I/O 设备之间的连接,如图 7-19 所示,对软盘控制器μPD765 仅画出了与 DMA 控制器 8237A 有关的信号线,其他的信号线均未列出。

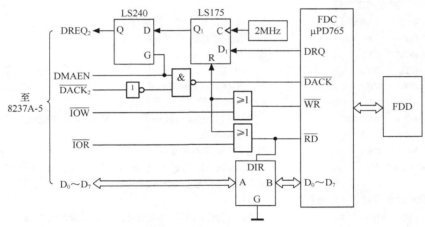

图 7-19　DMAC 8237A 与 FDC 的连接

图 7-19 中 DMA 申请允许信号 DMAEN,由软盘接口电路中的数据输出寄存器(端口地址为 03F2H)的 D_3 位控制,高电平有效。根据图 7-19 的连接可以看出,在 DMA 传送过程中,DMA 控制器 8237A 并未向软盘控制器芯片μPD765 发地址信号,只是在响应 DMA 请求之后,发出回答信号 $\overline{DACK_2}$,正是利用 $\overline{DACK_2}$ 信号建立起对软盘控制器 FDC 的读/写条件(把控制门 2、3 打开),然后 8237A 根据工作方式命令决定发 $\overline{IOR}$ 或 $\overline{IOW}$,进行对软盘控制器的读(DMA 写)或写(DMA 读)操作。$\overline{DACK_2}$ 信号还将 DRQ 清除,以便撤销 DREQ,释放系统总线,准备下一次 DMA 传送。

2．DMA 控制器的编程

在了解了软盘控制器与 DMA 控制器的硬件连接之后,以 ROM-BIOS 的软盘 I/O 中的 DMA-SETUP 程序为例介绍 DMA 控制器的编程。

【例 7-14】 说明 8237A-5 的编程方法。

这个程序被软盘的读、写、校验等操作调用。调用前,DMA 工作方式的命令代码应放入 AL;DMA 传送的内存首地址的段地址、段内偏移量以"ES：BX"表示;要传送的扇段数放入寄存器 DH。为了将扇段数换算成总字节数,还要将存于磁盘基值区 DISK-BASE 的第 3 号单元中的字节

数/段的代码取出（0: 128 字节/段, 1: 256 字节/段, 2: 512 字节/段, 3: 1 024 字节/段）。

```
        DMA-SETUP
        入口:AL=DMA 工作方式控制字
            4AH ——选通道 2,DMA 读(写软盘),单一传送
            46H ——选通道 2,DMA 写(读软盘),单一传送
            42H ——选通道 2,DMA 校验(软盘校验),单一传送
            ES: BX=内存首地址
            DH=传送的扇段数
        出口: AX 被破坏
            Cy=1,DMA 设置不成功
            Cy=0,DMA 设置成功
        DMA- SETUP PROC
        PUSH  CX                    ;保存 CX
        CLI                         ;CPU 关中断
        OUT   DMA+12 AL             ;清先/后触发器（软命令）
        ;设置方式寄存器
        0UT   DMA+11, AL            ;DMA 工作方式字送方式寄存器
        MOV   AX, ES                ;内存首地址段代码送 AX
        MOV   CL, 4                 ;循环次数
        ROL   AX, CL                ;AX 循环左移 4 次
        MOV   CH, AL                ;循环左移后 AX 的高 4 位送 CH
        AND   AL, 0F0H              ;AX 中 16 位的最低 4 位清为 0
        ADD   AX, BX                ;左移 4 次后的 AX+段内偏移量,获取低 16 位地址
        INC   J33                   ;无进位则跳转
        INC   CH                    ;有进位,最高 4 位加 1
J33:    PUSH  AX                    ;20 位物理地址的低 16 位在 AX 中,高 4 位在 CH 中
                                    ;保存低 16 位地址
        ;设置地址寄存器和页面寄存器
        OUT   DMA+4,AL              ;将低 8 位地址码送 CH2 的基值和当前地址寄存器
        MOV   AL,AH
        0UT   DMA+4,AL              ;将高 8 位地址码送 CH2 的基值和当前地址寄存器
        ;
        MOV   AL,CH                 ;CH 的内容送至 AL
        AND   AL,0FH                ;取最高 4 位地址码送至 AL
        OUT   8IH,AL                ;高 4 位地址码送通道 2 对应的页面寄存器
        ;设置字节计数器
        MOV   AH,DH                 ;取 DH 中的扇段数
        SUB   AL,AL                 ;使 AX 的内容=扇段数*256(AL=0)
        SHR   AX,1                  ;右移一次, 使 AX 的内容=扇段数*128
        PUSH     AX                 ;保持 AX 的初值(相当于第 3 单元中的 0 号代码的值)
        ;保存"扇区数与 128 的乘积"
        MOV   BX,6                  ;取 DISK-BASE 的第 3 号单元的内容送至 AH 中
        CALL GET-PAM                ;调用取基数子程序
        MOV   CL, AH                ;以 AH 的内容（字节数/段的代码）作为左移次数
        POP   AX                    ;取出 AX 初值
        SHL   AX,CL                 ;左移后, AX 的内容就是要传送的字节数 N
        DEC   AX                    ;使传送字节数减 1
        ;
        PUSH     AX                 ;保持传送字节数
```

```
        OUT   DMA+5,AL          ;将低 8 位送 CH2 的基值和当前字节计数器
        MOV   AL,AH             ;取高 8 位
        OUT   DMA+5,AL          ;送高 8 位到 CH2 的基值和当前字节计数器
;判断 DMA 是否越界
        STI                     ;CPU 开中断
        POP   CX                ;取 N-1 字节数送至 CX
        POP   AX                ;取内存首地址低 16 位地址送至 AX
        ADD   AX,CX             ;内存首地址与字节数相加，根据结果建立进位 CY
        POP   CX                ;恢复入口寄存器
;开放通道 2
        MOV   AL,02H            ;写单一屏蔽位寄存器,开放 CH2,允许响应
        OUT   DMA+10,AL         ;DREQ2 请求
        RET
DMA-SETUP ENDP
```

程序在判断 C_Y 时，使用 ADD 指令将基值地址寄存器 AX 的值和基值字节计数寄存器 CX 的值相加，以判断有无 A_{15} 向上进位。若有进位，则设置不成功。因为页面地址寄存器的输出值在传送过程中是不变动的，A_{15} 的进位表示页面寄存器输出有变动，故出错，此时必须减少传送的扇段数并重新设置。

值得指出的是，由于在 ROM-BIOS 的初始化测试阶段已对 8237A 向命令寄存器（端口地址为 08H）写入了代码 00H，即指定 8237A 为非存储器到存储器方式，故允许 8237A 工作，并采用正常时序，滞后写，固定优先权，DREQ 高电平有效，DACK 低电平有效，并且 8237A 在系统中总是按照这种规定进行工作，用户无法更改。

习　题

一、名词解释
1. 内部中断
2. 中断向量
3. 可屏蔽中断
4. 中断程序入口地址
5. 自动 EOI（AEOI）
6. 现场保护
7. 中断优先级
8. 中断嵌套

二. 简答题
1. CPU 响应中断的条件是什么？响应中断后，CPU 有一个什么样的处理过程？
2. 中断向量表的作用是什么？怎么使用？
3. 简要说明 8259A 的内部结构和工作原理。
4. 特殊屏蔽方式和普通屏蔽方式有何异同？各适用于什么场合？
5. 某 8259A 初始化时，$ICW_1 = 1BH$，$ICW_2 = 30H$，$ICW_4 = 01H$，试说明 8259A 的工作

情况。

6. 采用 DMA 方式为什么能实现高速传送？DMA 传送的特点是什么？

7. DMA 控制器在微型计算机系统中起什么作用？它有哪两种工作状态？其工作特点是什么？

8. 为什么 DMA 控制器 8237A 为了访问内存就要设置 DMA 页面地址寄存器？应如何设计页面地址寄存器？

9. 采用 DMA 方式在内存与 I/O 设备之间传递数据时，DMA 控制器 8237A 怎样实现对 I/O 设备的寻址访问？

10. 8237 有几个通道？其工作方式有哪几种？通道的优先级如何确定？如何对 8237A 进行初始化编程与设置？

三、编程题

1. 设 8259A 应用在 8086 系统，采用电平触发方式，中断类型号为 60H～67H；采用特殊全嵌套方式，中断非自动结束；采用非缓冲工作方式，端口地址为 66H 和 64H，写出初始化程序。

2. 某系统中 3 片 8259A 接成主/从方式，两个从片接在主片的 IR_3～IR_5 引脚上，试画出硬件接线图，并给出主片与从片的初始化命令字 ICW_3。

3. 某系统使用一片 8237A 完成从存储器到存储器的数据传送。已知源数据块的首地址为 2000：0000H，目标数据的首地址为 2000：1050H，数据块长度为 100 个字节，试编写初始化程序。

4. 利用 8237 的通道 1 进行 DMA 传送，把软驱中 2KB 的数据块传送至内存 2000H 开始的区域内，传送完毕停止通道工作，试编写初始化程序。

第8章
Proteus 仿真平台的使用

Proteus 是英国 Labcenter 公司开发的多功能 EDA 软件。它是一个基于 ProSPICE 混合模型仿真器的，完整的嵌入式系统软、硬件设计仿真平台，运行于 Windows 操作系统上，主要由两部分构成：分别是 Proteus ISIS 和 Proteus ARES。前者主要用于原理图的绘制与电路的仿真，后者则是一款高级 PCB 布线编辑软件。

Proteus ISIS 可以仿真、分析各种模拟器件和集成电路，该软件的特点是：

① 实现了单片机仿真和 SPICE 电路仿真相结合。具有模拟电路仿真、数字电路仿真、单片机及其外围电路组成的系统的仿真、RS232 动态仿真、I2C 调试器、SPI 调试器、键盘和 LCD 系统仿真的功能；有各种虚拟仪器，如示波器、逻辑分析仪、信号发生器等。

② 支持主流单片机系统的仿真。目前支持的单片机类型有：68000 系列、8051 系列、AVR 系列、PIC12 系列、PIC16 系列、PIC18 系列、Z80 系列、HC11 系列以及各种外围芯片。

③ 提供软件调试功能。在硬件仿真系统中具有全速、单步、设置断点等调试功能，同时可以观察各个变量、寄存器等的当前状态，因此在该软件仿真系统中，也必须具有这些功能；同时支持第三方的软件编译和调试环境，如 Keil C51 uVision3 等软件。

④ 具有强大的原理图绘制功能。总之，该软件是一款集单片机和 SPICE 分析于一体的仿真软件，功能极其强大。

8.1　初识 Proteus

8.1.1　进入 Proteus ISIS

双击桌面上的 ISIS 7 Professional 图标或者单击屏幕左下方的"开始"→"程序"→"Proteus 7 Professional"→"ISIS 7 Professional"，出现如图 8-1 所示屏幕，表明进入 Proteus ISIS 集成环境。

8.1.2　工作界面

Proteus ISIS 的工作界面是一种标准的 Windows 界面，如图 8-2 所示，包括标题栏、主菜单、标准工具栏、绘图工具栏、状态栏、对象选择按钮、预览对象方位控制按钮、仿真进程控制按钮、预览窗口、对象选择器窗口、原理图编辑窗口。

图 8-1　启动时的屏幕

其中，菜单栏包含了 Proteus ISIS 大部分功能的命令菜单，如：设计、绘图、源代码、调试等命令菜单。同时也包含了 Windows 窗口应用程序所具备的基本的功能命令菜单，如文件、编辑、帮助等命令菜单。

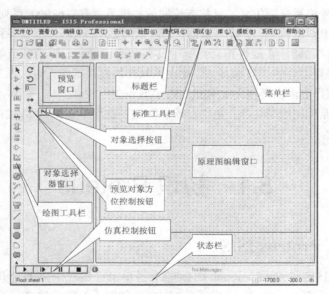

图 8-2　Proteus ISIS 的工作界面

标准工具栏则包含了在 Proteus ISIS 中进行电路仿真过程中最常用到的一些基本命令的快捷方式。如新建一个设计页面，保存当前设计，从库中选取元器件等操作。

绘图工具栏、对象选择按钮、预览对象方位控制按钮、仿真进程控制按钮、预览窗口、对象选择器窗口、原理图编辑窗口主要用于原理图设计以及电路分析与仿真。

8.1.3 Proteus ISIS 中的主要操作

本节以 Proteus 提供的样例设计中的 8086 微型机实验板电路来说明电路仿真的主要操作功能。在"帮助"中单击"样例设计(S)"按钮调出样例设计。选择其中的"8086 Demo Board"文件夹下的"DemoBoard.DSN"文件,如图 8-3 所示。单击"打开"按钮,打开电路原理图,如图 8-4 所示。

图 8-3 加载 8086 微型机实验板电路样例文件

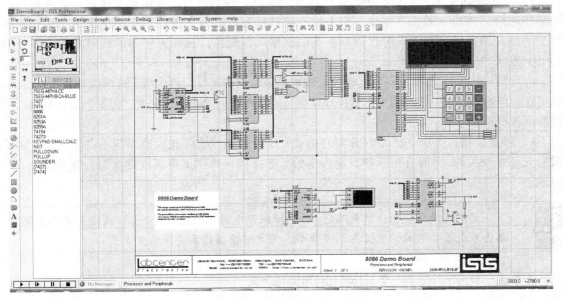

图 8-4 8086 微型机实验板电路原理图

1. 打开原理图

通过单击工具栏中显示命令可改变原理图的的大小和位置，如图 8-4 中黑色填充所圈区域，主要功能如表 8-1 所示。

表 8-1 显示命令按钮功能

⟳	刷新显示页面	🔍+	放大
⊞	切换网格	🔍-	缩小
⊹	显示/不显示手动原点	🔍	查看整张图
✦	以鼠标所在点的中心进行显示	🔍	查看局部图

其次，还可以通过对象预览窗口来进行上述操作。在对象预览窗口中一般会出现蓝色方框和绿色方框。蓝色方框内是可编辑区的缩略图，绿色方框内是当前编辑区中在屏幕上的可视部分。在预览窗口蓝色方框内某位置单击，绿色方框会改变位置，这时编辑区中的可视区域也会相应地改变、刷新。

2. 电路仿真操作

仿真是由一些貌似播放机操作按钮的控制按钮控制，这些控制按钮位于屏幕底端，如图 8-5 所示。

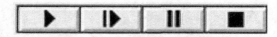

图 8-5 仿真控制面板

控制板上提供了 4 个功能按钮，各个按钮控制电路运行的功能如下。

- 运行按钮：启动 Proteus ISIS 全速仿真。
- 单步按钮：单步运行程序，使仿真按照预设的步长进行。单击单步按钮，仿真进行一个单步时间后停止。若按下单步按钮不放，仿真将连续进行，直到释放单步按钮。这一功能可更为细化地监控电路，同时也可以使电路放慢工作速度，从而更好地了解电路各个元件的相互关系。
- 暂停按钮：暂停程序仿真。暂停按钮可延缓仿真的进行，再次按下可继续被暂停的仿真，也可在暂停后接着进行步进仿真。暂停操作也可通过键盘的 Pause 键完成，但要恢复仿真则需用控制面板按钮操作。
- 停止按钮：停止 PROSPICE 实时仿真，所有可动状态停止，模拟器不占用内存。除了激励元件（开关等），所有指示器重置为初始状态。停止操作也可通过键盘组合键 Shift+Break 完成。

当使用单步按钮仿真电路时，仿真按照预定的步长运行，步长可通过菜单命令设置。单击系统菜单下的设置仿真选项命令。用户可根据仿真要求设置步长。

8.1.4 Proteus ISIS 电路原理图输入

在整个电路设计过程中，电路原理图的设计十分关键，它是电路设计和仿真第一步。电路原理图可以表达电路设计人员的设计思路，在后续的电路仿真和电路板设计过程中，它还提供了各个器件间连线的依据。电路原理图输入要在原理图编辑区进行，原理图的输入流程如图 8-6 所示。

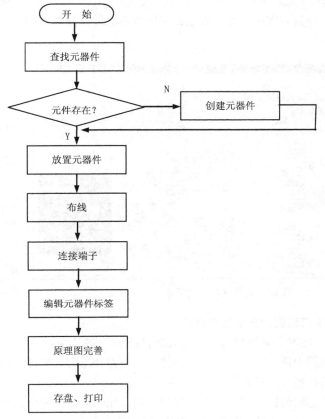

图 8-6　电路原理图输入流程

　　电路原理图是由一系列电路元件符号、连接导线及相关的说明符号组成的具有一定意义的技术文件。一般来说，原理图设计的主要工作包括：根据所要设计的原理图的要求设置图纸的大小和版面，规划原理图的总体布局，从元件库中查找并取出所需的元件放置在图纸上并在必要时修改元件的属性，利用对元器件对象的操作，重新调整各元器件的位置，进行布局走线来连接电路，最后保存文档并打印输出设计。

　　下面通过实例学习一下应用 Proteus ISIS 进行电路原理图输入的方法。例如，要求使用 Proteus ISIS 输入一个运算放大器 741 的应用电路原理图。电路所需元器件如表 8-2 所示。

表 8-2　　　　　　　　　　　　　　　　　元器件列表

序号	元件名称	仿真库名称	备注
B1~B2	BATTERY	Miscellaneous	电源库—>电池
U1	741	OPAMP	运算放大器库—>741
R1~R3	MINRES10K	RESISTORS	电阻库—>电阻

1. Proteus ISIS 编辑窗口查找元器件

　　单击对象选择器端左侧 "P" 按钮或者在原理图编辑窗口单击鼠标右键，选择放置→器件→从库中选择，打开器件选择库对话框，如图 8-7 所示。

在器件选择库对话框中的关键字区域中输入所需器件关键字，如在本例中需要一片 741 芯片，就可将关键字"741"作为关键字来搜索所需器件。找到所需器件后，单击"确定"按钮将所需电路元器件添加到对象选择器列表中。按此方法将其他所需器件找到并添加到对象选择器列表中，如图 8-8 所示。

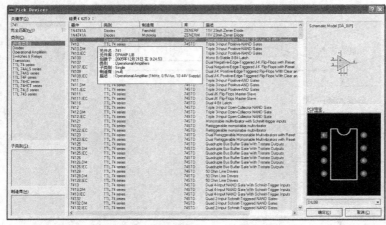

图 8-7　器件选择库对话框

图 8-8　对象选择器

2．Proteus ISIS 编辑窗口放置元器件

（1）设置 Proteus ISIS 为元器件模式，即元器件图标 被选中。

（2）在对象选择器中选中想要选择的元器件，此时在预览窗口中将出现所选元件的外观，同时状态栏显示对象选择器及预览窗口状态。

（3）将鼠标指针移向编辑窗口，并单击鼠标左键，此时元器件的轮廓出现在鼠标下方，这一轮廓将随着鼠标在编辑窗口中移动而移动，如图 8-9 所示。

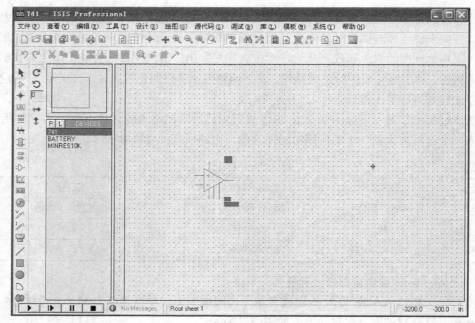

图 8-9　放置元器件过程

（4）在期望放置鼠标的位置单击鼠标左键，元件将放置到编辑窗口，如图 8-10 所示。

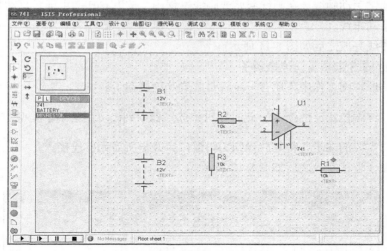

图 8-10　器件放置完成

3．Proteus ISIS 编辑窗口中选中对象的方法

在 Proteus 中，当元器件对象被放置到编辑窗口中以后，可以通过选中对象进一步地编辑。Proteus ISIS 中提供了多种方法：

（1）设置 Proteus ISIS 编辑窗口为选择模式，在对象上单击鼠标左键，对象将被选中。

（2）在对象上单击鼠标右键，对象将被选中，同时弹出右键菜单。

（3）当鼠标为选择指针时，在对象上单击鼠标左键，对象将被选中。

（4）按下鼠标左键，并拖动鼠标，将产生一个方框，方框内所有对象将被选中，拖动方框周围的手柄，可以改变方框的尺寸，采用这一方式，可将想要选中而未在方框内的对象选中。

4．Proteus ISIS 编辑窗口中清除选中对象的方法

（1）在空白处单击鼠标左键可清除元件标记。

（2）在空白处单击鼠标右键，选择右键菜单中的"清除选中"选项也可以清楚选中元器件标记。

5．Proteus ISIS 编辑窗口中移动选中对象的方法

（1）当元件被选中后，将鼠标放置在对象上，单击鼠标左键，对象可随鼠标的移动而移动。

（2）在对采用方框选中的对象操作时，将鼠标放置在方框中，鼠标将变成交叉箭头的样式，移动鼠标，方框内的对象将随着鼠标的移动而移动。

（3）在元件上单击鼠标右键，选择右键菜单中的"拖动对象"选项，此时，被选中对象将随着鼠标的移动而移动。

6．Proteus ISIS 编辑窗口布线

当元件放置到合适的位置以后，接着连接元件，即在 Proteus ISIS 编辑窗口布线。Proteus ISIS 中没有布线模式，但用户可以在任意时刻放置连线和编辑连线。系统提供了以下 3 种技术支持布线：

（1）实时显示鼠标连线状态。

（2）使用"锚"确定布线路径。在布线期间单击鼠标左键放置"锚"，则系统会沿着"锚"连线。单击鼠标右键可以删除放置的"锚"，或放弃画线，在绘制比较大的电路图或需要跨越其

他对象时，这一方法非常有用。

（3）用 Ctrl 键手动画线。在画线起始或画线过程中，按下 Ctrl 键可屏蔽自动布线功能，用户可以完全实现手动布线。

本实例中布线完成之后如图 8-11 所示。

7. Proteus ISIS 编辑窗口连接端子

在完成电路原理图工作中，还有一步就是放置并连接端子。

（1）选择"终端模式"图标 ，此时在对象选择器中列出可用的端子类型。

（2）选择所需要的端子并将其放置到编辑窗口，并与所需元件连接。

本实例中端子连接完成之后如图 8-12 所示。

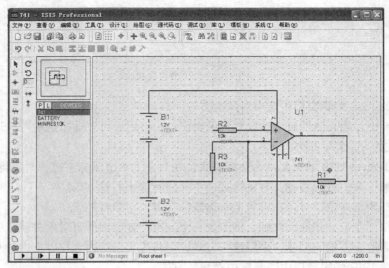

图 8-11　电路原理图布线

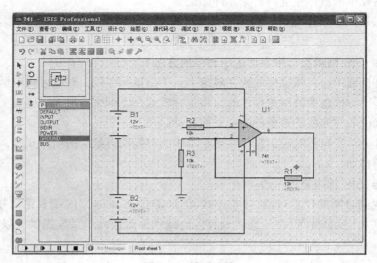

图 8-12　端子连接

8．Proteus ISIS 编辑元器件属性的方法

在 Proteus 中，提供了多种编辑元件属性的方法，用户可以采用下述方法编辑元件属性：

（1）双击元器件。

（2）在元件上单击鼠标右键，在弹出菜单上选择"属性编辑"选项。

（3）设置编辑窗口为"选择"模式，在元件上单击鼠标左键，端子将以高亮的形式显示，然后单击鼠标右键，弹出右键菜单，选择右键菜单中的"属性编辑"选项。本实例属性编辑完成之后如图 8-13 所示。

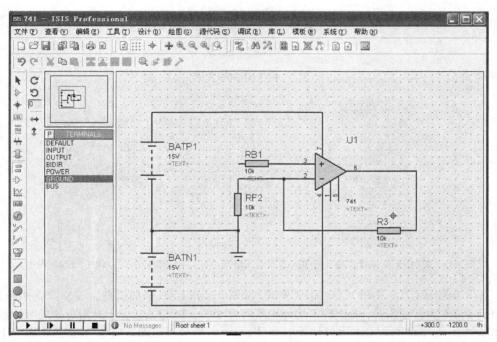

图 8-13　原理图属性编辑

当原理图绘制并完善以后，可以通过文件菜单下的"保存"命令对设计进行存档。

8.2　在 Proteus 中创建新的元件

在 Proteus 中，当某一元件不存在时，用户需要在 Proteus ISIS 编辑环境中创建这一元件，在 ISIS 中，没有专门的元件编辑模式，所有的元件制作符号、元件编辑工作都是在原理图编辑窗口中完成的。本节以制作元件 7110 数字衰减器为例，介绍创建元件的基本步骤。

在创建新元件之前，应首先了解一下其外形、尺寸、引脚数量等信息。7110 元器件外观如图 8-14 所示。

（1）打开 Proteus ISIS 编辑环境，新建一个设计，系统将清除所有原有的设计数据，出现一张空的设计图纸。

（2）单击绘图工具栏中的绘制"2D 图形框体模式"图标█来绘制元器件的外观，对象选择器中列出了各种图形风格，如图 8-15 所示。不同的风格包含了不同的线的颜色、粗度、填充风格等属性。本例中选择"COMPONENT"图形风格选项。在原理图编辑区中单击鼠标左键，然后拖动鼠标，将出现一个矩形框，如图 8-16 所示。

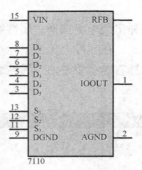

图 8-14　7110 元件外观

图 8-15　2D 图形框体模式及其所包含的图形风格

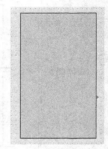

图 8-16　COMPONENT 图形

（3）单击绘图工具栏中的"器件引脚模式"图标 为新器件添加引脚。图 8-17 为引脚列表，其中 DEFAULT 为普通引脚，INVERT 为低电平有效引脚，POSCLK 为上升沿有效的时钟输入引脚，NEGCLK 为下降沿有效的时钟输入引脚，SHORT 为较短引脚，BUS 为总线。本例中选择 DEFAULT。

图 8-17　引脚名称列表

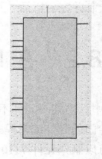

图 8-18　放置引脚

（4）按图 8-14 中 7110 的引脚位置，在图 8-16 图形边框单击鼠标左键，从左到右依次放置引脚 VIN、D_0、D_1、…、D_5、S_1、S_2、S_3、DGND、RFB、IOUT 及 AGND。此外，在元件边框上边框和下边框分别放置 V_{DD}、V_{BB} 电源引脚，如图 8-18 所示。

（5）标注引脚名，并为其设置电气类型。鼠标右键单击左上方的第一个引脚，从右键菜单中选择"编辑属性"选项，将弹出如图 8-19 所示对话框。在弹出的"编辑引脚"对话框的"引脚名

称"文本框键入引脚名称为"VIN"，其引脚类型设置为输入，并设置显示引脚选项，如图 8-20
所示。单击"确定"按钮，完成设置，如图 8-21 所示。

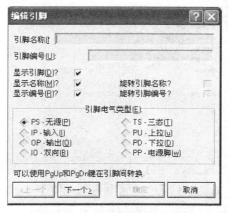

图 8-19　引脚编辑属性对话框

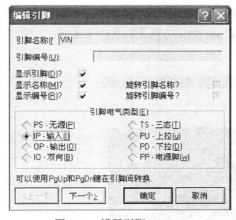

图 8-20　设置引脚

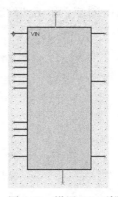

图 8-21　设置 VIN 引脚

　　参照上述方法设置其他引脚。其中 IOUT 引脚设置为输出类型，V_{DD}、V_{BB}、AGND 和 DGND
设置为电源脚，VDD 和 VBB 引脚设置为不显示，其余引脚均设置为输入，得到如图 8-22 所示的
元件。

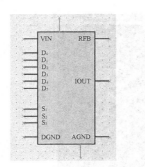

图 8-22　制作出的元件 7110

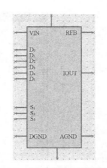

图 8-23　用右键选择整个元件

（6）封装入库。在元件上单击鼠标右键，选择"全选"命令选中整个元件，如图 8-23 所示。

然后选择库菜单下的制作元件命令，出现如图 8-24 所示对话框，并按照图中内容输入相应部分。

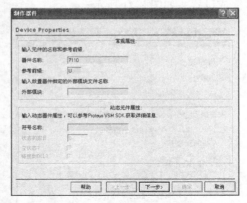

图 8-24　"制作器件"对话框

单击图 8-24 中的"下一步"选项，出现选择 PCB 封装的对话框，如图 8-25 所示。直接单击图中的"添加/删除"选项，出现添加封装对话框，如图 8-26 所示。

单击"添加"按钮，将弹出添加封装对话框，如图 8-27 所示。在关键字文本框中键入"DIL16"，选择 DIL16 封装，单击"确定"按钮，系统将设置 7110 的默认封装为 DIL16，如图 8-28 所示。

图 8-25　选择 PCB 封装对话框

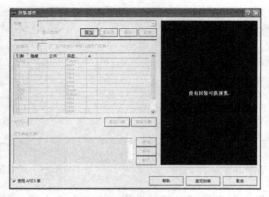

图 8-26　可视封装工具对话框

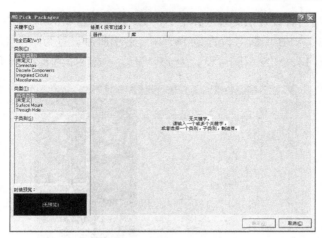

图 8-27　添加封装对话框

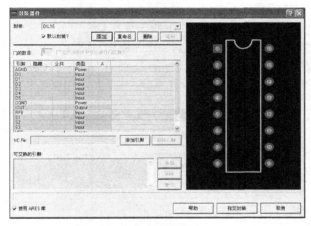

图 8-28　设置元件封装为 DIL16

利用封装图编辑引脚编号。在 AGND 引脚对应的 A 栏单击鼠标，后在封装预览区单击 2 号焊盘，则可设置 AGND 引脚编号为 2，如图 8-29 所示。此时，2 号焊盘高亮显示，同时光标移动到 D_0 对应的引脚号编辑框。

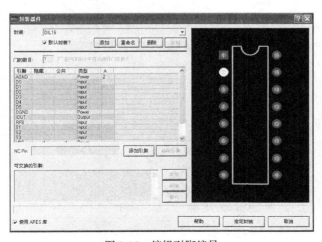

图 8-29　编辑引脚编号

照上述方法为其他引脚设置引脚号。其中 $D_0 \sim D_5$ 引脚设置为 $8 \sim 3$，DGND 引脚号设置为 9，IOUT 引脚号设置为 1，RFB 引脚号设置为 16，$S_1 \sim S_3$ 引脚号设置为 $13 \sim 11$，V_{BB} 引脚号设置为 10，V_{DD} 引脚号设置为 14，VIN 引脚号设置为 15，设置完成后如图 8-30 所示。

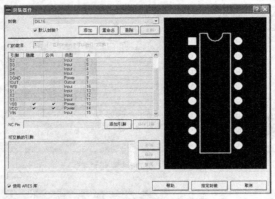

图 8-30　引脚编号编辑完成

继续单击"指定封装"按钮，系统返回到创建元器件对话框。单击"下一步"按钮，直到出现如图 8-31 所示对话框。在这一对话框中指定元件类别为"Anolog ICS"，子类为"Miscellaneous"，如图 8-32 所示。单击"确定"按钮，元件创建完成。

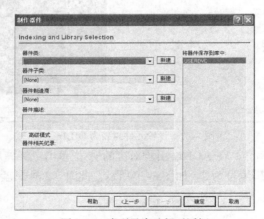

图 8-31　索引及库选择对话框

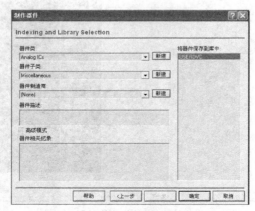

图 8-32　编辑元件所属类及其子类

单击选择器件按钮"P"，在关键字文本框中输入"7110"，在搜索结果中即可找到刚刚创建的 7110 器件，如图 8-33 所示。

图 8-33　在器件库中查找 7110

8.3　Proteus 电路仿真

PROTEUS VSM 有两种不同的仿真方式：交互式仿真和基于图表的仿真。

8.3.1　Proteus ISIS 交互式仿真

交互式仿真——实时直观地反映电路设计的仿真结果；基于图表的仿真(ASF)——用来精确分析电路的各种性能，如频率特性、噪声特性等。

PROTEUS VSM 中的整个电路分析是在 ISIS 原理图设计模块下延续下来的，原理图中可以包含以下仿真工具：

- 探针——直接布置在线路上，用于采集和测量电压/电流信号；
- 电路激励——系统的多种激励信号源；
- 虚拟仪器——用于观测电路的运行状况；
- 曲线图表——用于分析电路的参数指标。

交互式电路仿真通过在编辑好的电路原理图中添加相应的电流/电压探针，或放置虚拟仪器，然后单击控制面板上的"运行"按钮，即可观测出电路的实时输出。这种仿真方式具有直观的结果输出，如图 8-34 所示。

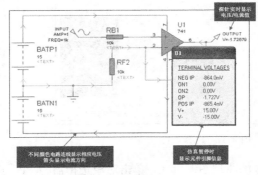

图 8-34　交互式仿真

除一些通用的元件外，Proteus ISIS 交互式仿真通常使用一些动态元件进行电路仿真，如图 8-35 所示。动态元件具有指示结构及操作结构，指示结构以图形状态显示其在电路中的状态。操作结构为红色的标记，单击相应的标记，动态元件就会作相应的操作。如开关，可以打开和闭合。

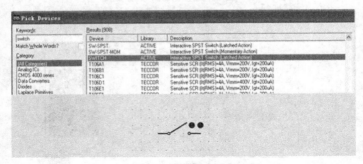

图 8-35　动态元器件

下面让我们看一个交互式仿真的简单例子。如图 8-36 所示，这是一个简单的串联电路，需要的电子元器件主要有：12V 的电池组一个、开关一个、50Ω 的滑动变阻器一个、熔断电流为 1A 的保险丝一个。

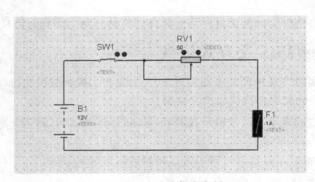

图 8-36　交互式仿真实例

图 8-37　选择器件

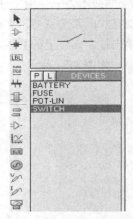

图 8-38　对象选择器

首先，将电路输入 ISIS 的原理图编辑区。单击对象选择器的 "P" 按钮，进入元件库对话框，如图 8-37 所示。在器件库对话框的关键字区域输入所需器件的关键字，将所需器件逐个添加到对象选择器窗口中，如图 8-38 所示。将对象选择器中的器件逐一添加到原理图编辑窗口的适当位置，如图 8-39 所示。

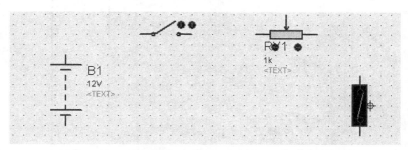

图 8-39　放置元器件

将器件用线连接起来，如图 8-40 所示。

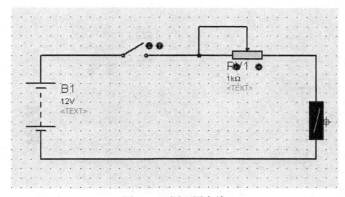

图 8-40　原理图布线

滑动变阻器的阻值和保险丝的熔断电流可以通过左键选择器件后，右键单击编辑属性命令来调整，如图 8-41 和图 8-42 所示。

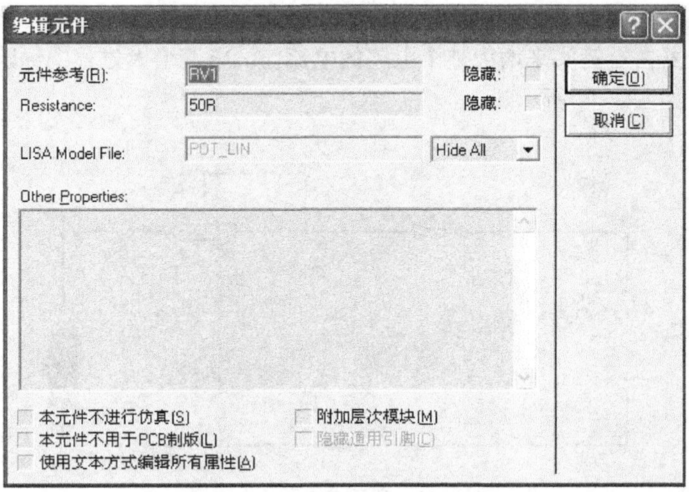

图 8-41　编辑滑动变阻器属性对话框

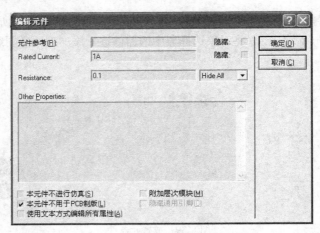

图 8-42　编辑保险丝属性对话框

原理图编辑完成之后如图 8-43 所示。

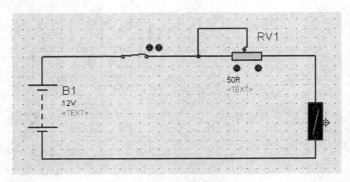

图 8-43　交互仿真实例原理图

这是一个简单的串联电路，当开关闭合时，减小滑动变阻器的阻值，整个电路的阻值将会减小，从而电路中的电流会增大，当电路中的电流增大到超过保险丝的熔断电流以后，保险丝会被熔断。在 Proteus ISIS 中，可以通过电路中放置的动态器件来仿真这一变化过程。

当原理图输入完成之后，通过单击仿真控制面板的全速运行按钮启动仿真。闭合开关，然后通过单击滑动变阻器右端箭头来增大整个电路的电流值。电流增大过程中保险丝的亮度会动态地变亮，直至熔断，如图 8-44 所示。

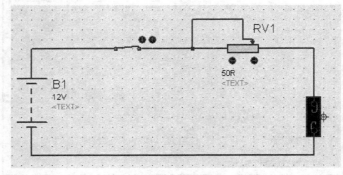

图 8-44　交互式仿真过程实例

　　也可以在串联电路中添加电流表来观察电流变化。单击绘图工具栏中的虚拟仪器图标 选中直流电流表，同添加普通元器件一样将其添加到原理图当中，并串联到电路中，在仿真过程中就可以通过虚拟电流表实时观察当前电路中电流的变化过程，如图 8-45 所示。

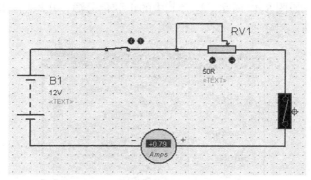

图 8-45　交互式仿真电路中电流表应用

8.3.2　Proteus ISIS 基于图表的仿真

　　图表分析可以得到整个电路的分析结果，并且可以直观地对仿真结果进行分析、同时，图表分析能够在仿真过程中放大一些特别的部分，进行一些细节上的分析。另外，图表分析也是唯一一种能够实现在实时中难以做出的分析，如交流小信号分析、噪声分析和参数扫描。

　　图表在仿真中是一个最重要的部分。它不仅是结果的显示媒介，而且定义了仿真类型。通过放置一个或若干个图表，用户可以观测到各种数据（数字逻辑输出、电压、阻抗等），即通过放置不同的图表来显示电路在各方面的特性。图 8-46 所示基于图表的仿真一般经过下面几个步骤。

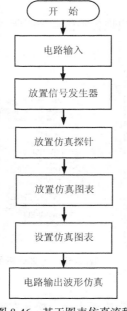

图 8-46　基于图表仿真流程

图 8-47　激励源模式下的对象选择器

在此以 8.1.4 小节中图 8-13 所示运算放大器 741 的应用电路为例做一下说明。

当电路输入完成以后，基于图表的仿真需要放置信号发生器。在这里需要的是频率为 1kHz、振幅为 1 的正弦波信号源。单击绘图工具栏中的激励源图标 ⊘，在对象选择器列表中会列出相应多种供选择的激励源，如图 8-47 所示。选择其中的正弦信号源，并添加到原理图中，并设置信号源属性，如图 8-48 所示。

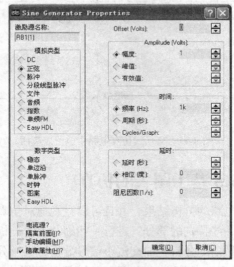

图 8-48　正弦波信号属性编辑窗口

另外需要在放大电路的输出端放置电压探针。放置完成信号源与电压探针的原理图如图 8-49 所示。

下面具体介绍基于模拟图表的电路分析与仿真的方法。

1．选择图表

单击工具箱中的图表模式按钮 ⬚，在对象选择器中将出现各种仿真分析所需的图表（如模拟、数字、混合等），如图 8-50 所示。选择模拟图表仿真图形。

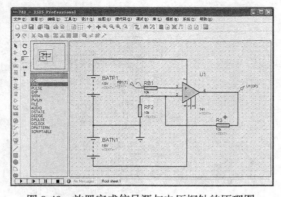

图 8-49　放置完成信号源与电压探针的原理图

图 8-50　仿真分析所需图表

2．放置图表

光标指向编辑窗口，按下鼠标左键拖出一个方框，确定方框大小后松开左键，则模拟分析图表被添加到原理图中，如图 8-51 所示。

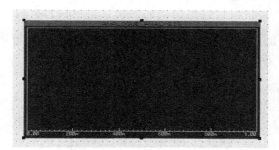

图 8-51　模拟分析图表被添加到原理图

（1）图表与其他元器件在移动、删除、编辑等方面的操作相同。

（2）图表的大小可以进行调整，其方法是：选中图表，此时图表的四周出现黑色的小方框，光标指向方框拖动即可调整图表大小。

3．放置探针

把信号发生器和探针放到图表中。每个发生器都有一个默认的自带探针，所以不需要单独为发生器放置探针。加入发生器和探针的方法有多种。这里只介绍最常用的一种。依次选中原理图中的探针或发生器，按住左键将其拖入图表中，松开左键即可完成放置。图表有左、右两条竖轴，探针或发生器靠近哪侧竖轴拖入，其名称就被放置在哪条轴上，图表中的探针和发生器名与原理图中的名称相同。

4．设置仿真图表

运行时间由 X 轴的范围确定。双击图表即可出现"编辑瞬态图表"对话框，如图 8-52 所示。设置相应的开始时间和停止时间。

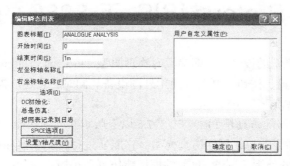

图 8-52　设置模拟仿真图表

设置完成后，单击"确定"按钮结束设置。可以在窗口中看到编辑好的图表。本例中添加的发生器和探针为 INPUT 和 OUTPUT 信号，设置停止时间为 1ms，如图 8-53 所示。

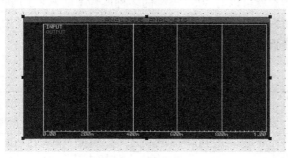

图 8-53　编辑好的图表

5．进行仿真

选择"绘图"菜单下的"仿真图表"命令或者按下空格键，电路开始仿真，图表也随着仿真的结果进行更新，仿真结果如图 8-54 所示。

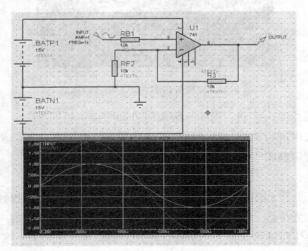

图 8-54　741 运算放大器基于图表仿真

仿真的情况可以通过"绘图"菜单下的"查看日志"命令查看。仿真日志记录最后一次的仿真情况，当仿真中出现错误时，在日志中可显示详细的出错信息。

8.4 Proteus ISIS 下 8086 的仿真

在基于微处理器系统的设计中，即使没有物理原型，Proteus 也能够进行软件开发。模型库中包含 LCD 显示器、键盘、按钮、开关等通用外围设备。同时，它还能提供的 CPU 模型有 8086、ARM7、PIC、Atmel AVR 和 8051 等。

基于 8086 微处理器的仿真是 PROTEUS 7.5 以上版本新增的功能。PROTEUS VSM 8086 是 Intel 8086 处理器的指令和总线周期仿真模型。它能通过总线驱动器和多路输出选择器电路连接 RAM 和 ROM 及不同的外围控制器。目前的模型能仿真最小模式中的所有的总线信号和器件的操作时序，但是对最大模式的支持还没有实现。此外，因为内部存储区域能被定义，所以外部总线行为的仿真不需要编程获取和数据存储读/写的操作。

通过编辑元器件对话框就可以对 8086 模型的多种属性（见表 8-3）进行修改。此外，8086 模型支持将源代码的编辑和编译整合到同一设计环境中，用户可以在设计中直接编辑代码，并可以非常容易地修改源程序并查看仿真结果。

表 8-3　　　　　　　　　　　　　　　　　　　8086 模型属性

属性	默认值	描述
时钟	1MHz	指定处理器的时钟频率。在外部时钟被选中的情况下此属性被忽略
外部时钟	NO	指定是否使用内部时钟模式，或是响应已经存在 CLK 引脚上的外部时钟信号。注意，使用外部时钟模式会明显地减慢仿真的速度

续表

属性	默认值	描述
编程	—	指定一个程序文件并加载到模型的内部存储器中。程序文件可以是二进制文件、与 MS-DOS 兼容的 COM 文件或是 EXE 格式的程序
程序段	0x0000	决定外部程序加载到内部存储器中的位置
内部存储单元	0x0000	内部仿真存储区的位置
内部存储容量	0x0000	内部仿真存储区的大小

需要说明的是：8086 模型支持直接加载 BIN、COM 和 EXE 格式的文件到内部 RAM 中去，而不需要 DOS，并且允许对 Microsoft（Codeview）和 Borland 格式中包含了调试信息的程序可以进行源和/或反汇编级别的调试，因此源码编译和链接过程的参数相当重要。

下面以简单 I/O 控制电路为例，介绍 Proteus ISIS 8086 的仿真过程。

8.4.1　编辑电路原理图

基于 8086 的简单 I/O 实验电路如图 8-55 所示。该电路利用 8086 微处理器，根据读取到的开关 K0~K7 的状态，控制发光二极管 LED0~LED7 按一定的规律发光。元件清单如表 8-4 所示。

表 8-4　　　　　　　　　　　　　　　实验电路元件清单

元件名称	所属类	所属子类	功能说明
8086	Microprocessor ICs	I86 Family	微处理器
74LS245	TTL 74LS series	Transceivers	8 路同相三态双向总线收发器
74LS373	TTL 74LS series	Flip-Flops & Latches	三态输出的八 D 透明锁存器
74154	TTL 74LS series	Decoders	4-16 译码器
74273	TTL 74LS series	Flip-Flops & Latches	八 D 型触发器（带清除端）
LED-GREEN	Optoelectrics	LEDs	绿色 LED 发光管
NOT	Simulator Primitives	Gates	非门
OR	Simulator Primitives	Gates	2 输入或门
OR_4	Modelling Primitives	Digital(Buffers & Gates)	4 输入或门
OR_8	Modelling Primitives	Digital(Buffers & Gates)	8 输入或门
RES	Resistors		电阻
SWITCH	Switchs & Relays	Switchs	开关

8.4.2　设置外部代码编译器

（1）将 masm32 文件夹（包含汇编程序 ml.exe、链接程序 link.exe 和批处理文件 masm32. bat）拷贝到 D 盘根目录下，并修改 masm32.bat 文件的有关内容。

（2）启动 PROTEUS ISIS 后，选择菜单 Source→Define Code Generation Tools 命令 ，打开如图 8-56 所示的对话框，单击 "New" 按钮后，打开如图 8-57 所示的对话框。

（3）在图 8-57 所示的对话框上，单击 "Browse" 按钮，打开 masm32 文件夹，选中 masm32.bat 文件，完成代码生成规则的设置。

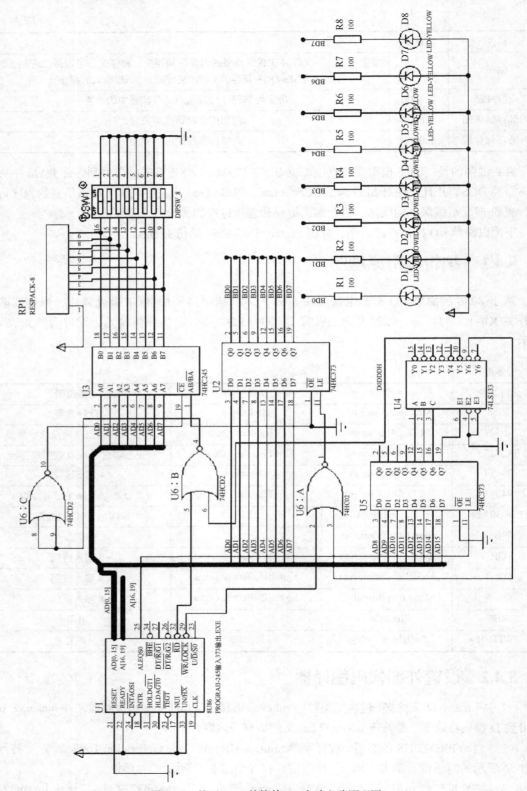

图 8-55　基于 8086 的简单 I/O 实验电路原理图

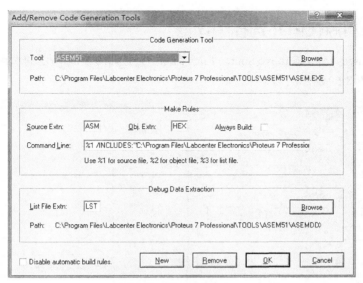

图 8-56　添加外部 8086 汇编编译器对话框

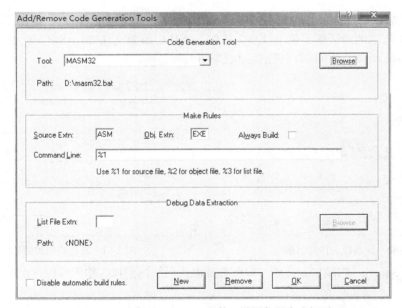

图 8-57　选中 masm32.bat 文件，设置代码生成规则

Masm32.bat 文件的内容如下（选中该文件，右键单击弹出快捷菜单，选择编辑命令，可编辑该文件）：

```
@ECHO OFF
D: \masm32\bin\ml /c /Zd /Zi %1
set str=%1
set str=%str:~0,-4%
D: \masm32\link /CODEVIEW %str%.exe,nul.map,
```

　　　　该文件第 2 行和最后一行第一项"C:\JMSOFT\Masm\bin\"是汇编文件所在的目录，可根据该文件夹在计算机中的实际位置修改这两行此处的内容。

8.4.3 添加源代码并选择编译器

选择菜单 Source->Add/Remove Source Files 命令，打开如图 8-58 所示的对话框，单击"New"按钮，即打开如图 8-59 所示的对话框。

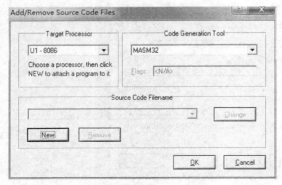

图 8-58　添加源代码并选择编译器　　　　　　　　图 8-59　添加源代码对话框

在图 8-59 所示的"文件名"文本框内输入汇编源程序的名称，如 T1，单击"打开"按钮，弹出如图 8-60 所示的对话框，单击"是"按钮，新建汇编源文件 T1.ASM。此时，回到图 8-61 所示界面。此时，可单击"OK"按钮返回原理图编辑界面。

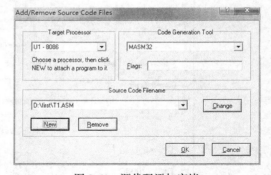

图 8-60　新建源文件对话框　　　　　　　　　图 8-61　源代码添加完毕

选择菜单 Source->T1.ASM 命令，即可打开源代码编辑窗口，输入并保存汇编源程序，如图 8-62 所示。

图 8-62　源代码编辑窗口

需要注意的是：由于 Proteus 是器件级的仿真过程，因此，汇编程序的运行仿真是在无操作系统支持的状态下进行的。所以，在仿真时，在汇编程序中不再支持 DOS 和 BIOS 调用。而且在 Proteus 下的仿真过程应该是持续的，主程序不能结束并退出运行（即使代码中的 RET 语句可以省略），必须以某种方式使得程序循环执行。本例的做法是：利用 JMP START 指令构成无条件循环结构使得仿真持续进行。

选择 Source->Build All 命令，可编译源代码。

编译成功，可见图 8-63 所示信息。

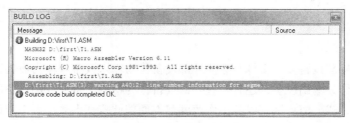

图 8-63　编译成功

习　　题

一、简答题

1. Proteus 软件有哪两部分组成，各部分的功能有哪些？

2. 交互式仿真的特点是什么？

3. 使用 Proteus ISIS 进行系统设计流程是怎样的？

4. 对比传统设计方法，说明利用 Proteus 进行嵌入式系统设计有何优势？

5. 使用 Proteus ISIS 系统调试的一般步骤是怎样的？如果想观察程序的工作过程，应该怎样做？

二、填空题

1. Proteus VSM 中的整个电路分析是在 ISIS 原理图设计模块下延续下来的，原理图中可以包含以下仿真工具，分别为_____、_____、_____和_____。

2. 图标▣代表_____。

3. 图表仿真的步骤为_____、_____、_____、_____、_____和_____。

4. Proteus 是_____国 Labcenter 公司开发的多功能 EDA 软件。

5. Proteus ISIS 可以仿真、分析各种模拟器件和集成电路，该软件的特点包括_____、_____、_____和_____。

三、画图题

试参照图 8-55 用 Proteus 画出一个有 16 个单色灯的电路图，并进行相关的程序设计，要求单色灯按走马灯形式点亮。

第 9 章
微型计算机接口技术与应用

微型计算机的外部设备多种多样，有些外部设备作为输入设备或输出设备，也有些外部设备既作为输入设备又作为输出设备，还有一些外部设备作为检测设备或控制设备。但外部设备之间因工作原理、驱动方式、信息格式以及工作速度等方面彼此差别很大，每一类设备本身可能又包括了多种工作原理不同的具体设备，所以不能与 CPU 直接相连，必须通过接口设备来完成。

9.1　接　口　概　述

一个具体设备所使用的信息可能是数字式的，也可能是模拟式的，而非数字式信号必须经过转换，使其成为对应的数字信号才能送到计算机总线。这种将模拟信号变为数字信号或者反过来将数字信号变为模拟信号的功能是由接口设备来完成的。

有些外部设备的信息是并行的，有些外部设备的信息是串行的。串行设备只能接收和发送串行的数字信息，而 CPU 却只能接收和发送并行信息。这样，串行设备必须通过接口将串行信息变为并行信息，才能送给 CPU；反之将 CPU 送出的并行信息变为串行信息，才能送给串行设备。这种变换由串行接口来完成。

一个外部设备不能长期和 CPU 相连，只有被 CPU 选中的外部设备，才接收数据总线上的数据或者将外部信息送到数据总线上。因为 CPU 通过总线要和多个外部设备打交道，而在同一个时刻 CPU 通常只和一个外部设备交换信息。

外部设备的工作速度通常比 CPU 的速度低得多，而且各种外部设备的工作速度互不相同，这就要求接口电路对输入/输出过程能起一个缓冲和联络的作用。

9.1.1　接口及相关概念

接口位于系统与外部设备之间，用来协助完成数据传送和控制任务的逻辑电路被称为 I/O 接口电路，通过接口电路对输入/输出过程起一个缓冲和联络的作用。

接口技术将连接计算机系统中的各种功能部件，构成一个完整的、实用的计算机系统。实现处理器到系统总线连接的总线驱动器、数据收发器、时钟电路等称为处理器接口。此外，还有 RAM 接口、ROM 接口、外部设备接口等。更为流行的观点认为接口技术是把由处理器、RAM、ROM 等组成的基本系统与外部设备连接起来，从而实现计算机与外部世界通信的一门技术，即仅指 I/O 设备接口技术。

接口是 CPU 与外界的连接电路，并非任何一种电路都可以称为接口，必须具备相应的条件或功能，因此接口电路应具有如下功能。

（1）寻址能力：对送来的片选信号进行识别。

（2）输入/输出功能：根据读/写信号决定当前进行的是输入操作还是输出操作。

（3）转换功能：串行与并行数据格式之间的转换，数字量与模拟量之间的转换。

（4）联络功能：选通信号、就绪信号、忙信号、复位信号等。

（5）中断管理：发出中断请求信号，接收中断响应信号，发送中断类型码的功能，并具有优先级管理功能。

（6）可编程：用软件来决定工作方式，用软件来设置有关的控制信号。

（7）错误检测：一类是传输错误，另一类是覆盖错误。

（8）具有对输入/输出数据进行缓冲、隔离和锁存缓冲数据的传送功能，以实现高速 CPU 与慢速 I/O 设备之间数据传送时取得同步。

（9）具有定时／计数功能，以满足总线对数据传送的时序要求等。

接口电路还为 CPU 和 I/O 设备之间提供联络，为 I/O 端口提供寻址功能。总之，I/O 接口的功能就是完成数据、地址和控制三总线的转换和连接。

9.1.2　接口的 I/O 端口与系统的连接

CPU 和外部设备进行数据传输时，各类信息在接口中进入不同的寄存器，一般称这些寄存器为 I/O 端口。每个端口有一个端口地址。

接口部件的 I/O 端口包括数据端口、控制端口和状态端口。对来自 CPU 和内存的数据或者送往 CPU 和内存的数据起缓冲作用的端口称为数据端口。用来存放外部设备或者接口部件本身的状态的端口称为状态端口。用来存放 CPU 发出的命令，以便控制接口和设备的动作的端口称为控制端口，如图 9-1 所示。

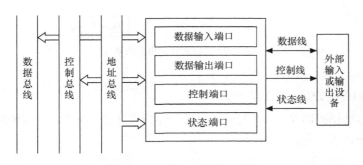

图 9-1　I/O 接口中的端口分类

（1）无论是输入还是输出，所用到的地址总是对端口而言的，不是对接口部件而言的。

（2）为了节省地址空间，将数据输入端口和数据输出端口对应同一个端口地址。同样，状态端口和控制端口也常用同一个端口地址。

（3）CPU 对外部设备的输入/输出操作归结为对接口芯片各端口的读/写操作。

1. I/O 接口信息分类

CPU 与 I/O 设备之间的信号有 3 类。

（1）数据信息包括 3 种形式：数字量、模拟量 、开关量。

（2）状态信息是外部设备通过接口往 CPU 传送的，如"准备好"（READY）信号、"忙"（BUSY）信号。

（3）控制信息是 CPU 通过接口传送给外部设备的，如外部设备的启动/停止信号就是常见的控制信息。

2．I/O 接口与系统的连接

接口电路位于 CPU 与外部设备之间，从结构上看，可以把一个接口分为两部分。

（1）用于和 I/O 设备相连。

（2）用于和系统总线相连，这部分接口电路结构类似，连在同一总线上。图 9-2 所示是一个典型的 I/O 接口和外部电路的连接图。

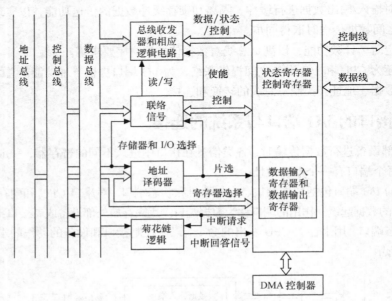

图 9-2　I/O 接口和外部电路的连接图

联络信号如下。

读/写信号：以便决定数据传输方向。

片选信号：地址译码器除了接收地址信号外，还用来区分 I/O 地址空间和内存地址空间的信号（ M/$\overline{\text{IO}}$ ）用于译码过程。

（1）一个接口通常有若干个寄存器可读/写。

（2）一般用 1～2 位低位地址结合读/写信号来实现对接口内部寄存器的寻址。

9.2　并行 I/O 接口

并行通信就是把一个字符的 n 位同时用几条数据线进行传输，即每一位数据位占用一条数据线进行传输。传输速度快，但使用的通信电缆多，随着传输距离的增加，电缆的开销会成为突出的问题，所以，并行通信用在传输速率要求较高而传输距离较短的场合。

图 9-3 是一个典型的并行接口和外部设备连接的示意图。图中的并行接口是一个双通道的并

行接口，包括输入锁存寄存器、输出缓冲寄存器、控制寄存器和状态寄存器。

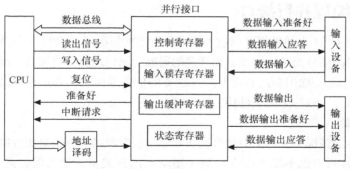

图 9-3 典型的并行接口和外部设备连接的示意图

9.2.1 并行接口的功能与特点

1. 并行接口功能

一般而言，一个并行接口电路应具有以下 3 个方面的功能。

（1）实现与系统总线的连接，提供数据的输入/输出功能。

（2）实现与 I/O 设备的连接，具有与 I/O 设备进行应答的同步机构，保证有效地进行数据的接收/发送。

（3）中断请求与处理功能，使数据的输入/输出可以采用中断的方法来实现功能。

2. 并行接口的特点

（1）并行接口是在多根数据线上，以数据字节（字）为单位与输入/输出设备或被控对象传送信息的。

（2）并行接口的"并行"含义是指接口与 I/O 设备或被控对象一侧的并行数据线。

（3）并行传送的信息不要求固定的格式。

（4）从并行接口的电路结构来看，并行接口有硬线连接接口和可编程接口之分。

3. 并行接口内部结构及信号

（1）并行接口电路内由数据寄存器、控制寄存器、状态寄存器和其他控制电路等组成。

（2）并行接口电路的外部信号由数据信号、控制信号、状态信号、地址译码信号、读/写信号、中断申请与应答信号等组成。

在实际应用中，在 CPU 与外部设备之间同时需要两位以上信息传送时，就要采用并行接口。由于各种 I/O 设备和被控对象多为并行数据线连接，CPU 用并行接口来组成应用系统很方便，故使用十分普遍。

9.2.2 并行接口的分类

常用的并行接口电路有以下两大类：

一类是非编程的接口电路，如 74LS244/245、74LS273/373、8212 等。硬线连接接口的工作方式及功能用硬线连接来设定，用软件编程的方法不能加以改变。特点是电路简单、使用方便；缺点是使用不够灵活，一旦硬件连接以后，功能很难改变。

另一类是可编程接口，接口的工作方式及功能可以用软件编程的方法加以改变。其特点是使用灵活，可以在不改变硬件的情况下，通过软件编程来改变电路的功能。

9.2.3　非编程并行接口

在外部设备与 CPU 交换数据之前就处于准备就绪的情况下，CPU 与外部设备之间的并行数据传送并不需要联络信号而进行同步，如开关的通断、阀门的打开与闭合、继电器的吸合与释放等。CPU 可以通过输入/输出口随时读取外部设备的信息或向它们发送控制命令，我们把这类接口称为简单并行接口，或称为无条件传送方式接口。

1. 简单并行输入

在输入量稳定的情况下，当微型计算机在收集被控对象的状态信息而控制量不变时，状态信息在一个较长的时间内也不发生改变。当一组设定的开关量为输入时，此时可以采用三态门 74LS244/74LS245 直接读取，如图 9-4 所示。为了实现输入锁存常采用 74LS374 等芯片，它内部含有 8 位锁存器的三态缓冲器，可作为并行输入接口。

（1）74LS244/74LS245 概述

74LS244/74LS245 为三态输出的 8 组缓冲器和总线驱动器，经常用作三态数据缓冲器。74LS244 为单向三态数据缓冲器，而 74LS245 为双向 8 路三态数据缓冲器，主要使用在数据的双向缓冲，增强驱动能力，也常见于 ISA 卡的接口电路。

（2）74LS244/74LS245 引脚及内部逻辑图

74LS244 的内部有 8 个三态驱动器，分成两组，分别由控制端 $\overline{1G}$ 和 $\overline{2G}$ 控制；74LS245 有 16 个三态驱动器，每个方向 8 个。在控制端 $\overline{G}$ 有效时（$\overline{G}$ 为低电平），由 DIR 端控制驱动方向：DIR 为"1"时，方向从左到右（输出允许）；DIR 为"0"时，方向从右到左（输入允许）。74LS244/74LS245 的引脚及内部逻辑如图 9-4 和图 9-5 所示。其相关功能见表 9-1。

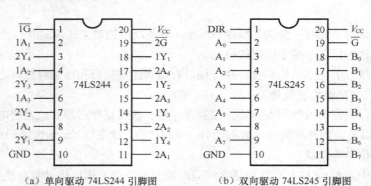

（a）单向驱动 74LS244 引脚图　　　（b）双向驱动 74LS245 引脚图

图 9-4　74LS244/74LS245 引脚图

74LS244 引脚功能		74LS245 引脚功能	
$1A_1 \sim 1A_4$，$2A_1 \sim 2A_4$	数据输入端	DIR	端控制驱动方向
$\overline{1G}$，$\overline{2G}$	三态允许端（低电平有效）	$\overline{G}$	三态允许端（低电平有效）
$1Y_1 \sim 1Y_4$，$2Y_1 \sim 2Y_4$	数据输出端	$A_0 \sim A_7$	数据输入端
GND	接地端	$B_0 \sim B_7$	数据输出端
V_{CC}	电源	GND	接地端
		V_{CC}	电源

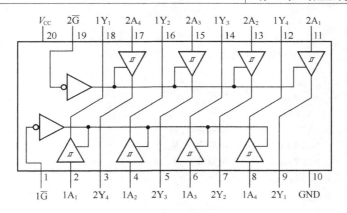

（a）74LS244 内部逻辑图

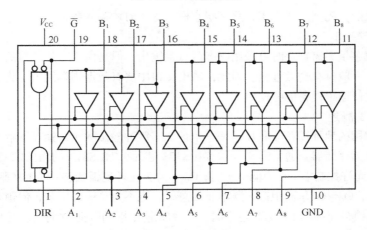

（b）74LS245 内部逻辑图

图 9-5　74LS244/74LS245 内部逻辑图

表 9-1　　　　　　　　　　　　　　74LS244/74LS245 功能表

74LS244 功能表			74LS245 功能表		
输入		输出	输入		输出
$\overline{G}$	A	Y	G	DIR	
L	L	L	L	L	B->A
LH	H	H	L	H	A->B
H	X	高阻态	H	X	高阻态

（3）应用举例

【例 9-1】　利用 74LS244/74LS245 作并行输入。

因为 74LS244/74LS245 输出有三态缓冲，所以可直接挂在总线上，一般用于并行接口输入。设一组指拨开关，利用查询方式，把开关上的数据读入 SI 间址的内存数据区中，起始逻辑地址为 1000H，要求取 10 个数，已知端口为 93H，逻辑图如图 9-6 所示。

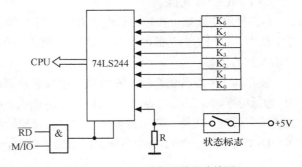

图 9-6　74LS244 与开关的连接图

程序如下：

```
        MOV     SI,000H
        MOV     CL,10
JAS:
        IN      AL,93H      ;状态
        AND     AL,80H      ;保留 D7 位值
        JZ      JAS         ;如果为 0,待
        IN      AL,93H      ;如果为 1,取开关数
        AND     AL,7FH      ;保留读数据
        MOV     [SI],AL
        INC     S2
        LOOP    JAS
        JMP     $
```

在输入数据之前，先查状态标志，只有状态标志为 1 时才输入数据。

2．简单并行输出

虽然输出的数字量无需锁存时可采用三态门直接输出，但是由于微处理器的信息出现在数据总线的时间很短，一般只有毫微秒级。因此，输出接口中要有数据锁存能力，将输出的数据保持足够长的时间，以便输出设备能够使用。

（1）74LS373 概述

74LS373 是常用的地址锁存器芯片，是一个带三态缓冲输出的 8D 锁存器触发器。在计算机系统中为了扩展外部存储器，通常需要 3 块 74LS373 芯片，74LS373 的输出端 $O_0 \sim O_7$ 可直接与总线相连。当三态允许控制端 OE 为低电平时，$O_0 \sim O_7$ 为正常逻辑状态，可用来驱动负载或总线。当 OE 为高电平时，$O_0 \sim O_7$ 呈高阻态，既不驱动总线，也不为总线的负载，但锁存器内部的逻辑操作不受影响。当锁存允许端 LE 为高电平时，$O_0 \sim O_7$ 输出端随数据 D 而变。当 LE 为低电平时，O 被锁存在已建立的数据电平中。LE 端施密特触发器的输入滞后作用使交流和直流噪声抗扰度被改善 400mV。锁存允许输入有回环特性。

（2）内部逻辑结构及引脚

74LS373 引脚图与结构逻辑原理图、电路连接如图 9-7 所示。

（3）74LS373 引脚功能

$D_0 \sim D_7$：数据输入端。

OE：三态允许控制端（低电平有效）。

LE：锁存允许端。

$O_0 \sim O_7$：输出端。

（4）74LS373 功能表

OE 输出使能端，接地，低电平有效，当 1 脚是高电平时，输出全部呈现高阻状态（或者称浮空状态）；当 1 脚是低电平时，只要 11 脚（锁存控制端，G）上出现一个下降沿，输出立即呈现输入脚的状态。

锁存端 LE 由高变低时，输出端 8 位信息被锁存，直到 LE 端再次有效。当三态门使能信号 OE 为低电平时，三态门导通，允许 $Q_0 \sim Q_7$ 输出，OE 为高电平时，输出悬空。当 74LS373 用作地址锁存器时，应使 OE 为低电平，此时锁存使能端 C 为高电平时，输出 $Q_0 \sim Q_7$ 状态与输入端 $D_1 \sim D_7$ 状态相同；当 C 发生负跳变时，输入端 $D_0 \sim D_7$ 数据锁入 $Q_0 \sim Q_7$。

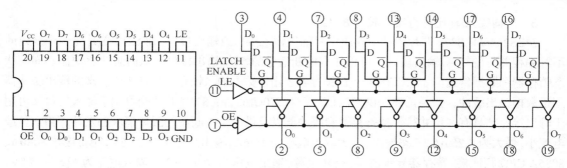

（a）74LS373 引脚图　　　　　　　　　　（b）74LS373 内部结构图

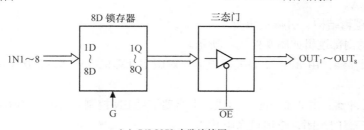

（c）74LS373 电路连接图

图 9-7　74LS373 示意图

　　G 为数据输入端。当 G="1"时，74LS373 输出端（1Q～8Q）与输入端（1D～8D）相同；当 G="0"时，数据输入锁存器中。

　　74LS373 真值与功能表如表 9-2 所示。

表 9-2　　　　　　　　　　　　　　74LS373 真值及功能表

74LS373 真值表				74LS373 功能表		
D_n（H）	LE（H）	$\overline{OE}$（H）	O_n（H）	E	G	功　　能
L	H	L	L	0	0	直通 $Q_i = D_i$
X	L	L	Q_0	0	1	保持（Q_i 保持不变）
X	X	H	高阻浮空态	1	X	输出高阻

（5）应用举例

【例 9-2】　用 74LS373 点亮 LED。

　　如图 9-8 所示，74LS373 外接 8 只发光二极管 LED，试使 H、L 轮流交替点亮，设端口地址为 70H，程序如下：

```
TOP: MOV       AL,05H
     OUT       70H,AL
     CALL      DELAY
     OUT       70H,AL
     CALL      DELAY
     JMP       TOP
DELAY: MOV     SI,50000
       DEL     S2
DLY: JNZ       DLY
     RET
```

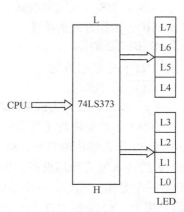

图 9-8　74LS373 与 LED 的连接

3. 双向输入/输出并行接口芯片 8212

74LS244/74LS373 芯片内部电路决定只能做输入接口或输出接口，而 8212 芯片是一个 8 位的不可编程并行的输入/输出接口，可用作有中断请求的输入/输出接口、双向总线驱动器、周期状态锁存器和数据传送门。它带有 8 个 D 锁存器，用于数据输入锁存，又有 8 个三态的输出缓冲器用于数据输出缓冲，只要正确提供控制信号，对 CPU 而言，8212 芯片既可用于输入接口又可用于输出接口，具有 8 位并行数据寄存器和缓冲器以及供产生中断用的服务请求触发器，输入负载电流小，最大为 0.25mA，三态输出，最大输出电流为 15mA，输出高电平为 3.65V，能直接与 8080A、8085A CPU 相连接，寄存器异步清零，+5V 电源，输出电压为 −0.5～+7V，输入电压为 −0.5～+5.5V，工作电流 130mA。

（1）内部逻辑结构、引脚及功能

① 8212 的内部逻辑如图 9-9（b）所示。

- 数据锁存器：由 8 个 D 触发器组成，对微型计算机或外部设备送来的数据锁存，由时钟 CP 控制。

- 输出缓冲器：由 8 个三态门组成，由启动信号 EN 控制。EN=1，锁存器数据输出到 D_{07}～D_{00}；EN=0，三态门关闭，输出呈高阻状态。

- 控制逻辑电路：对锁存器的时钟脉冲 CP、三态门的启动信号 EN 及中断请求信号进行控制。

第 N 位锁存器和缓冲器产生 EN 信号，或门 MD =1 或 $\overline{DS_1} \cdot DS_2$=1，MD 为工作方式信号，$DS_1$、$DS_2$ 为片选信号。MD=1 时，由片选信号产生 CP 信号；MD=0 时，由选通信号 STB 产生 CP 信号。

中断请求信号的产生接口中有一个中断触发器 IRFFD 端接地，外部设备选通信号 STB 可以使其置 0，Q 端输出低电平产生 INT 中断请求信号。CPU 响应中断后，发出 DS_1、DS_2 信号使缓冲门打开，数据锁存器的数据输出到输出线上，同时使 IRFF 置 1，等到片选信号消失，INT 撤销 CLR 清除信号可使 IRFF 复位。

② 8212 芯片引脚如图 9-9（a）所示。

DI_1～DI_8：数据输入线。

DO_1～DO_8：数据输出线。

$\overline{DS_1}$、$\overline{DS_2}$：设备选择线。

MD：工作方式选择线。

STB：选通线。

$\overline{INT}$：中断申请线。

$\overline{CLR}$：清零端。

（2）8212 的工作方式功能表

8212 芯片有两种工作方式，由 MD 信号进行选择，MD=1 为输出方式，MD=0 为输入方式。8212 作为输出端口时，8212 的输入端接系统总线，输出端接外部设备。作为输入接口时，8212 的输入端接外部设备数据线，输出端接系统总线。也可以用两片 8212 组成输入/输出端口，一个是输入端口，一个是输出端口，用一条信号线的 I/O 状态控制片选。如果把中断请求信号用上，8212 的 INT 与 CPU 的 INT 连接就是带中断的并行端口。8212 的工作方式功能如表 9-3 所示。

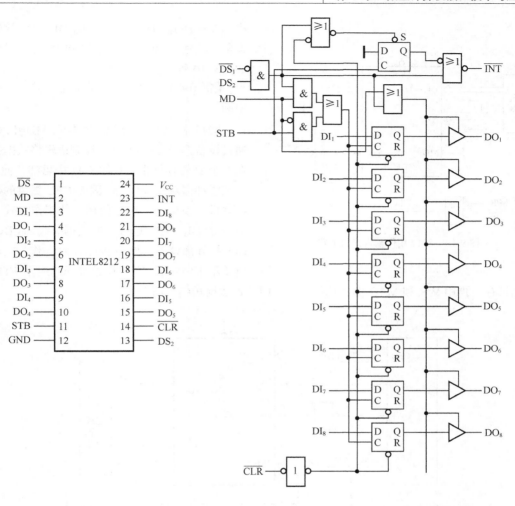

（a）Intel 8212 引脚图　　　　　　　　　　　　（b）Intel 8212 内部结构图

图 9-9　8212 引脚/内部结构图

表 9-3　　　　　　　　　　　　　　　　　8212 功能表

STB	MD	$\overline{DS_1}$，DS_2	EN	WR	工　作　方　式
0	0	0	0	0	不入不出
1	0	0	0	1	只入不出
0	1	0			
1	1	0	1	0	只出不入
0	0	1			
1	0	1			
0	1	1	1	1	直　　通
1	1	1			

（3）8212 芯片的应用

【例 9-3】　8212 芯片用于输入接口（不带中断）。

在输入方式下，外部设备数据准备好之后向 8212 发出一个高电平信号作为 STB，从而将 DI_1～DI_8 上的数据锁存在 8 个 D 锁存器中，CPU 通过设备选择 $\overline{DS_1}$、DS_2 控制逻辑允许数据进入数据

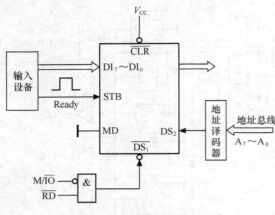

图 9-10　8212 用作输入接口电路

线 $DO_1 \sim DO_8$。此时，8212 的 $DI_1 \sim DI_8$ 接外部设备，数据线 $DO_1 \sim DO_8$ 接 CPU 的数据总线，如图 9-10 所示。

【例 9-4】　8212 芯片用于输出接口（不带中断）。

8212 芯片工作在输出方式下，MD=1，CPU 通过设备选择 $\overline{DS_1}$ 和 DS_2 控制逻辑将数据锁存在 8 个 D 锁存器中。从图 9-11 中可知，此时，三态缓冲器总是开启的，因而 CPU 提供的数据可立即提供给外部设备使用。此工作方式下，8212 的 $DI_1 \sim DI_8$ 接 CPU 的数据总线，而 $DO_1 \sim DO_8$ 接外部设备，如图 9-11 所示。作为输出端口（不带中断），CPU 用地址译码线作 STB 将数据锁存，再用 WR 和 M/IO 作片选打开三态门，把数据送到外部设备。

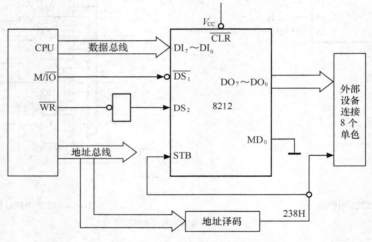

图 9-11　8212 用作输出接口电路

下面的程序可以实现单色灯亮一会灭一会的功能。

```
CODE        SEGMENT
            ASSUME      CS:CODE
START:
            MOV         DX,238H
            MOV         AL,00H
            OUT         DX,AL
            CALL        DELAY
            MOV         AL,0FFH
            OUT         DX,AL
            JMP         START
DELAY:
            MOV         SI,100
    D_1:
            MOV         DI,1000
    D_2:
            DEC         DI
```

```
          JNZ              D_2
          DEC SI
          JNZ              D_1
          RET
CODE      ENDS
          END              START
```

（4）8212 芯片作为双向总线驱动器

将两片 8212 组成如图 9-12 所示的双向总线驱动器。通过方向控制信号 D 来控制它们的工作。当 D = 0 时，上面一片 8212 被选中，数据直通缓冲器输出，而下面一片 8212 的输出缓冲器处于高阻态，故数据从 A 端到 B 端；当 D = 1 时，下面一片 8212 被选中，上面一片 8212 处于高阻态，故数据从 B 端到 A 端。

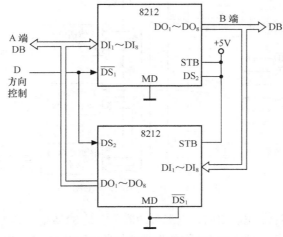

图 9-12　8212 作双向总线缓冲器

9.2.4　可编程并行接口芯片 8255A 概述

Intel 8255A 是一个通用的可编程并行接口芯片，有 3 个并行 I/O 口，又可以通过编程设置多种输入/输出工作方式，价格低廉，通用性强，使用方便，具有广泛的适应性及很高的灵活性，在微型计算机系统中得到广泛应用。

1. 8255A 的基本特性

（1）8255A 具有两个 8 位（A 和 B 口）和两个 4 位（C 口高/低 4 位）并行输入/输出端口。它为 Intel 系列 CPU 与外部设备之间提供 TTL 电平兼容的接口，如打印机、A/D 转换器、D/A 转换器、键盘、步进电机以及需要同时两位以上信息传送的并行接口。并且它的 PC 口还具有按位置位/复位功能，为按位控制提供了强有力的支持。

（2）8255A 能适应 CPU 与 I/O 接口之间的多种数据传送方式的要求，如无条件传送、应答方式（查询）传送、中断方式传送，与此对应，8255A 设置了工作方式 0、工作方式 1 及工作方式 2（双向传送）。

（3）8255A 可执行功能很强，内容丰富的两条命令（方式字和控制字）为用户如何根据外界条件（I/O 设备需要哪些信号线以及能提供哪些状态线）来使用 8255A 构成多种接口电路并组建微型计算机应用系统提供了灵活方便的编程环境。8255A 执行命令过程中和执行命令完毕之后所产生的状态保留在状态字中，以供查询。

（4）8255A PC 口的使用比较特殊，除作数据口外，当工作在方式 1 和方式 2 时，它的部分信号线被分配作专用联络信号。PC 口还可以进行按位控制，在 CPU 取 8255A 状态时，PC 口又作方式 1 和方式 2 的状态口用。

（5）8255A 芯片内部主要由控制寄存器、状态寄存器和数据寄存器组成。因此，以后的编程主要也是对这 3 类寄存器进行访问。

2. 8255A 的内部结构

8255A 由 4 部分组成，如图 9-13 所示。

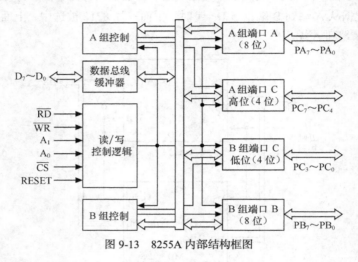

图 9-13　8255A 内部结构框图

（1）数据总线缓冲器：8 位、双向、三态缓冲器。它是 8255A 与 CPU 系统数据总线的接口。CPU 通过输入/输出指令来实现对所有数据的发送与接收，以及 CPU 发出的控制字和从 8255A 送来的状态信息都是通过该缓冲器传送的。

（2）8255A 有 3 个 8 位输入/输出端口（PORT）PA、PB 和 PC，各端口都可以由程序设定为不同的工作方式。每个端口都有一个数据输入寄存器和一个数据输出寄存器，输入时，端口有三态缓冲器的功能；输出时，端口有数据锁存器功能。

通常将端口 PA 与端口 PB 用作输入/输出的数据端口，端口 PC 用作控制或状态信息的端口。在实际应用中，PC 口的 8 位分为上下两部分（各 4 位，方式 0），也可以分成一个 5 位端口和一个 3 位端口（方式 1）来使用，分别与端口 PA 和端口 PB 配合，用作控制信号（输出）或状态信号（输入）。

PA 口：独立的 8 位 I/O 口 $PA_0 \sim PA_7$，具有对数据输入/输出的锁存功能。

PB 口：独立的 8 位 I/O 口 $PB_0 \sim PB_7$，仅具有对输出数据的锁存功能。

PC 口：可以看作是一个独立的 8 位 I/O 口。$PC_0 \sim PC_7$ 仅对输出数据进行锁存。

（3）A 组和 B 组的控制电路。这是两组根据 CPU 命令控制 8255A 工作方式的电路，这些控制电路内部设有控制寄存器，可以根据 CPU 送来的编程命令来控制 8255A 的 PA、PB 和 PC 这 3 个端口的工作方式，接收来自读/写控制逻辑的命令，并向与其相连的端口发出适当的控制信号。也可以根据编程命令来对 PC 口的指定位进行按位置位/复位的操作。

A 组控制电路用来控制 PA 口和 PC 口的高 4 位（$PC_7 \sim PC_4$）。

B 组控制电路用来控制 PB 口和 PC 口的低 4 位（$PC_3 \sim PC_0$）。

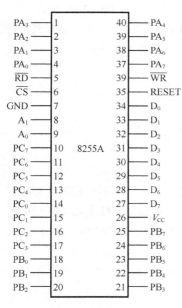

图 9-14　8255A 引脚

（4）读/写控制逻辑。读/写控制逻辑电路负责管理 8255A 的数据传输方向及过程，由读信号 $\overline{RD}$、写信号 $\overline{WR}$、选片信号 $\overline{CS}$ 以及端口选择地址 A_1A_0 等组成。它接收片选信号 $\overline{CS}$ 及系统读信号 $\overline{RD}$、写信号 $\overline{WR}$、复位信号 RESET，还有来自系统地址总线的端口地址选择信号 A_0 和 A_1。向 8255A 的 A、B 两组控制部件发送命令，以便把 CPU 的控制命令或输出数据送到相应的端口，或把外部设备的信息或输入数据从相应的端口送到 CPU。

3．8255A 引脚

8255A 是一个单 +5V 电源供电，40 个引脚的双列直插式的芯片，其引脚如图 9-14 所示。

引脚信号可以分为两组：一组是面向 CPU 的信号；一组是面向外部设备的信号。

（1）面向 CPU 的引脚信号及功能。

$D_0\sim D_7$ 数据线：8 位，双向，三态数据线，用来与系统数据总线相连。CPU 通过它向 8255A 发送命令、数据；8255A 通过它向 CPU 回送状态、数据。

$\overline{CS}$ 片选信号：低电平有效。由系统地址译码器产生，用以选择 8255A 的内部端口。只有当 $\overline{CS}$ 为 "0" 时，8255A 芯片才工作。当 $\overline{CS}$ 为高电平时，8255A 芯片未选中，不工作。

$A_1\sim A_0$ 内部端口地址选择输入信号线（端口选择）。与系统的地址总线低位相连。8255A 内部共有 4 个端口：PA 口、PB 口、PC 口和控制口，两位地址，可形成片内 4 个端口地址。

- $A_1A_0=00$ 时，选中端口 PA。
- $A_1A_0=01$ 时，选中端口 PB。
- $A_1A_0=10$ 时，选中端口 PC。
- $A_1A_0=11$ 时，选中控制口。

控制信号 $\overline{CS}$、$\overline{RD}$、$\overline{WR}$ 以及 A_1A_0 与 8255A 各端口的操作关系如表 9-4 所示。

$\overline{RD}$：读信号，输入，低电平有效，控制 8255A 将数据或状态信息送给 CPU（从外部设备输入的数据）。

$\overline{WR}$：写信号，输出，低电平有效，控制 CPU 将数据或控制信息送到 8255A（向外部设备输出的数据）。

表 9-4　　　　　　　　　　　　　　8255A 的操作功能表

$\overline{CS}$	$\overline{RD}$	$\overline{WR}$	A_1	A_0	操　作	数据传送方式
0	0	1	0	0	读 A 口	PA 口数据 → 数据总线
0	0	1	0	1	读 B 口	PB 口数据 → 数据总线
0	0	1	1	0	读 C 口	PC 口数据 → 数据总线
0	1	0	0	0	写 A 口	数据总线数据 →PA 口
0	1	0	0	1	写 B 口	数据总线数据 →PB 口
0	1	0	1	0	写 C 口	数据总线数据 →PC 口
0	1	0	1	1	写控制口	数据总线数据 → 控制口

RESET：复位信号，高电平有效，用来清除 8255A 的内部寄存器，并置 PA 口、PB 口、PC 口均为输入方式。输出寄存器和状态寄存器被复位，并且屏蔽中断请求。24 条 I/O 线呈现高阻悬浮状态。这种状态一直维持，直到用方式命令改变，使其进入用户所需的工作方式。

（2）面向外部设备的引脚信号及功能。

PA$_0$～PA$_7$：A 组输入/输出数据线，用来连接外部设备。

PB$_0$～PB$_7$：B 组输入/输出数据线，用来连接外部设备。

PC$_0$～PC$_7$：C 组输入/输出数据线，用来连接外部设备或者作为控制信号。

9.2.5 8255A 的初始化编程

8255A 有两个控制字：工作方式控制字和对 PC 口按位置位/复位控制字。两个控制字都是写入 8255A 的同一个控制端口，为了使 8255A 能识别是哪一个控制字，控制字需要采用特征位的方法。控制字中最高位 D$_7$ 为特征位，当 D$_7$=1 时，表示当前控制字是工作方式控制字；当 D$_7$=0 时，表示当前控制字是 PC 口的按位置位/复位控制字。

（1）工作方式控制字。工作方式控制字的作用是指定 3 个并行端口（PA、PB、PC）的工作方式及端口功能，即是作为输入端口还是作为输出端口。

工作方式控制字的格式及每位的定义如图 9-15 所示。

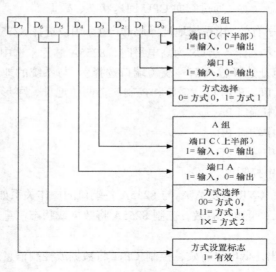

图 9-15　8255A 工作方式控制字

【例 9-5】 8255A 工作方式控制的用法。

端口 PA 设定为方式 1，输出；端口 PB 设定为方式 0，输入；端口 PC 上半部给端口 PA，下半部设定为输出，则方式选择控制字为 10101010B=AAH。

若将此控制字内容写入 8255A 的控制寄存器，即实现了对 8255A 工作方式的设定，就是完成了对 8255A 的初始化。设控制口地址为 303H，初始化的程序段如下：

```
MOV  DX,03H     ;255A 的控制口地址
MOV  AL,0AAH    ;初始化（工作方式）控制字
OUT  DX,AL      ;控制字写入控制端口
```

（2）PC 口按位置位/复位控制字。按位置位/复位控制字的作用是使指定 PC 口的某一位输出为高电平或低电平，以用于控制或应答信号。按位置位/复位控制字的格式如图 9-16 所示。

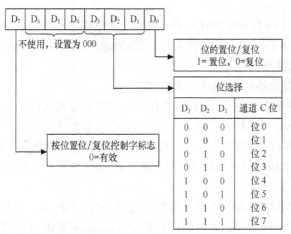

图 9-16　PC 口按位置位/复位控制字

利用按位置位/复位控制字可以使 PC 口的 8 根线中的任意一根置成高电平输出或低电平输出。

【例 9-6】　PC 口置位/复位控制字的用法。

若要使 PC 口的 PC$_4$ 端输出高电平，则按位置位/复位控制字应为 00001001B=09H，将该控制字写入 8255A 的控制寄存器，即可在 PC$_4$ 引脚得到一个高电平的操作。设控制口地址为 0303H，则程序段如下：

```
MOV  DX,3H           ;8255A 控制口地址
MOV  AL, 09H         ;控制字，PC₄置 1
OUT  DX, AL          ;控制字写入控制端口
```

如果要使该引脚（PC$_4$）复位，则用下列程序段实现：

```
MOV  Dx,303H         ;8255A 控制口地址
MOV  AL,08H          ;使 PC₄复位的控制字
OUT  DX,AI           ;送到控制口
```

按位置位/复位命令产生的输出信号可作为控制开关的通/断、继电器的吸合/释放、电机的启/停等操作的选通信号。

另外，在后面将要讨论的 8255A 的状态字中的中断允许位 INTE 的置位和复位，即允许/禁止 8255A 提出中断，也是采用这个按位控制的命令字来实现的。

9.2.6　8255A 的工作方式

8255A 有 3 种工作方式，用户可以通过工作方式控制字（编程）来设置。

方式 0：基本的输入/输出方式（无条件传送方式），PA、PB、PC 端口均可。

方式 1：选通输入/输出方式（中断方式），PA、PB 端口均可。

方式 2：双向传输方式（中断方式），只有 PA 端口才有。

在方式 1 工作时，工作方式控制字总是把 PA、PB、PC 3 个端口分为两组来设定工作方式。其中，PA 组为端口 PA 和端口 PC 的高 4 位（$PC_7 \sim PC_4$）；B 组为端口 PB 和端口 PC 的低 4 位（$PC_3 \sim PC_0$）。

端口 PA 可工作于 3 种方式中的任一种。端口 PB 只能工作于方式 0 或方式 1。在方式 0 时，端口 PC 可以分成 2 个 4 位端口，用作数据输入/输出端口；还可以分别用来为 PA 端口、PB 端口输入/输出时提供控制信号和状态信号。

1. 工作方式 0：基本的输入/输出工作方式

（1）方式 0 是一种基本的输入/输出工作方式，不需要应答式的联络信号，基本功能如下。

3 个端口（PA、PB、PC）中任何一个端口部可以作为输入或输出端口。24 条 I/O 线全部由用户分配功能，不设置专用联络信号。这种方式不能采用中断和 CPU 交换数据，只能用于简单（无条件）传送或应答（查询）传送。输出数据可被锁存，输入数据只有缓冲能力而无锁存功能。

执行方式 0 输入操作时，若外部设备数据已经准备好，CPU 就可以用输入指令从这个端口读入数据。执行方式 0 输出操作时，由输出指令把 CPU 的数据输出给外部设备，在 CPU 执行 OUT 指令以后，输出数据就锁存在相应的端口上。因此，工作方式 0 下，8255A 在输入操作时相当于一个三态缓冲器，在输出操作时相当于一个数据锁存器。

（2）方式 0 下，8255A 分成彼此独立的两个 8 位和两个 4 位并行接口，这 4 个并行接口都能被指定作为输入或者输出，共有 16 种不同的使用组态。需要特别强调的是，在方式 0 下，只能把 PC 口的高 4 位为一组或低 4 位为一组同时输入或输出，不能再把 4 位中的一部分用作输入而另一部分用作输出。

（3）端口信号线之间无固定的时序关系，由用户根据数据传送的要求决定输入/输出的操作过程。方式 0 没有设置固定的状态字。

（4）单向 I/O，一次初始化只能指定端口用作输入或输出，不能指定端口同时既用作输入又用作输出。

（5）方式 0 适合于两种情况：一种是无条件传送；另一种是查询方式传送。

在无条件传送时，发送方和接收方不需要应答信号。在这种情况下，对接口要求很简单，只要能够传送数据就可以。因此，在无条件传送使用 8255A 时，3 个数据端口可以实现 3 路数据传输。

方式 0 不提供固定的应答信号，所以，通常用端口 PA 和端口 PB 作为数据端口，将端口 PC 的高 4 位和低 4 位分别设置为输入和输出，作为控制信号的输出和状态信号的输入。

（6）图 9-17 和图 9-18 分别为方式 0 的输入、输出时序图。

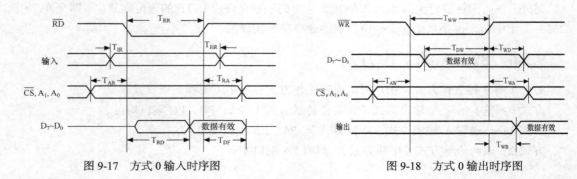

图 9-17　方式 0 输入时序图　　　　　　　　图 9-18　方式 0 输出时序图

【例 9-7】 8255A PA 口输出方式的用法。

利用 PA 口的 8 条 I/O 线 PA$_7$～PA$_0$ 分别控制 8 只 LED 发电管，令其按走马灯方式连续工作。已知 8255A 的控口地址为 83H，如图 9-19 所示。

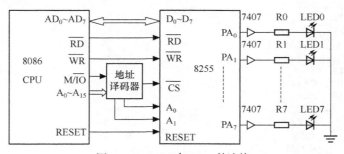

图 9-19 8255A 与 LED 的连接

分析：8255A 只用 A 口的输出方式，可选用方式 0、方式 1 和方式 2。由于控制 LED 灯为走马灯形式，不受其他条件控制，因此选用方式 0，故方式字为 80H。

程序如下：

```
        MOV     AL,80H
        OUT     83H,AL          ;初始化
TOP:    MOV     CL,8
        MOV     AL,80H          ;自左开始点亮
LED_1:  OUT     80H,AL
        ROR     AL,1
        LOOP    LED_1
        JMP     TOP
        HLT
```

【例 9-8】 8255A 基本输入/输出。

如图 9-20 所示，8255 端口 A 工作在方式 0 并作为输入口，端口 B 工作在方式 0 并作为输出口。用一组开关信号接入端口 A 端口 B 输出线接至一组数据灯上，然后通过对 8255 芯片编程来实现输入/输出功能。

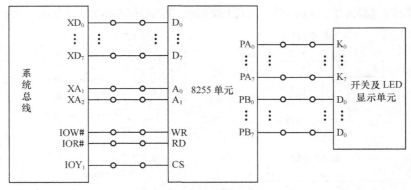

图 9-20 8255 基本输入/输出实验接线图

程序如下：

```
SSTACK: SEGMENT STACK
        DW 32 DUP(? )
SSTACK: ENDS
```

```
CODE:       SEGMENT
            ASSUME CS:CODE
START:
            MOV DX, 0646H
            MOV AL, 90H
            OUT DX, AL
AA1:
            MOV DX, 0640H
            IN  AL, DX
            CALLDELAY
            MOV DX, 0642H
            OUT DX, AL
            JMP AA1
DELAY:
            PUSH    CX
            MOV CX, 0F00H
AA2:
            PUSH    AX
            POP AX
            LOOP    AA2
            POP CX
            RET
CODE        ENDS
            END START
```

2. 工作方式 1：选通输入/输出方式

方式 1 是一种采用选通（应答式）联络信号的输入/输出方式。在面向 I/O 设备的 24 根线中，设置专用的中断请求和联络信号线。数据的输入/输出都被锁存。PA 口和 PB 口为数据端口，而 PC 口的大部分引脚分配作联络信号用，用户对这些引脚不能再指定作其他用途。各联络信号线之间有固定的时序关系，传送数据时，要严格按照时序进行。

输入/输出操作产生确定的状态字，这些状态信息可作为查询或中断请求之用。因此，这种方式通常用于查询（条件）传送或中断传送。

方式 1 的 8255A 引脚的功能分配与方式 0 的不同在于方式 1 分配了专用联络线和中断线，并且这些专用线在输入和输出时各不相同，PA 口和 PB 口的也不相同。

（1）方式 1 的输入

工作方式控制字选择 A 组、B 组工作于方式 1 输入时，其端口组态如图 9-21 所示。

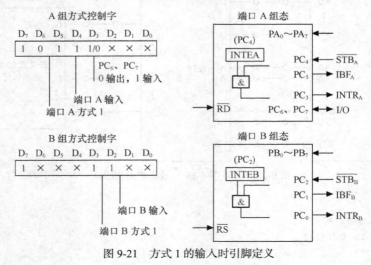

图 9-21　方式 1 的输入时引脚定义

① 方式 1 输入时引脚定义。当 PA 口和 PB 口为输入时，各指定了 PC 口的 3 根线作为 8255A 与外部设备及 CPU 之间的应答信号。

8255A 有两组选通工作方式的端口，每组包含 1 个 8 位数据端口和 3 条控制线。每组端口提供有中断请求逻辑和中断允许触发器。

$\overline{STB}$：选通信号，这是由外部设备提供的"输入选通"信号，低电平有效。当它变为低电平时，将输入数据锁存到输入数据寄存器。

IBF：输入缓冲器满信号，8255A 输出到外部设备的"输入缓冲器满"联络信号，高电平有效。当它为高电平时，表示数据已锁存在 8255A 的输入缓冲器，但尚未被 CPU 取走，通知外部设备不能再送新数据。只有当它为低电平，即 CPU 已读取数据，输入缓冲器变空时，才允许外部设备送新数据。

INTR：中断请求信号。这是 8255A 输出的"中断请求"信号，高电平有效，可用于向 CPU 提出中断请求。当它为高电平时，请求 CPU 从 8255A 读数。

使 INTR 变为高电平的条件是：当"输入选通信号"无效（$\overline{STB}$ =1），即数据已输入 8255A 时，"输入缓冲器满"信号有效（IBF=1），并且中断请求被允许（INTE =1）。3 个条件都具备时，才使 INTR 变高。当 INTR 为高电平，IBF 为高电平，中断允许时被置为有效。

INTE：中断允许信号。INTE 是 8255A 为控制中断而设置的内部控制信号。对中断允许触发器 INTE 的操作是通过向 PC 口写入按位置位/复位控制字进行设置的，置位允许中断，复位禁止中断（当 INTE=1 时，允许中断；当 INTE=0 时，禁止中断）。通过内部不能自动产生这个控制信号。A 组的中断允许触发器 INTEA 对应于 PC 口的 PC_4，B 组的 INTEB 对应于 PC 口的 PC_2，因此只要对该位置位/复位就可以控制 INTE 触发器。

两组端口若只有 1 组工作于方式 1，则剩下的 13 位都可以工作于方式 0。若两组端口都工作于方式 1，端口 C 剩下的 2 位还可以由工作方式控制字指定为输入或输出，同时具有置位/复位功能。

② 方式 1 的输入过程。以 PA 口为例，方式 1 的输入过程如下。

当外部设备准备好数据，在送出数据的同时，首先向 PC_4 发送出一个 $\overline{STB}$ 信号。由下降沿把数据输入到 8255A 中，将数据锁存。然后，8255A 通过 PC_5 向外部设备送出高电平的 IBF，表示"输入缓冲器满"的应答信号，禁止输入新数据。

在 $\overline{STB}$ 的上升沿，如果 INTE 为"1"（即端口 PA 允许中断），IBF 的高电平产生中断请求，使 INTR 上升变成高电平，位于 PC_3 的 INTR 变成高电平输出，向 CPU 发出中断请求。在中断允许（INTE=1）的情况下通知 CPU 接口中已有数据，请求 CPU 读取。CPU 响应中断请求，转到相应的中断子程序。在子程序中执行 IN 指令，对端口 PA 执行读操作，将锁存器中的数据取走。

CPU 执行读操作同时，$\overline{RD}$ 的下降沿使 INTR 复位，清除中断请求，为下一次中断请求作好准备。$\overline{RD}$ 信号的上升延时一段时间后清除 IBF 使其复位为低电平，表示接口的输入缓冲器变空，开始下一个数据字节的传送。如此反复，直至完成全部数据的输入。

若 CPU 采用查询方式，则通过查询状态字中的 INTR 位或 IBF 位是否置位来判断有无数据可读。

（2）方式 1 的输出

8255A 的 PA 口、PB 口工作于方式 1 输出时其端口组态图以及 PA 口和 PB 口输出时的引脚定义如图 9-22 所示。

① 方式 1 输出时引脚定义。

$\overline{OBF}$："输出缓冲器满"信号，低电平有效。这是 8255A 输出给外部设备的一个控制信号，当它为低电平时，表示 CPU 已将数据输出给指定的端口，外部设备可以将数据取走。它由输出信号的后沿置为有效，由 $\overline{ACK}$ 有效恢复为高电平。

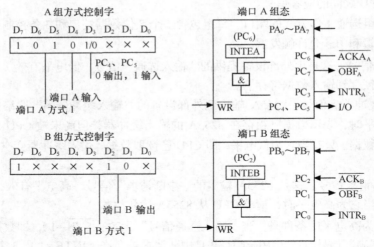

图 9-22　方式 1 输出时引脚定义

$\overline{ACK}$：外部设备应答信号，低电平有效。当它为低电平时，表示外部设备已经从 8255A 的端口接收到了数据，它是对 $\overline{OBF}$ 的一种回答。$\overline{ACK}$ 信号的下降沿延时一段时间后清除 $\overline{OBF}$，使其变成高电平，为下一次输出做好准备。

INTR：中断请求信号，高电平有效。当输出设备已接收数据后，8255A 输出此信号向 CPU 提出中断请求，请求 CPU 继续提供数据。INTR 变成高电平的条件是 $\overline{OBF}$、$\overline{ACK}$ 和 INTE 都为高电平，表示输出缓冲器已变空（OBF=1），回答信号已结束（$\overline{ACK}$=1），外部设备已收到数据，并且允许中断（INTE=1）同时确定才能产生中断请求。

A 组中断允许触发器 INTEA 由 PC_6 位控制，B 组的 INTEB 由 PC_2 位控制。

② 工作过程如下。

在方式 1 数据输出时，当 CPU 向 8255A 端口写入一个数据以后，$\overline{WR}$ 的上升沿使 $\overline{OBF}$ 有效，表示输出缓冲器已满，通知外部设备读取数据。$\overline{WR}$ 使中断请求 INTR 变低，封锁中断请求。

外部设备读取数据后，用 $\overline{ACK}$ 向 8255A 端口发一个信号，表示数据已收到。其后沿将置位 INTR 信号（若 INTE=1），向 CPU 发出中断请求，要求 CPU 在中断服务程序中发送新的数据。CPU 响应中断后，在中断服务程序中执行 OUT 指令，向 8255A 写下一个数据。

因此，在方式 1 时，规定一个端口作为输入口或输出口的同时，自动规定了有关的控制信号，尤其是规定了相应的中断请求信号。

（3）方式 1 的状态字

8255A 的状态字为查询方式提供了状态标志位，如 IBF 和 $\overline{OBF}$。由于 8255A 不能直接提供中断矢量，因此当 8255A 采用中断方式时，CPU 也要通过读状态来确定中断源，实现查询中断，如 $INTR_A$ 和 $INTR_B$ 分别表示 PA 口和 PB 口的中断请求。

状态字是通过读 PC 口获得的，A 组的状态位占 PC 口的高 5 位，B 组的状态位占低 3 位。需要说明的是，从 PC 口读出的状态字与 PC 口的外部引脚无关。例如，在输入时，状态位 PC_4 和 PC_0 表示的是 $INTE_A$ 和 $INTE_B$ 的状态，而不是联络信号 $\overline{STB}$ 的状态；在输出时，PC_6 和 PC_2 表示的也是 $INTE_A$ 和 $INTE_B$，而不是联络信号 $\overline{ACK}$ 的状态，状态字如图 9-23 所示。

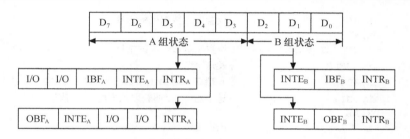

图 9-23　8255A 方式 1 状态字

输入和输出操作的状态字是不同的，使用时应"对号入座"，查相应的状态位。若采用查询方式，则一般是查 INTR 是否置位。当然也可查 IBF 或 $\overline{OBF}$ 位。

状态字中设置了 INTR 位，说明 8255A 只能提供查询中断，而不能提供向量中断。若要采用向量中断，则需借助中断控制器来提供中断向量。

状态字中的 INTE 位是控制标志位，控制 8255A 能否提出中断请求。因此，若不是输入/输出操作过程中自动产生的状态，则是由程序通过按位置位/复位命令来设置或清除的。

例如，允许 PA 口输入中断请求，必须设置 $INTE_A$=1，即置 PC_4=1；禁止中断请求，则置 $INTE_A$=0，即置 PC_4=0。程序段如下：

```
MOV DX,303H          ;8255A 命令口
MOV AL,00001001B     ;置 PC4=1,允许中断请求
OUT DX,AL
MOV AL,00001000B     ;置 PC4=0,禁止中断请求
```

（4）方式 1 的接口方法

在方式 1 下，首先根据实际应用的要求确定 PA 口和 PB 口是输入还是输出，然后把 PC 口中分配作联络的专用应答线与外部设备相应的控制或状态线相连。如果是采用中断方式，则还要把中断请求线接到微处理器或中断控制器；若采用查询方式，那么中断请求线可以空着不接。

在方式 1 的中断处理中，由于 8255A 不能直接提供中断矢量，因此一般都通过系统中的中断控制器来提供寻找中断服务程序入口地址的中断类型号。当然，对于不采用矢量中断的微处理器，可以将 INTR 线直接连到 CPU 的中断线（如在单片机系统中）。

方式 1 下 CPU 采用查询方式时，对输入通过 C 口查 IBF 位的状态，对输出查 $\overline{OBF}$ 位的状态或者 INTR 位的状态。

【例 9-9】　查询方式的双机并行通信（方式 1）。

甲乙两台微型计算机之间并行传送 1KB 数据。甲机发送，乙机接收。甲机的 8255A 采用方式 1 工作，乙机的 8255A 采用方式 0 工作。两台微型计算机的 CPU 与接口之间都采用查询方式交换数据。接口电路的连接如图 9-24 所示。

甲机的 8255A 是方式 1 发送数据，端口 PA 为输出，PC_7 和 PC_6 引脚分别固定作为联络线。

乙机的 8255A 是方式 0 接收数据，端口 PA 为输入，选用引脚 PC_7 和 PC_3 作为联络线。

接口驱动程序包括发送程序和接收程序。

甲机发送如下程序段：

```
MOV     DX,303H          ;8255A 命令端口
MOV     AL,10100000B     ;初始化工作方式字
OUT     DX,AL
```

```
        MOV         AL,0DH                  ;设置发送数据区的指针
        OUT         DX,AL
        MOV         SI,OFFSET BUFS          ;设置发送数据区的指针
        OUT         CX, 3FFH                ;发送字节数
        MOV         DX,300H                 ;向端口 A 写第 1 个数,产生第 1 个 OBF 信号
        MOV         AL,[SI]                 ;送给乙方,以便获取乙方的 ACK 信号
        OUT         DX,AL
        INC         SI                      ;内存地址加 1
        DEC         CX                      ;传送字节数减 1
    L:
        MOV         DX,302H                 ;8255A 状态端口（端口 C）
        IN          AL,DX                   ;查发送中断请求,则 INTRₐ=1
        AND         AL,08H                  ;PC₃ 是否为 1
        JZ          L                       ;无中断请求,等待;有中断请求,向端口 A 写数
        MOV         DX,300H                 ;8255A 端口 PA 地址
        MOV         AL,[SI]                 ;从内存中取数
        OUT         DX,AL                   ;通过端口 A 向乙机发送第 2 个数据
        INC         SI                      ;内存地址加 1
        DEC         CX                      ;字节数减 1
        JNZ         L                       ;字节未完,继续
        MOV         AX,4COOH                ;已完,退出
        INT         21H                     ;返回 DOS
    BUFS    DB...                           ;定义 1024 个数据
```

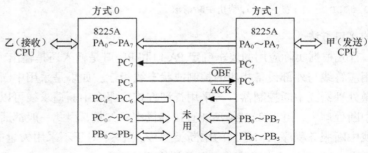

图 9-24　查询方式的双机通信

　　在发送程序中，查询输出时状态字的中断请求 INTR 位（PC_3）。实际上，也可以查询发送缓冲器满（PC_7）的状态。只有当发送缓冲器为空时，CPU 才能发送下一个数据。

　　乙机接收如下程序段：

```
        MOV   DX,303H              ;8255A 命令端口
        MOV   AL,10011000B         ;初始化工作方式字
        OUT   DX,AL
        MOV   AL,00000111B         ;置=1（PC₃=1）
        OUT   DX,AL
        MOV   DI,OFFSETBUFR        ;设置接收数据区的指针
        MOV   CX,3FFH              ;接收字节数
    L1:
        MOV   DX,302H              ;8255A 端口 PC
        IN    AL,DX                ;查甲机的=0?  （乙机的 PC₇=0）
        AND   AL,80H               ;查 PC 是否有数据发来
```

```
JNZ    L1                    ;若无数据发来,等待;若有数据发来,则从端口 A 读数
MOV    DX,300H               ;8255A 端口 PA 地址
IN     AL, DX                ;从端口 A 读入数据
MOV    [DI],AL               ;存入内存
MOV    DX,303H               ;产生信号,并发回给甲机
MOV    DX,00000110B          ;PC₂ 置"O"
OUT    DX,AL
NOP
NOP
MOV    AL,00000111B          ;PC3 置"1"
OUT    DX,AL
INC    DI                    ;内存地址加 1
DEC    CX                    ;字节数减 1
JNZ    L1                    ;字节未完,则继续
MOV    AX,4COOH              ;已完,退出
INT    21H                   ;返回 DOS
BUFR DB 1024 DUP(? )
```

3．工作方式 2：双向选通输入/输出方式

它把 PA 口作为双向输入/输出口,把 PC 口的 5 根线(PC₃～PC₇)作为专用应答线,所以 8255A 只有 PA 口具有方式 2 的功能,为双向选通输入/输出。可指定 PA 口既作输入口又作输出口,既能发送数据又能接收数据。这一点和方式 0 及方式 1 一次初始化只能指定为输入口或为输出口的单向传送不同。

方式 2 为双向传送,设置专用的联络信号线和中断请求信号线。实质上就是 PA 口在方式 1 输入和输出时两组联络信号线的组合,故各个引脚的定义也与方式 1 的相同,只有中断请求信号 INTR 既可以作为输入的请求中断,也可以作为输出的请求中断。因此,方式 2 可采用中断方式和程序查询方式与 CPU 交换数据。

（1）方式 2 的组态

PA 口方式 2 的组态如图 9-25 所示。

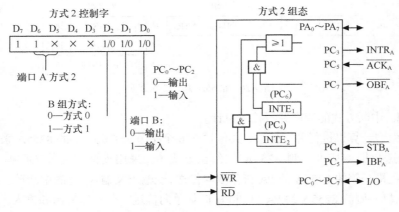

图 9-25　方式 2 的引脚定义

（2）方式 2 的引脚定义

$\overline{STB}$：选通输入信号,低电平有效。这是外部设备供给 8255A 的选通信号,把数据锁存在输入锁存器。

$\overline{OBF}$：输入缓冲器满信号，高电平有效。这是 8255A 输出的控制信号，表示数据已进入锁存器。在 CPU 未读取数据前，IBF 始终为高电平，阻止新的数据输入。

$\overline{ACK}$：响应输入信号，低电平有效。$\overline{ACK}$ 的下降沿启动 PA 口的三态输出缓冲器送出数据，上升沿是数据已输出的响应信号。其他时间输出缓冲器处于高阻状态。

INTR：中断请求信号，高电平有效。输入或输出数据时，都用它作为中断请求信号。输出的中断允许触发器 $INTE_A$ 由 PC_6 置位/复位控制，输入的中断允许触发器 $INTE_B$ 由 PC_4 控制。

（3）方式 2 的工作时序

方式 2 的时序基本上也是方式 1 输入时序与输出时序的组合。输入/输出的先后顺序是任意的，根据实际传送数据的需要选定。输出过程是由 CPU 执行输出指令向 8255A 写数据（$\overline{WR}$）开始的，而输入过程则是从外部设备向 8255A 发选通信号 $\overline{STB}$ 开始的。因此，只要求 CPU 的 WR 在 $\overline{ACK}$ 以前发生；RD 在 $\overline{STB}$ 以后发生就行。

方式 2 是一种双向工作方式。如果一个并行外部设备既可以作为输入设备，又可以作为输出设备，并且输入/输出动作不同时进行，那么，将这个外部设备与 8255A 的端口 A 相连，并使它工作在方式 2，就会非常合适。

例如，软盘驱动器就是这样一种外部设备，主机既可以向软盘驱动器输出数据，又可以从软盘驱动器输入数据，但数据的输出和输入过程总是不重合的。所以，可以将软盘驱动器的数据线与 8255A 的 PA_7～PA_0 相连，将端口 PA 设置为工作方式 2，对应的端口 PC 用作联络信号，就可以通过 8255A 输入/输出软盘的信息。

（4）方式 2 的状态字

方式 2 的状态字的含义是方式 1 下输入和输出状态位的组合。状态字中有两位中断允许位，$INTE_A$ 是输出中断允许，$INTE_B$ 是输入中断允许。状态字如图 9-26 所示。

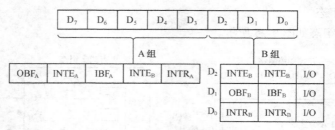

图 9-26　8255A 方式 2 状态字

【例 9-10】　中断方式的双向并行接口设计。

主从两个微型计算机进行并行传送，共传送 256 个字节。主机一侧的 8255A 采用方式 2 并且用中断方式传送数据。从机一侧 8255A 工作在方式 0，采用查询方式传送数据。硬件设计如图 9-27 所示。主机一侧的 8255A 的 PA 口作双向传送，既输出又输入，它的中断请求线接到 8259A 的 IRQ_2 上。从机一侧的 8255A 的 PA 口和 PB 口是单向传送，分别作输出和输入。

分析：接口电路中采用中断控制器，8259A、8255A 的中断请求线 INTR 接到 8259A 的 IRQ_2 上。由于方式 2 下输入中断请求和输出中断请求共用一根线，因此要在中断服务程序中用读取状态字的办法查询 IBF 和 $\overline{OBF}$ 状态位来决定执行输入操作还是输出操作。

主机一侧的初始化主程序和中断服务程序如下。

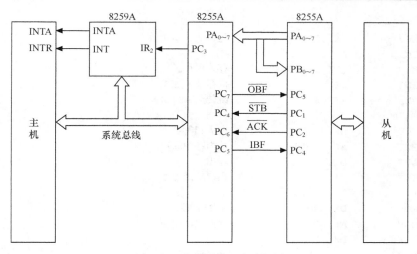

图 9-27　方式 2 接口电路框图

```
;8255A 初始化
        MOV       DX,303H         ;8255A 控制口
        MOV       AL,C0H          ;方式字,A 口为 2 方式
        OUT       DX,AL
        MOV       AL,09H          ;置位 PC_4,设置 INTE_2=1,输入中断允许
        OUT       DX,AL
        MOV       AL,0DH          ;置位 PC_6,设置 INTE_1=1,输入中断允许
        OUT       DX,AL
        MOV       SI,300H         ;发送数据块首址
        MOV       DI,410H         ;接收数据块首址
        MOV       CX,0FFH         ;发送与接收字节数
        ...
AGAIN:
        STI                       ;开中断
        HLT                       ;等待中断
        CLI                       ;关中断
        DEC       CX              ;字节数-1
        JNZ       AGAIN           ;未完、继续
        MOV       AX,4C00H        ;已完,退出
        INT       21H             ;返回 DOS
;中断服务程序
        TR PROCFAR
        MOV       DX,303H         ;8255A 控制口
        MOV       AL,08H          ;复位 PC_4,使 INTE,禁止输入中断
        OUT       DX,AL
        MOV       AL,0CH          ;复位 PC_6,使 INTE_1=0,禁止输出中断
        OUT       DX,AL
        CLI                       ;关中断
        MOV       DX,302H         ;8255A 状态口
        IN        AT,DX           ;查中断源,读状态字
        MOV       AH,AL           ;保存状态字
        AND       AL,20H          ;检查状态位 IBF=1,是输入?
        JZ        OUTP            ;不是,跳转至输出程序 OUTP
```

```
INP:
        MOV         DX,300H             ;是，从 A 口读数
        IN          AL,DX
        MOV         [DI],AL             ;存入内存区
        INC         DI                  ;内存地址加 1
        JMP         RETURN              ;跳转至 RETURN
OUTP:
        MOV         DX,300H             ;向 A 口写数
        MOV         AL, [SI]            ;从内存中取数
        OUT         DX, AL              ;输出
        INC         SI                  ;内存地址加 1
RETURN:
        MOV         DX,303H             ;82S5A 控制口
        MOV         AL,0DH              ;允许输出中断
        OUT         DX,AL               ;
        MOV         AL,09H              ;允许输入中断
        OUT         DX,AL
        MOV         AL,62H              ;OCW_2 中断结束
        OUT         20H,AL
        IRET                            ;中断结束
        TR ENDP
```

9.2.7　8255A 的应用举例

【例 9-11】　采用 8255A 实现打印接口的方法。

假设利用 8255 的 A 口方式 0 与打印机相连，将内存缓冲区 BUFF 中的字符打印输出。硬件连接如图 9-28 所示。设 8255 的工作频率与 CPU 的工作频率相当。打印机接口要求在有效时才能接收数据；而在 BUSY 有效时表示打印机忙，不能接收数据。

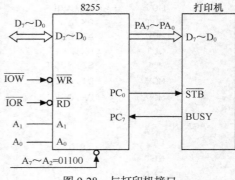

图 9-28　与打印机接口

程序如下：

```
DATA SEGMENT
      BUFF DB 'HELLO, WORLD!', 13, 10,
      PORTAEQU 60H
      PORTBEQU 61H
      PORTCEQU 62H
      PORTCN EQU 63H
DATA ENDS
CODE SEGMENT
      ASSUME  CS: CODE, DS: DATA
START:
      MOV         X,DATA
      MOV         DS,AX
      MOV         SI,OFFSET BUFF
      MOV         AL,88H              ;8255 初始化,A 口方式 0 输出,C 口上半部输入
      OUT         PORTCN  AL          ;C 口下半部输出
      MOV         AL,01H              ;PC_0 位,无效
      OUTPORTCN ,AL
```

```
WAIT:
        IN        AL,PORTC                    ;读打印机状态,"忙"则等待
        TEST      AL,80H
        NZ        WAIT
        MOV       AL,[SI]
        CMP       Al, '$'
        JZ        PRINT_OVER
        OUT       PORTA,AL
        MOV       AL,00H                      ;产生选通信号,打印机接收数据,开始打印
        OUT       PORTCN ,AL
        MOV       AL,01H
        OUT       PORTCN  ,AL
        INC       SI
        JMP       WAIT
PRINT_OVER:
        MOV       AH,4CH
        INT       21H
        CODE      ENDS
        END       START
```

本例中，PC 口的按位置/复位控制字用来产生打印机的控制信号，控制打印机启/停。此时，PC 口的按位置/复位控制字实现 PC 口的位操作。

【例 9-12】 采用 8255A 实现键盘接口。

假设有一个 4×4 的矩阵键盘通过并行接口芯片 8255 与微型计算机相连。8255 的 A 口作为输出口，与键盘的行线相连；B 口为输入口，与键盘的列线相连。接口硬件的连接如图 9-29 所示，设 8255 的 A 口地址为 60H，B 口地址为 62H，控制寄存器地址为 66H，试编写键盘扫描程序。

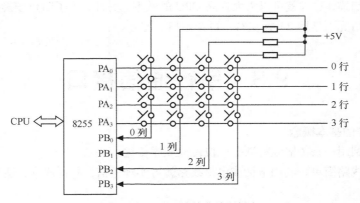

图 9-29　8255A 连接非编码键盘

采用逐行扫描法：键号从左上角开始为 0 号，从左向右、从上到下依次编号，右下脚的编号为 15。程序如下：

```
        MOV   AL,82H       ;方式 0,A 口输出,B 口输入
        OUT   66H,AL
BEGIN:  MOV   AL,0          ;检查是否有键按下
        OUT   60H,AL
WAIT:   IN    AL,62H
        AND   AL,0FH
        COMP  AL,0FH
        JZ    WAIT          ;无键按下则转上去等待
```

```
SM:    MOV      DL,4         ;行数送 DL
       MOV      AL,0FEH      ;扫描码,0 行为 0
       MOV      CH,0         ;键号初值为 0
SROW:  OUT      60H,AL       ;扫描一行
       RCL      AL,1         ;修改扫描行
       MOV      AH,AL        ;保存下次要扫描的扫描码
       IN       AL,61H       ;读列线状态
       AND      AL,0FH
       CMP      AL,0FH       ;检查是否有列线为 0
       JNZ      SCO1         ;有列线为 0 转到 SCO1
       ADD      CH,4         ;否则键号加 4,指向下一行的第一个键的键号
       MOV      AL,AH        ;取回行扫描码
       DEC      DL           ;行数减 1
       JNZ      SROW         ;行没扫描完则转去扫描下一行
       JMP      BEGIN
SCO1:  RCR      AL,1
       JNC      PROCE        ;该列为 0,转处理程序,此时 CH 中是键号
       INC      CH           ;如果该列不为 0,键号+1,继续查找列线
       JMP      SCO1
PROCE: ……                    ;键处理程序
```

从上面的程序可以看出，CPU 要不断地查询是不是有键按下，因此在此查询方式下 CPU 的效率是比较低的。可以进行一点修改，使得任意按下一个键就会产生中断，在中断处理程序里再对键盘进行键号扫描，这样就可以大大提高 CPU 的效率。另外，为了防止按键抖动问题，可以在查到有键按下的情况下延迟 20ms 左右，再开始扫描键号。

9.3　串行通信接口

1．串行通信的基本概念

串行通信：利用一条传输线将数据一位位地顺序传送。

特点：通信线路简单，利用电话或电报线路就可实现通信，降低成本，适用于远距离通信，但传输速度慢。

2．在串行通信时收发双方要解决的问题

（1）双方约定以何种速率进行数据的发送和接收（波特率）。

（2）约定采用何种数据格式（帧格式），如果包含控制信息，那么它的定义又是什么。

（3）接收方如何得知一批数据的开始和结束（帧同步）。

（4）接收方如何从位流中正确地采样到位数据（位同步）。

（5）接收方如何判断收到数据的正确性（数据校验）。

（6）收发出错时如何处理（出错处理）。

9.3.1　串行通信概述

根据同步方式的不同，将串行通信分为异步通信（ASYNC）和同步通信（SYNC）两种方式。

1. 异步通信方式

异步通信以帧为传输单位，每个帧中包含有多个字符，其通信协议是起止式异步通信协议，通信中两个字符间的时间间隔是不固定的，然而在同一个字符中的两个相邻位代码间的时间间隔是固定的。

传输的字符格式如图 9-30 所示。

通信协议（通信规程）：通信双方约定的一些规则。

传送一个字符的信息格式：规定有起始位、数据位、奇偶校验位、停止位等，其中各位的意义如下。

图 9-30　异步串行传输数据的格式

（1）起始位：先发出一个逻辑"0"信号，表示传输字符的开始。

（2）数据位：紧接着起始位之后。数据位的个数可以是 4、5、6、7、8 等，构成一个字符。通常采用 ASCII 码。从最低位开始传送，靠时钟定位。

（3）奇偶校验位：数据位加上这一位后，使"1"的位数应为偶数（偶校验）或奇数（奇校验），以此来校验数据传送的正确性。

（4）停止位：一个字符数据的结束标志，可以是 1 位、1.5 位、2 位的高电平。

（5）空闲位：处于逻辑"1"状态，表示当前线路上没有数据传送。

波特率：衡量数据传送速率的指标。表示每秒钟传送的二进制位数。例如，数据传送速率为 120 字符/秒，而每一个字符为 10 位，则其传送的波特率为 10×120 = 1 200 字符/秒 = 1 200Baud。

注：异步通信是按字符传输的，接收设备在收到起始信号之后只要在一个字符的传输时间内能和发送设备保持同步就能正确接收。下一个字符起始位的到来又使同步重新校准。

异步通信的传输速度为 50~9 600 Baud，常采用的波特率为 110、300、600、1 200、1 800、2 400、3 600、4 800、7 200 和 9 600，较高时也可取 19 200 Baud。

2. 同步串行通信方式

同步通信以数据块为传输单位，每个数据块附加 1 个或 2 个同步字符，最后以校验字符结束，在通信过程中，每个字符间的时间间隔是相等的，而且每个字符中各相邻位代码间的时间间隔也是固定的。同步通信的数据格式如图 9-31 所示。

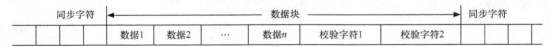

图 9-31　同步串行传输数据的格式

同步通信的规程有以下两种。

（1）面向比特（bit）型规程：以二进制位作为信息单位。现代计算机网络大多采用此类规程。最典型的是 HDLC（高级数据链路控制）通信规程。

（2）面向字符型规程：以字符作为信息单位。字符是 EBCD 码或 ASCII 码。最典型的是 IBM 公司的二进制同步控制规程（BSC 规程）。在这种控制规程下，发送端与接收端采用交互应答式进行通信。

同步通信协议有多种，现在最常用的是面向比特的高级数据链路控制协议（High-Level Data Link Control，HDLC）。IBM 系列微型计算机中常用的同步数据链路控制协议（Synchronous Data Link Control，SDLC）则是 HDLC 的子集。

3. 数据传送方式

根据数据传送方向的不同，串行通信通常采用全双工或半双工传输制式，较少采用单工制式。3 种传输制式如图 9-32 所示。

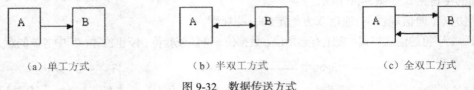

（a）单工方式　　　　　　　（b）半双工方式　　　　　　　（c）全双工方式

图 9-32　数据传送方式

（1）单工方式。只允许数据按照一个固定的方向传送，即一方只能作为发送站，另一方只能作为接收站。

（2）半双工方式。数据能从 A 站传送到 B 站，也能从 B 站传送到 A 站，但是不能同时在两个方向上传送，每次只能有一个站发送，另一个站接收。通信双方可以轮流地进行发送和接收。

（3）全双工方式。允许通信双方同时进行发送和接收。这时，A 站在发送的同时也可以接收，B 站亦同。全双工方式相当于把两个方向相反的单工方式组合在一起，因此它需要两条传输线。

在计算机串行通信中主要使用半双工和全双工方式。

4. 基带传输方式

基带传输方式就是在传输线路上直接传输不加调制的二进制信号，如图 9-33 所示。它要求传送线的频带较宽，传输的数字信号是矩形波。基带传输方式仅适宜于近距离和速度较低的通信。

5. 频带传输方式

（1）调制和解调。长距离通信时，为了传输数字信号，必须先把数字信号转换为适合在线路上传送的模拟信号，这就是调制；经过传输后，在接收端再将接收到的模拟信号转换为数字信号，这就是解调。实现调制和解调任务的装置称为调制解调器（Modem）。

（2）采用频带传输时，通信双方各接一个调制解调器，将数字信号寄载在模拟信号（载波）上加以传输。因此，这种传输方式也称为载波传输方式。这时的通信线路可以是电话交换网，也可以是专用线。

常用的调制方式有 3 种：调幅、调频和调相，分别如图 9-34 所示。

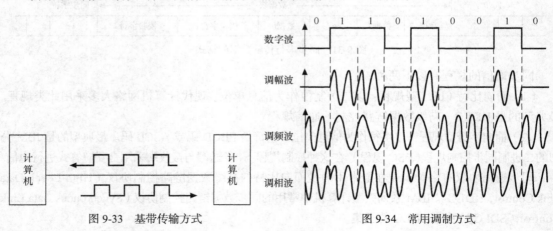

图 9-33　基带传输方式　　　　　　　图 9-34　常用调制方式

9.3.2　串行传送总线接口

串行传送数据是通过串行传输总线完成的，双方传输设备都需要与传输总线连接。

1．RS–232C 总线

（1）串行接口标准：计算机或终端（数据终端设备 DTE）的串行接口电路与调制解调器 Modem 等（数据通信设备 DCE）之间的连接标准。

RS-232C 是一种标准接口，D 型插座，采用 25 芯引脚（仅定义 22 个）或 9 芯引脚的连接器。如图 9-35 所示，在微型计算机通信中，通常使用的 RS-232C 接口信号只有 9 根引脚，RS-232C 标准如表 9-5 所示。

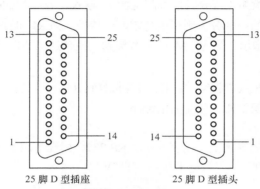

图 9-35　RS-232C 标准接口

表 9-5　　　　　　　　　　微型计算机通信常用的 RS-232C 引脚

引　脚　号	符　　号	方　　向	功　　能
2	TXD	输出	发送数据
3	RxD	输入	接收数据
4	RTS	输出	请求发送
5	CTS	输入	允许发送
6	DSR	输入	数据通信设备准备好
7	GND		信号地
8	DCD	输入	数据载体检测
20	DTR	输出	数据终端准备好
22	RI	输入	振铃指示

微型计算机之间的串行通信就是按照 RS-232C 标准设计的接口电路实现的。如果使用一根电话线进行通信，那么计算机和 Modem 之间的连线就是根据 RS-232C 标准连接的。其连接及通信原理如图 9-36 所示。

图 9-36　计算机和 Modem 连线图

RS-232C 标准规定接口有 25 根连线，只有以下 9 个信号经常使用。引脚和功能分别如下。

TXD（第 2 脚）：发送数据线，输出。发送数据到 Modem。

RXD（第 3 脚）：接收数据线，输入。接收数据到计算机或终端。

$\overline{RTS}$（第 4 脚）：请求发送，输出。计算机通过此引脚通知 Modem，要求发送数据。

$\overline{CTS}$（第 5 脚）：允许发送，输入。Modem 发出对 $\overline{RTS}$ 的回答，计算机才可以进行发送数据。

$\overline{DSR}$（第 6 脚）：数据装置就绪（即 Modem 准备好），输入。表示调制解调器可以使用，该信号有时直接接到电源上，当设备连通时即有效。

CD（第 8 脚）：载波检测（接收线信号测定器），输入。表示 Modem 已与电话线路连接好。如果通信线路是交换电话的一部分，则至少还需两个信号，即 RI 和 $\overline{DTR}$。

RI（第 22 脚）：振铃指示，输入。Modem 若接到交换台送来的振铃呼叫信号，就发出该信号来通知计算机或终端。

$\overline{DTR}$（第 20 脚）：数据终端就绪，输出。计算机收到 RI 信号以后，就发出 $\overline{DTR}$ 信号到 Modem 作为回答，以控制它的转换设备，建立通信链路。

GND（第 7 脚）：地。

（2）RS-232C 总线的电气规范（见表 9-6）。RS-232C 标准采用 EIA 电平，规定"1"的逻辑电平在-3～-15V 之间，"0"的逻辑电平在+3～+15V。

表 9-6　　　　　　　　　　　　　　　RS-232C 电气规范

带 3～7kΩ 负载时驱动器的输出电平	逻辑 0：+5～+15V　逻辑 1：-5～-15V
不带负载时驱动器的输出电平	-25～+25V
驱动器断开时的输出阻抗	大于 300Ω
输出短路电流	5A
驱动器转换速度	小于 30V/μs
接收器输入阻抗	在 3～7kΩ之间
接收器输入电压的允许范围	-25～+25V
输入开路时接收器的输出	逻辑 1
输入经 300Ω 接地时接收器的输出	逻辑 1
+3V 输入时接收器的输出	逻辑 0
-3V 输入时接收器的输出	逻辑 1
最大负载电容	2 500pF

（3）RS-232C 标准与 TTL 标准之间的转换。由于 EIA 电平与 TTL 电平完全不同，因此必须进行相应的电平转换。MC1488 完成 TTL 电平到 EIA 电平的转换，MC1489 完成 EIA 电平到 TTL 电平的转换，如图 9-37 所示。

常用于将 TTL 电平转换为 RS-232C 电平的芯片除 MC1488 外，还有 75188、75150 等；用于将 RS-232C 电平转换为 TTL 电平的芯片除 MC1489 外，还有 75189、75154 等。

（4）RS-232C 的应用。

① 使用 Modem 连接，如图 9-38 所示。

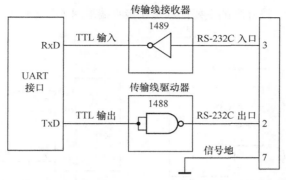

图 9-37　采用 MC1488、MC1489 的 RS-232C 电平转换连接

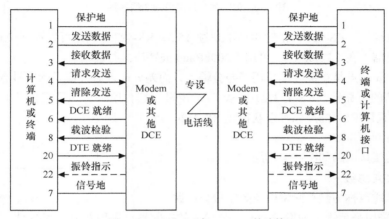

图 9-38　RS-232C 与 Modem 的连接

② 直接连接，如图 9-39 所示。

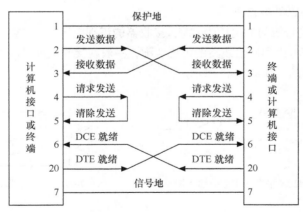

图 9-39　RS-232C 的直接连接

③ 最简单的 3 线连接，如图 9-40 所示。

除了 RS-232C 标准以外，还有其他通用的串行接口标准，如 RS-423A、RS-422A、RS-485 等。

2. RS-423A 总线

为了克服 RS-232C 的缺点，提高传送速率，增加通信距离，又考虑到与 RS-232C 的兼容性，美国电子工业协会在 1987 年提出了 RS-423A 总线标准。RS-423A 总线全称是"不平衡型电压数字接口电路的电气特性"，该标准的主要优点是在接收端采用了差分输入。

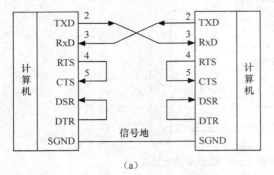 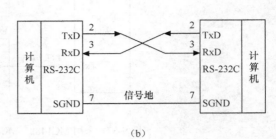

图 9-40 RS-232C 最简单的 3 线连接

采用普通双绞线，RS-232C 传输距离不超过 15m，RS-423A 线路可以在 130m 用 100kBaud 的波特率可靠通信。在 1 200m 内，可用 1 200kBaud 波特率进行通信。

该标准的主要优点是在接收端采用了差分输入，而差分输入对共模干扰信号有较高的抑制作用，提高了通信的可靠性。RS-423A 用−6V 表示逻辑"1"，用+6V 表示逻辑"0"，可以直接与 RS-232C 相接。采用 RS-423A 标准以获得比 RS-232C 更佳的通信效果。

RS-423A 的接口电路如图 9-41 所示。

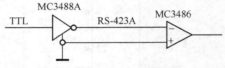

图 9-41 RS-423A 接口电路

3. RS–422A 总线

RS-422A 总线也称为"平衡型电压数字接口电路的电气特性"，采用平衡输出的发送器和差分输入的接收器。采用普通双绞线时，RS-422A 可在 1 200m 范围内以 38 400kBaud 的波特率进行通信。在短距离（200m），RS-422A 的线路可以轻易地达到 200kBaud 以上的波特率。

平衡输出差分输入如图 9-42 所示。

RS-422A 的输出信号线间的电压为±2V，接收器的识别电压为±0.2V，共模范围为±25V。在高速传送信号时，应该考虑到通信线路的阻抗匹配，一般在接收端加终端电阻以吸收掉反射波。电阻网络也应该是平衡的，如图 9-43 所示。

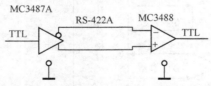 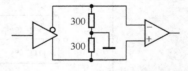

图 9-42 RS-422A 平衡输出差分输入图　　　图 9-43 在接收端加终端电阻图

4. RS–485 总线

RS-485 适用于收发双方共用一对线路进行通信，也适用于多个点之间共用一对线路进行总线方式联网，通信只能是半双工的，100kBaud 的波特率可传送 1 200m；9 600Baud 时可传送 15km；10MBaud 时则只能传送 15m。线路如图 9-44 所示。

典型的 RS232 到 RS422/485 转换芯片有 MAX481/483/485/487/488/489/490/491 以及 SN75175/176/184 等，只需单一的+5V 电源供电即可工作。具体使用方法可查阅有关技术手册。

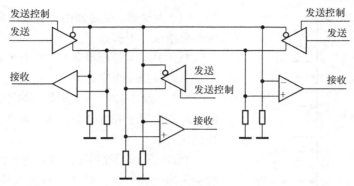

图 9-44　使用 RS-485 实现多个点之间共用一对线路

9.3.3　可编程串行接口芯片 8251A

1．可编程串行接口芯片 8251A 概述

（1）基本性能。可用于同步传送和异步传送两种工作方式。

同步传送方式：5～8 bit 字符，可实现外同步或内同步，自动插入同步字符。波特率为 64 kBaud。

异步传送方式：5～8 bit 字符，时钟速率为通信波特率的 1∶16 或 64 倍。波特率为 0～19.2 kBaud。

（2）同步方式下的格式。每个字符可以用 5～8 位来表示，并且内部能自动检测同步字符，从而实现同步。除此之外，8251 A 也允许同步方式下增加奇/偶校验位进行校验。

（3）异步方式下的格式。每个字符也可以用 5～8 位来表示，时钟频率为传输波特率的 1∶16 或 64 倍，用 1 位奇/偶校验位、1 位起始位，并能根据编程为每个数据增加 1、1.5 或 2 位的停止位。可以检查起始位，自动检测和处理终止字符。

（4）全双工的工作方式。其内部提供具有双缓冲器的发送器和接收器。

（5）提供出错检测。具有奇偶、溢出和帧错误 3 种校验电路。

2．8251A 的内部结构及引脚

8251A 的内部结构、引脚如图 9-45 和图 9-46 所示。

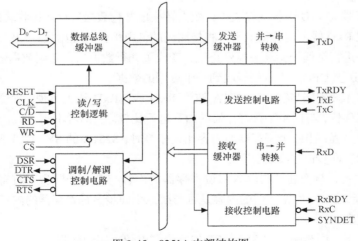

图 9-45　8251A 内部结构图

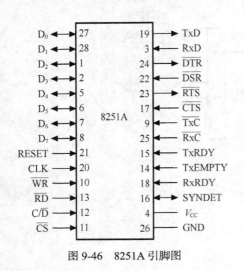

图 9-46　8251A 引脚图

（1）发送器。发送器由发送缓冲器和发送控制电路两部分组成，引脚如下。

TxRDY：发送器准备好，高电平有效，表示 8251A 已准备好发送一个字符。

TxE：发送器空，状态线，高电平有效，表示此时 8251A 发送器中并行到串行转换器空，说明一个发送动作已完成。

TxD：发送器数据输出线。当 8251A 的并行数据被转变为串行数据后，通过 TxD 送往外部设备。

TxC：发送器输入时钟，用来控制发送字符的速度。

异步方式：由发送控制电路在其首尾加上起始位和停止位，然后从起始位开始，经移位寄存器从数据输出线 TxD 逐位串行输出。

同步方式：在发送数据之前，发送器将自动送出 1 个或 2 个同步字符，然后才逐位串行输出数据。

如果 CPU 与 8251A 之间采用中断方式交换信息，那么 TxRDY 可作为向 CPU 发出的中断请求信号。当发送器中的 8 位数据串行发送完毕时，由发送控制电路向 CPU 发出 TxE 有效信号，表示发送器中移位寄存器已空。

（2）接收器。接收器由接收缓冲器和接收控制电路两部分组成，引脚如下。

RxRDY：接收器准备好信号，用来表示当前 8251A 已经从外部设备或调制解调器接收到一个字符，等待 CPU 来取走。因此，在中断方式时，RxRDY 可用来作为中断请求信号；在查询方式时，RxRDY 可用来作为查询信号。

RxD：接收器数据输入信号，用来接收外部设备送来的串行数据，进入 8251A 后被转变为并行方式。

SYNDET：同步检测信号，只用于同步方式。

RxC：接收器输入时钟，用来控制接收字符的速度。

接收移位寄存器从 RxD 引脚上接收串行数据转换成并行数据后存入接收缓冲器。

异步方式：在 RxD 线上检测低电平，将检测到的低电平作为起始位，8251A 开始进行采样，完成字符装配，并进行奇偶校验和去掉停止位，变成了并行数据后，送到数据输入寄存器，同时发出 RxRDY 信号送至 CPU，表示已经收到一个可用的数据。

同步方式：首先搜索同步字符。8251A 监测 RxD 线，RxD 线上出现一个数据位就接收下来并送入移位寄存器移位，与同步字符寄存器的内容进行比较。当两者不相等时，接收下一位数据，并且重复上述比较过程；当两个寄存器的内容比较相等时，8251A 的 SYNDET 升为高电平，表示同步字符已经找到，同步已经实现。

采用双同步方式，就要在测得输入移位寄存器的内容与第一个同步字符寄存器的内容相同后，再继续检测此后输入移位寄存器的内容是否与第二个同步字符寄存器的内容相同。如果相同，则认为同步已经实现。

在外同步情况下，同步输入端 SYNDET 加一个高电位来实现同步。

实现同步之后，接收器和发送器间就开始进行数据的同步传输。这时，接收器利用时钟信号对 RxD 线进行采样，并把收到的数据位送到移位寄存器中。在 RxRDY 引脚上发出一个信号，表示收到了一个字符。

（3）数据总线缓冲器。数据总线缓冲器是 CPU 与 8251A 之间的数据接口，包含 3 个 8 位的缓冲寄存器：两个寄存器分别用来存放 CPU 向 8251A 读取的数据或状态信息。一个寄存器用来存放 CPU 向 8251A 写入的数据或控制。

（4）读/写控制电路。读/写控制电路用来配合数据总线缓冲器的工作，引脚如下。

CLK：时钟输入，用来产生 8251A 器件的内部时序，完成 8251A 的内部定时。

V_{CC}：电源输入。

GND：信号地。

RESET：复位信号，使 8251A 处于空闲状态。

$\overline{CS}$：片选信号，由 CPU 的地址信号通过译码后得到。

$D_0 \sim D_7$：数据信号，8 位，三态，双向数据线，与系统的数据总线相连。传输 CPU 对 8251A 的编程命令字和 8251A 送往 CPU 的状态信息及数据。

$\overline{RD}$：读控制信号，低电平时，将数据或状态字从 8251A 送往数据总线。

$\overline{WR}$：写控制信号，低电平时，将来自数据总线的数据和控制字写入 8251A。

$C/\overline{D}$：控制/数据信号，用来区分当前读/写的是数据还是控制信息或状态信息。高电平时为控制字或状态字；低电平时为数据。该信号也可以看作是 8251A 数据口/控制口的选择信号。

由此可知，$\overline{RD}$、$\overline{WR}$、$C/\overline{D}$ 这 3 个信号的组合决定了 8251A 的具体操作，它们的关系如表 9-7 所示。

表 9-7　　　　　　　　　　　　　　　8251A 端口操作表

$\overline{CS}$	$C/\overline{D}$	$\overline{RD}$	$\overline{WR}$	I/O	操　　作
0	0	0	1	输入	CPU 从 8251A 读数据
0	1	0	1	输入	CPU 读 8251A 状态数据
0	0	1	0	输出	CPU 写数据到 8251A
0	1	1	0	输出	CPU 写控制字到 8251A
1	X	X	X		8251A 未选中，不操作

注：数据输入端口和数据输出端口合用同一个偶地址，而状态端口和控制端口合用同一个奇地址。

（5）调制/解调器控制电路。调制/解调控制电路用来简化 8251A 和调制解调器的连接，引脚如下。

$\overline{DTR}$：数据终端准备好信号，通知外部设备 CPU 当前已经准备就绪。

$\overline{DSR}$：数据设备准备好信号，表示当前外部设备已经准备好。

$\overline{RTS}$：请求发送信号，表示 CPU 已经准备好发送。

$\overline{CTS}$：允许发送信号，是对 $\overline{RTS}$ 的响应，由外部设备送往 8251A。

实际使用时，这 4 个信号中通常只有 $\overline{CTS}$ 必须为低电平，其他 3 个信号可以悬空。

3. 8251A 与 CPU 之间的连接信号

8251A 与 CPU 之间的连接信号如图 9-47 所示。

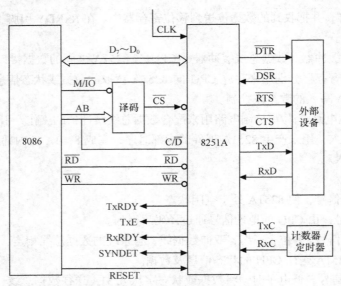

图 9-47　8251A 和 CPU 连接示意图

9.3.4　8251A 的编程

8251A 是一个多功能通信接口，所以在具体使用时必须进行初始化，确定具体工作方式。编程的内容包括两大方面：一方面是由 CPU 发出的控制字（方式选择控制字和操作命令控制字）；另一方面是由 8251A 向 CPU 送出的状态字。

1. 方式选择控制字（模式字）

方式选择控制字的格式如图 9-48 所示。

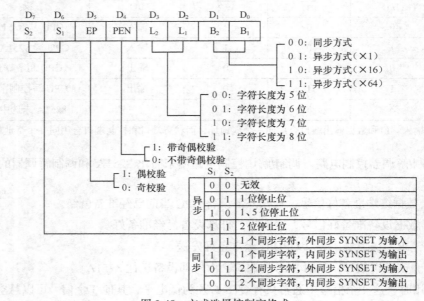

图 9-48　方式选择控制字格式

2. 操作命令控制字（控制字）

操作命令控制字的格式如图 9-49 所示。

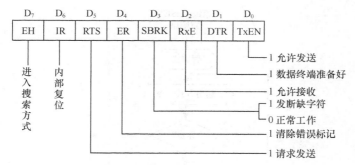

图 9-49　操作命令控制字格式

3.　状态字

状态字的格式如图 9-50 所示。

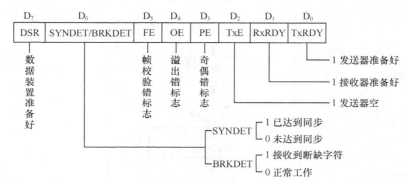

图 9-50　状态字格式

在发送前和发送后状态位 TxRDY 和输出引脚 TxRDY 的状态可能不一致,但在发送过程中两者总是一致的。前者可供 CPU 查询,后者可作为向 CPU 发出的中断请求信号。

例如,要查询 8251A 接收器是否准备好,则可用下列程序段完成。

```
        MOV     DX,0FFF2H           ;状态口
    L:  IN      AL,DX               ;读状态口
        AND     AL,02H              ;查 D₁=1? 即是否准备好了
        JZ      L                   ;未准备好,则等待
        MOV     DX, 0FFF0H          ;数据口
        IN      Al ,DX              ;已准备好,则输入数据
```

4.　8251A 的初始化编程

8251A 芯片复位以后,第一次用奇地址端口写入的值作为模式字进入模式寄存器。如果模式字中规定了 8251A 工作在同步模式,由 CPU 用奇地址端口写入的值将作为控制字送到控制寄存器,而用偶地址端口写入的值将作为数据送到数据输出缓冲寄存器。流程图如图 9-51 所示。

需要特别注意的是,8251A 的方式寄存器、同步字符寄存器、命令寄存器均使用相同的端口地址,即 A₀=0、A₁=1 的端口地址。由于 8251A 的内部操作需要一定的时间,因此各种控制字发送后需要设置几条空操作命令,保证内部操作完成后再设置其他指令。

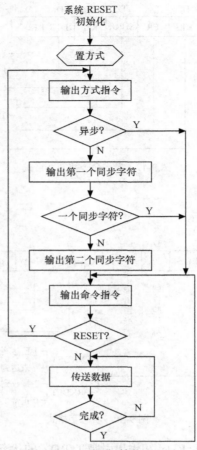

图 9-51　8251A 初始化流程图

8251A 异步通信初始化程序段如下：

```
MOV     AL,0FAH     ;设置方式字
OUT     52H,AL
MOV     AL,37H      ;设置命令字,启动发送器、接收器
OUT     52H,AL
...
```

8251A 同步通信初始化程序段如下：

```
MOV     AL,38H      ;设置方式字
OUT     52H,AL
MOV     AL,16H      ;2 个同步字符均为 16H
OUT     52H,AL
OUT     52H,AL
MOV     AL,97H      ;设置命令字,启动发送器、接收器
OUT     52H,AL
...
```

9.3.5　8251A 的应用举例

在实际应用中，对 8251A 设置方式字之前，通常是先送 3 个 0，再送 40H，使 8251A 复位，

这是 8251A 的编程约定。

【例 9-13】　8251 初始化的方法。

要求 8251A 的波特率为 2 400，波特率因子为 16。线路连接如图 9-52 所示。

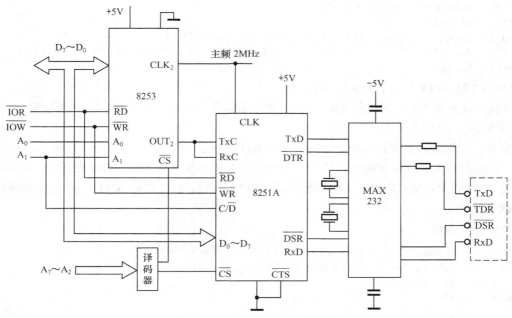

图 9-52　8251A 串行接口线路图

8251A 的初始化程序段如下：

```
XOR       AL, AL
OUT       0DAH,    AL
CALL      DELAY                  ;调延时子程序
OUT       0DAH,    AL
CALL      DELAY
OUT       0DAH,    AL
CALL      DELAY
MOV       AL, 40H                ;设置复位命令字
OUT       0DAH,    AL
CALL      DELAY
MOV       AL,4EH                 ;设置方式字,异步、8 位数据、波特率因子 16 等
OUT       0DAH,    AL
CALL      DELAY
MOV       AL, 27H                ;设置命令字,启动发送器、接收器
OUT       0DAH,    AL
```

假定要向外输出的一个字符已经放在 AH 寄存器中。若采用查询式输出，则程序先对状态口进行测试，判断 TxRDY 状态位是否有效。若 TxRDY 为 "1"，则说明当前数据输出缓冲器为空，CPU 可以向 8251A 输出一个字符。程序段如下：

```
NEXT:  IN        AL,0DAH
       TEST      AL,01H
       JZ        NEXT
       MOV       AL,AH
       OUT       0D8H,AL
```

【例 9-14】　异步模式下的初始化程序举例。

设 8251A 工作在异步模式，波特率系数（因子）为 16，7 个数据位/字符，偶校验，2 个停止位，发送、接收允许，设端口地址为 00E2H 和 00E4H。试完成初始化程序。

分析：根据题目要求，可以确定模式字为 11111010B，即 FAH；而控制字为 00110111B，即 37H，则初始化程序如下：

```
MOV    AL,0FAH         ;送模式字
MOV    DX,00E2H
OUT    DX,AL           ;异步方式,7 位/字符,偶校验,2 个停止位
MOV    AL,37H          ;设置控制字、使发送/接收允许、清理出错标志,使 RTS 、 DTR 有效
OUT    DX,AL
```

【例 9-15】 同步模式下初始化程序举例。

设端口地址为 52H，采用内同步方式，2 个同步字符（设同步字符为 16H），偶校验，7 位数据位/字符。

分析：根据题目要求，可以确定模式字为 00111000B，即 38H。控制字为 10010111B，即 97H。它使 8251A 对同步字符进行检索，同时使状态寄存器中的 3 个出错标志复位。此外，还可以使 8251A 的发送器启动，接收器也启动；控制字还通知 8251A，CPU 当前已经准备好进行数据传输。

具体程序段如下：

```
MOV        AL,38H          ;设置模式字,同步模式,用 2 个同步字符
OUT        52H,AL          ; 7 个数据位,偶校验
MOV        AL,16H
OUT        52H,AL          ;送同步字符 16H
OUT        52H,AL
MOV        AL,97H          ;设置控制字,使发送器和接收器启动
OUT        52H,AL
```

【例 9-16】 利用状态字进行编程的举例。

下面的程序段先对 8251A 进行初始化，然后对状态字进行测试，以便输入字符。本程序段可用来输入 80 个字符。

分析：8251A 的控制和状态端口地址为 52H，数据输入和输出端口地址为 50H。字符输入后，放在 BUFFER 标号所指的内存缓冲区中。

具体的程序段如下：

```
        MOV    AL,0FAH         ;设置模式字,异步方式,波特率因子为 16
        OUT    52H,AL          ;用 7 个数据位,2 个停止位,偶校验
        MOV    AL,35H          ;设置控制字,使发送器和接收器启动
        OUT    52H,AL          ;清除出错指示位
        MOV    DI,0            ;变址寄存器初始化
        MOV    CX,80           ;计数器初始化,共收取 80 个字符
BEGIN:
        IN     AL,52H          ;读取状态字,测试 RxRDY 位是否为 1
        TEST   AL,02H          ;若为 0,表示未收到字符,故继续读取状态字并测试
        JZ     BEGIN
        IN     AL,50           ;读取字符
        MOV    DX,OFFSET  BUFFER
        MOV    [DX+DI],AL
        INC    DI              ;修改缓冲区指针
        IN     AL,52H          ;读取状态字
        TEST   AL,38H          ;测试有无帧校验错,奇/偶校验错和溢出错
```

```
        JZ      ERROR          ;若有,则转至出错处理程序
        LOOP    BEGIN          ;若没错,则再接收下一个字符
        JMP     EXIT           ;若输入满足 80 个字符,则结束
    ERROR:
        CALL    ERR-OUT        ;调出错处理
    EXIT: ……
```

【例 9-17】　两台微型计算机通过 8251A 相互通信的举例。

通过 8251A 实现相距较远的两台微型计算机相互通信的系统连接简化框如图 9-53 所示。这时利用两片 8251A 通过标准串行接口 RS-232C 实现两台 8086 微型计算机之间的串行通信,可采用异步或同步工作方式。

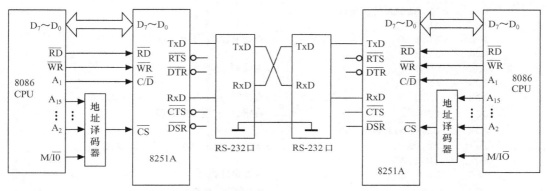

图 9-53　两台 8086 微型计算机之间的串行通信

分析:设系统采用查询方式控制传输过程,异步传送。

初始化程序由以下两部分组成。

(1)将一方定义为发送器。发送端 CPU 每查询到 TxRDY 有效时,则向 8251A 并行输出一个字节数据。

(2)将对方定义为接收器。接收端 CPU 每查询到 TxRDY 有效时,则从 8251A 输入 1 字节数据,一直进行到全部数据传送完毕为止。

发送端初始化程序与发送控制程序如下:

```
STT: MOV    DX,8251A 控制端口
     MOV    AL,7FH
     OUT    DX,AL            ;将 8251A 定义为异步方式,8 位数据,1 位停止位
     MOV    AL,11H           ;偶校验,取波特率系数为 64,允许发送
     OUT    DX,AL
     MOV    DI,发送数据块首地址    ;设置地址指针
     MOV    CX,发送数据块字节数    ;设置计数器初值
NEXT:
     MOV    DX,8251A 控制端口
     IN     AL,DX
     AND    AL,01H           ;查询 TxRDY 是否有效
     JZ     NEXT             ;无效则等待
     MOV    DX,8251A 数据端口
     MOV    AL,[DI]          ;向 8251A 输出一个字节数据
     OUT    DX,AL
     INC    DI               ;修改地址指针
```

```
        LOOP    NEXT                            ;未传输完,则继续下一个
        HLT
```

接收端初始化程序和接收控制程序如下:

```
SRR: MOV    DX,8251A 控制端口
     MOV    AL,7FH
     OUT    DX,AL                          ;初始化 8251A,异步方式,8 位数据
     MOV    AL,14H                         ;1 位停止位,偶校验,波特率系数为 64,允许接收
     OUT    DX,AL
     MOV    DI,接收数据块首地址              ;设置地址指针
     MOV    CX,接收数据块字节数              ;设置计数器初值
COMT:
     MOV    DX,8251A 控制端口
     IN     AL,DX
     ROR    AL,1                           ;查询 RxRDY 是否有效
     ROR    AL,1
     JNC    COMT                           ;无效则等待
     ROR    AL,1
     ROR    AL,1                           ;有效时,进一步查询是否有奇偶校验错
     JC     ERR                            ;有错时,转至出错处理
     MOV    DX,8251A 数据端口
     IN     AL,DX                          ;无错时,输入一个字节到接收数据块
     MOV    [DI],AL
     INC    DI                             ;修改地址指针
     LOOP   COMT                           ;未传输完,则继续下一个
     HLT
ERR: CALL   ERR-OUT
```

9.4　计数与定时技术

微型计算机系统常常需要为处理机和外部设备提供时间标记或对外部事件进行计数。例如,分时系统的程序切换,向外部设备定时周期性地输出控制信号,外部事件发生次数达到规定值后产生中断以及统计外部事件发生次数等,因此,需要解决系统的计数与定时问题。

9.4.1　计数与定时概述

1. 计数与定时系统

微型计算机系统中的定时可分为两类:一类是计算机本身运行的时间基准——内部定时,因而计算机的每种操作都是按照严格的时间节拍执行的;另一类是外部设备实现某种功能时在外部设备和 CPU 之间或外部设备与外部设备之间的时间配合——外部定时。前者是计算机内部定时,已由 CPU 硬件结构确定,有固定的时序关系,无法更改。后者是外部定时,由于外部设备或被控对象的任务不同,功能各异,无一定模式,因此往往需要用户自己设定。当然,用户在考虑外部设备和 CPU 连接时,不能脱离计算机的定时要求,即应以计算机的时序关系为依据来设计外部定时机构,以满足计算机的时序要求,称为时序配合。至于在一个过程控制、工艺流程或监控系统中,各个控制环节或控制单元之间的定时关系完全取决于被处理、加工、制造和控制的对象的性质,因而可以按各自的规律独立进

行设计。

　　由于定时的本质是计数，把若干小片的定时单元累加起来就可以获得一段时间，因此把计数作为定时的基础来讨论。

2．定时方法

　　为获得所需要的定时，要求准确而稳定的时间基准，产生这种时间基准通常采用两种方法——软件定时和硬件定时。

　　（1）软件定时。利用 CPU 内部定时机构，使每执行一条指令需要若干个机器周期，运用软件编程，循环执行一段程序而产生等待延时。这是常用的一种定时方法，主要用于短时延时。

　　这种方法的优点是不需要增加硬设备，只需编制相应的延时程序以备调用。缺点是 CPU 执行等待延时，增加了 CPU 的时间开销，延时时间越长，这种等待开销越大，降低了 CPU 的效率，浪费 CPU 资源。

　　（2）硬件定时。采用可编程通用的定时/计数器或单稳延时电路产生定时或延时。这种方法的优点是不占用 CPU 的时间，定时时间长，使用灵活，故得到广泛应用。目前，通用的定时/计数器集成芯片种类很多，后面将对 Intel 8253 计数/定时器的原理功能、编程使用方法进行详细讨论。

9.4.2　定时/计数器 8253

1．8253 的主要功能

　　（1）8253 芯片上有 3 个独立的 16 位计数器。

　　（2）每个计数器都可以按照二进制或二—十进制计数。

　　（3）每个计数器的计数速率可高达 2MHz。

　　（4）每个计数器有 6 种工作方式，可由程序设置和改变。

　　（5）所有的输入/输出都与 TTL 电平兼容。PC/XT 使用 8253，PC/AT 使用 8254-2 作为定时系统的核心芯片，两者的外形引脚及功能都是兼容的，只是工作的最高频率有所差别（前者为 5 MHz，后者为 10 MHz）。另外，还有 8254（8 MHz）和 8254-5（5 MHz）兼容芯片。下面以 8253 为例进行分析。

2．8253 的内部逻辑结构

　　8253 内部有 6 个模块，其结构框图如图 9-54 所示。

　　（1）数据总线缓冲器。数据总线缓冲器是一个 8 位、三态、双向寄存器，用于将 8253 与系统数据总线 $D_0 \sim D_7$ 相连。CPU 用 I/O 指令通过数据总线缓冲器向 8253 写入数据与命令，或从数据总线缓冲器读取数据和状态信息，都是通过这 8 条总线传送的。

　　数据总线缓冲器有以下 3 个基本功能。

　　① CPU 在初始化编程时，向 8253

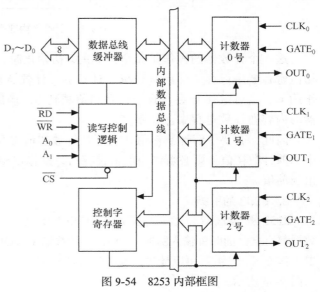

图 9-54　8253 内部框图

写入确定 8253 工作方式的控制字。

② CPU 向某一计数寄存器装入值。

③ CPU 从某一计数寄存器读出计数器的值。

（2）读/写控制逻辑。读/写控制逻辑设置由 CPU 发来的读、写信号和地址信号，选择读出或写入寄存器，并且确定数据传输的方向是读出还是写入（产生整个器件的工作控制信号）。

（3）控制字寄存器。控制字寄存器接受 CPU 送来的工作方式控制字，可以用来选择某一计数器及相应的工作方式。控制字寄存器只能写入，不能读出。

（4）计数器。8253 有 3 个独立的计数器，即计数器 0、计数器 1 和计数器 2。每个计数器的内部结构完全相同，每一个计数器由 16 位减 1 计数器、16 位计数初值寄存器和 16 位输出锁存器组成，如图 9-55 所示。

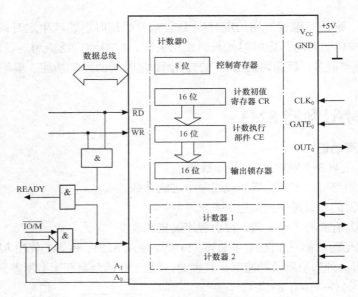

图 9-55　计数器内部逻辑框图

这 3 个计数器的操作是完全独立的。初始化时，首先向计数器装入计数初值先送到计数初值寄存器中保存，然后送到减 1 计数器。计数器启动后（GATE 允许），在时钟脉冲 CLK 作用下，进行减 1 计数，直至计数初值减到 0，输出 OUT 信号，计数结束。计数初值寄存器的内容在计数过程中保持不变。

因此，若要了解计数初值，则可从计数初值寄存器直接读出。而如果要想知道计数过程中当前计数初值，则必须将当前值锁存后，从输出锁存器读出，不能直接从减 1 计数器中读出当前值。

3. 8253 的引脚

8253 是 24 脚双列直插式芯片，+5V 电源供电。每个芯片内部有 3 个独立的计数器，每个计数器都有自己的时钟输入脉冲（CLK）、计数输出（OUT）和门控信号（GATE）。通过编程设置工作方式，计数器可以计数，也可以定时，故称之为定时/计数器，记作 T/C。Intel 8253 的引脚如图 9-56 所示。

（1）数据线与控制引脚的功能定义

$D_0 \sim D_7$：数据线，双向，三态，输出/输入线，供 CPU 向 8253 读/写数据、命令和状态信息。

$\overline{CS}$：片选信号，输入信号，低电平有效。只有当 $\overline{CS}$ 为 0 时 CPU 才选中 8253，可以向 8253 进行读写；通常接地址译码信号，由 CPU 输出的地址码经译码产生。

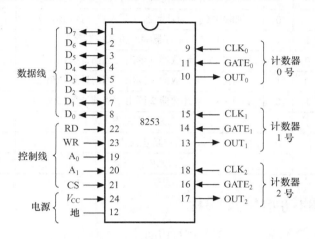

图 9-56 8253 引脚图

$\overline{RD}$：读信号，输入信号，低电平有效。由 CPU 发出，用于对 8253 寄存器读数据操作。

$\overline{WR}$：写信号，输入信号，低电平有效。由 CPU 发出，用于对 8253 寄存器写入数据或命令字操作。

（2）每一个计数器有 3 个引脚。

CLK：时钟输入信号。3 个计数器各有一个独立的时钟输入信号，分别为 CLK_0、CLK_1、CLK_2。时钟信号的作用是在 8253 进行定时或计数工作时，每输入一个时钟信号 CLK，便使定时或计数初值减 1。它是计量的基本时钟。计数器就是对这个引脚上的脉冲进行计数。8253 规定，加在 CLK 引脚的输入时钟周期不能小于 380ns。

GATE：门控制信号。为输入信号，3 个计数器每一个都有自己的门控制信号，分别为 $GATE_0$、$GATE_1$、$GATE_2$。GATE 信号的作用是用来禁止、允许或开始计数过程的。对 8253 的 6 种不同工作方式，GATE 信号的控制作用不同（参见后面的讲解）。

这是控制计数器工作的一个外部信号。当 GATE 引脚为低电平（无效）时，通常都是禁止计数器工作，只有当 GATE 为高电平时才允许计数器工作。

OUT：计数器输出信号，OUT 是 8253 向外输出信号。3 个独立计数器每一个都有自己的计数器输出信号，分别为 OUT_0、OUT_1、OUT_2。当计数到 0 时，OUT 引脚上输出一个 OUT 信号，输出信号的波形取决于工作方式，用以指示定时或计数已到。这个信号可作为外部定时、计数控制信号引导 I/O 设备用来启动某种操作（开/关或启/停），也可作为定时、计数已到的状态信号供 CPU 检测或作为中断请求信号使用。

A_1、A_0：地址译码（端口选择）输入线。A_1、A_0 这两根引脚线接到系统地址总线的 A_1、A_0 上。当 $\overline{CS}$ =0，8253 被选中时，A_1、A_0 用于选择 8253 内部端口寄存器，以便对它们进行读/写操作。8253 内部端口寄存器与地址码 A_1、A_0 的关系及各个计数器的读/写操作的选择如表 9-8 所示。

表 9-8　　　　　　　　　　　253 读/写操作及端口地址

$\overline{CS}$	$\overline{RD}$	$\overline{WR}$	A_1	A_0	操作	PC/XT	扩展板
0	1	0	0	0	加载 T/C₀（向计数器 0 写入"计数初值"）	40H	304H
0	1	0	0	1	加载 T/C₁（向计数器 1 写入"计数初值"）	41H	305H
0	1	0	1	0	加载 T/C₂（向计数器 2 写入"计数初值"）	42H	306H
0	1	0	1	1	向控制寄存器写"方式控制字"	43H	307H
0	1	0	0	0	读 T/C₀（从计数器 0 读出"当前计数初值"）	40H	304H
0	0	1	0	1	读 T/C₁（从计数器 1 读出"当前计数初值"）	41H	305H
0	0	1	1	0	读 T/C₂（从计数器 2 读出"当前计数初值"）	42H	306H
0	0	1	1	1	无操作三态		
1					禁止三态		
0	1	1			无操作三态		

9.4.3　8253 的初始化及编程

每个计数器可通过输入/输出指令对其进行访问。

8253 有两种工作状态，即计数模式、定时模式；有两个计数方式，即按二进制计数、按十进制（BCD 码计数）；还有 6 种工作方式，即方式 0、方式 1、方式 2、方式 3、方式 4、方式 5。

1. 8253 的初始化

使用 8253 必须首先进行初始化编程，初始化编程的工作有两点：一是向控制寄存器写入方式控制字，以选择计数器，确定工作方式，指定计数器计数初值的长度和装入顺序以及计数初值的码制；二是向已选定的计数器按方式控制字的要求写入计数初值。

如前所述，在有些方式下，写入计数初值后此计数器就开始工作了，而有的方式需要外界门控制信号的触发启动。

在初始化编程时，某一计数器的控制字和计数初值是通过两个不同的端口地址写入的。任一个计数器的控制字都写入控制字寄存器（地址总线低 3 位 $A_2A_1A_0=110$），由控制字中的 D_7D_6 来确定是哪一个计数器的控制字；而计数初值是由各个计数器的端口地址写入的。

初始化编程的步骤如下。

（1）写入计数器控制字，规定计数器的工作方式。

（2）写入计数初值。

① 若规定只写低 8 位，则写入的为计数初值的低 8 位，高 8 位自动置 0。

② 若规定只写高 8 位，则写入的为计数初值的高 8 位，低 8 位自动置 0。

③ 若是 16 位计数初值，则分两次写入，先写入低 8 位，再写入高 8 位。

【例 9-18】　8253 初始化编程举例。

若要用计数器 0，工作在方式 1，按二—十进制计数，计数初值为 5080H，则初始化编程的步骤如下。

（1）确定计数器控制字，控制字格式如下。

276

（2）计数初值的低 8 位为 80H。

（3）计数初值的高 8 位为 50H。

若端口地址为 F8H~FBH，则初始化程序如下：

```
MOV     AL,33H
OUT     0FBH,AL
MOV     AL,80H
OUT     0F8H,AL
MOV     AL,50H
OUT     0F8H,AL
```

2. 计数器选择（$D_7 D_6$）

控制字的最高两位决定这个控制字是哪一个计数器的控制字。由于 3 个计数器的工作是完全独立的，所以需要有 3 个控制字寄存器分别规定相应计数器的工作方式，但它们的地址是同一个，即 $A_1 A_0 = 11$。因此，对 3 个计数器的编程需要向这个地址写入 3 个控制字，D_7、D_6 位分别指定不同的计数器，如图 9-57 所示。

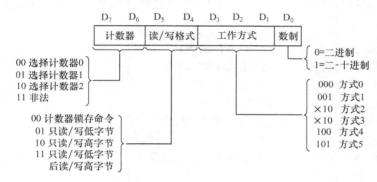

图 9-57　8253 的控制字

工作方式命令字的格式如下。

D7	D6	D5	D4	D3	D2	D1	D0
SC1	SC0	RL1	RL0	M2	M1	M0	BCD
计数器选择		读写字数		工作方式			码制

（1）$D_7 D_6 (SC_1 SC_0)$：用于选择计数器。

$SC_1 SC_0 = 00$，选择计数器 0；$SC_1 SC_0 = 01$，选择计数器 1；$SC_1 SC_0 = 10$，选择计数器 2；$SC_1 SC_0 = 11$，非法。

（2）$D_5 D_4 (RL_1 RL_0)$：数据读/写格式，用来控制计数器读/写的字节数（1 或 2 个字节）及读/写高/低字节的顺序。

CPU 向计数器写入初值和读取它们的当前状态时有几种不同的格式。

$RL_1 RL_0 = 00$，特殊命令（锁存命令），把由 $SC_1 SC_0$ 指定的计数器的当前值锁存在锁存寄存器中，以便随时读取。

$RL_1 RL_0 = 01$，仅读/写一个低字节。

$RL_1 RL_0 = 10$，仅读/写一个高字节。

$RL_1 RL_0 = 11$，读/写 2 个字节，先读低字节，后读高字节。

例如，写数据时是写入 8 位数据还是 16 位数据。若是 8 位计数，可以令 $D_5 D_4 = 01$，只写入低 8 位，高 8 位自动置 0；若是 16 位计数且低 8 位为 0，则可令 $D_5 D_4 = 10$，只写入高 8 位，低 8

位自动置 0；若是 16 位计数且高 8 位与低 8 位都不是 0，就先写入低 8 位，后写入高 8 位，可令 $D_5 D_4 = 11$。

在读取计数初值时，可令 $D_5 D_4 = 00$，将写控制字时的计数初值锁存，以便以后再读取。

（3）$D_3 \sim D_1$（$M_2 \sim M_0$）：用来选择计数器的工作方式。8253 的每个计数器可以有 6 种不同的工作方式，由这 3 位决定。

$M_2 M_1 M_0 = 000$，方式 0；$M_2 M_1 M_0 = 011$，方式 3；$M_2 M_1 M_0 = 001$，方式 1；$M_2 M_1 M_0 = 100$，方式 4；$M_2 M_1 M_0 = 010$，方式 2；$M_2 M_1 M_0 = 101$，方式 5。

（4）D_0(BCD)：数制选择。8253 的每个计数器有两种计数制，是按二进制数还是按二—十进制数计数由 D_0 位决定。

BCD=0，采用二进制；BCD=1，采用二—十进制。

在二进制计数时，写入的初值范围为 0000H~FFFFH，其中 0000H 是最大值，代表 65536；在二—十进制时，写入的初值范围为 0000~9999，其中 0000 是最大值，代表 10000。

【例 9-19】 选择计数器 2，工作在方式 2，计数初值为 533H（2 个字节），采用二进制计数，其程序段如下：

```
TIMER    EQU   040H            ;0 号计数器端口地址
MOV      AL,10110100B          ;2 号计数器的方式控制字
OUT      TIMER+3,AL            ;写入控制寄存器
MOV      AX,533H               ;计数初值
OUT      T1MER+2,AL            ;先送低字节到 2 号计数器
MOV      AL,AH                 ;取高字节
OUT      TIMER+2,AL            ;后送高字节到 2 号计数器
```

9.4.4 工作方式及特点

8253 芯片的每个计数器都有 6 种工作方式。区分工作方式的主要标志有 3 点：一是输出波形不同；二是启动计数器的触发方式不同；三是计数过程中门控制信号 GATE 对计数操作的影响不同。

1. 单脉冲发生器

（1）方式 0：软件触发方式的单脉冲发生器

在这种方式下，先选定一个计数器，然后向控制字寄存器送入一个控制字，则使 OUT 输出端变低，在以后计数过程中始终为低。计数器还没有赋予初值，也不开始计数。要开始计数，GATE 信号必须为高电平。接着向计数器送入一个计数初值，开始减 1 计数，当计数初值减到 0 时，OUT 输出端变高，并且停止计数工作，得到一个脉冲信号。

在计数过程中，OUT 信号线一直维持低电平，直到计数到 0 时，OUT 输出信号线才变为高电平。方式 0 过程如图 9-58 所示。其中，LSB=4 表示计数初值为 4，只写低 8 位，最底下一行是计数器中的数值。

方式 0 的主要特点如下。

① 当向计数器写完计数初值时，开始计数，相应的输出信号 OUT 就开始变成低

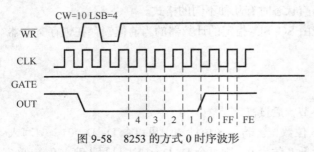

图 9-58　8253 的方式 0 时序波形

电平。当计数器减到零时，OUT 立即输出高电平，并且输出保持为高。只有在写入新的计数初值时，开始新的计数，OUT 再次变成低电平。

② 在计数过程中，可由门控制信号 GATE 控制暂停。门控制信号 GATE 为高电平时，计数器工作；当 GATE=0 时，计数器停止工作，其计数初值保持不变；当 GATE 变高后，接着计数。

③ 在计数器工作期间，如果重新写入新的计数初值，则计数器将按新写入的计数初值重新工作。

④ 8253 内部是在 CPU 写计数初值的 $\overline{WR}$ 信号上升沿将此值写入计数器的预置寄存器，在 WR 信号上升沿后的下一个 CLK 脉冲，才将计数初值由预置寄存器送至减 1 计数器作为初值，开始计数。所以，8253 是在写计数初值命令后经过一个输入脉冲，才将计数初值装入减 1 计数器，下一个脉冲才开始计数。因此，如果设置计数初值为 N，则输出信号 OUT 是在 $N+1$ 个 CLK 脉冲之后才变高的。这个特点在方式 1、方式 2、方式 4 和方式 5 时也是类似的。

方式 0 的上述工作特点可用图 9-59 所示的时序来表示。

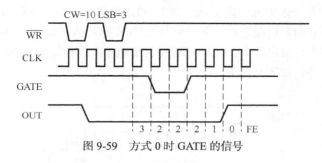

图 9-59　方式 0 时 GATE 的信号

⑤ 在计数过程中可以改变计数初值。若是 8 位计数，则在写入新的计数初值后，计数器将按新的计数初值重新开始计数，如图 9-60 所示。如果是 16 位计数，在写入第一个字节后，计数器停止计数，在写入第二个字节后，计数器便按照新的数值开始计数，即改变计数初值是立即有效的。

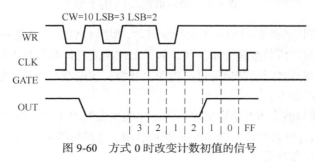

图 9-60　方式 0 时改变计数初值的信号

⑥ 8253 内部没有中断控制电路，也没有专用的中断请求引线，所以若要用于中断，则可以用 OUT 信号作为中断请求信号，但是，需要有外接的中断优先权排队电路与中断向量产生电路。

【例 9-20】 8253 的地址为 04H～07H，计数器 1 工作在方式 0，仅用 8 位二进制计数，计值为 128，试编写初始化程序。

初始化程序如下：

```
MOV      A1,50H      ;设控制字
OUT      07H,AL      ;输出至控制字寄存器
MOV      AL,80H      ;设置计数初值
OUT      05H,AL      ;输出至计数器 1
```

【例9-21】 计数器 T_1 工作在方式 0，进行 16 位二进制计数，试编写程序。

程序段如下：

```
MOV      DX,307H        ;控制口
MOV      AL,01110000B   ;方式字
OUT      DX,AL
MOV      DX,305H        ;T₁数据口
MOV      AL,BYTEL       ;计数初值低字节
OUT      DX,AL
MOV      AL,BYTEH       ;计数初值高字节
OUT      DX,AL
```

（2）方式 1——硬件触发的单脉冲发生器

方式 1 为可编程的单稳态工作方式。在此方式下，当 CPU 写控制字后（上升沿），输出 OUT 信号将变成高电平（若原来为低，则由低变高）。写入计数初值后，计数器并不立即开始计数工作，直到门控制信号 GATE 启动之后的下一个输入 CLK 脉冲的下降沿开始计数，使输出 OUT 信号变成低电平。在整个计数过程中，OUT 都维持为低电平，直到计数到 0，输出变为高电平，因此输出为一个单拍脉冲，如图 9-61 所示。

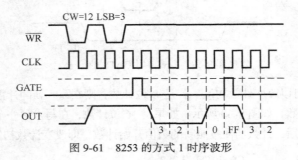

图 9-61　8253 的方式 1 时序波形

在计数器工作期间，若外部 GATE 再次触发启动，即当 GATE 又出现一个负脉冲的上升沿时，计数器重新装入原计数初值并重新开始计数。如果工作期间对计数器写入新的计数初值，则要等到当前的计数初值计到 0 且门控制信号再次出现上升沿后才按新写入的计数初值开始工作。

方式 1 的主要特点如下。

① 若设置的计数初值为 N，则输出的单拍脉冲的宽度为 N 个输入脉冲间隔。

② 当计数到 0 后，可再次由外部 GATE 触发启动，于是可再输出一个同样宽度的单拍脉冲，而不用再次送入一个计数初值。

③ 在计数过程中，外部可发出门控脉冲进行再触发。在再触发脉冲上升沿之后的一个 CLK 脉冲的下降沿，计数器将重新开始计数，如图 9-62 所示。

④ 在计数过程中，CPU 可改变计数初值，这时计数过程不受影响，计数到 0 后输出为高。若再次触发启动，则计数器将重新按输入的计数初值计数，即计数初值是下次有效，如图 9-63 所示。

若要使计数器 0 工作在方式 1，按 BCD 计数，计数初值为 3000H，则初始化程序如下：

```
MOV      AL,23H         ;设方式控制字
OUT      07H,AL         ;输出至控制字寄存器
MOV      AI,30H         ;设计数初值
OUT      04H,AL         ;输出至计数器 0 的高 8 位
```

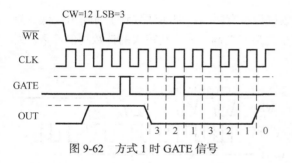

图 9-62　方式 1 时 GATE 信号

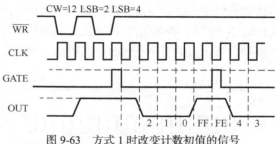

图 9-63　方式 1 时改变计数初值的信号

> ⚠️ 注意　虽然计数初值是 16 位的，但是在控制字中规定为只写高 8 位，故低 8 位自动设置为 0。

【例 9-22】　计数器 2 工作在方式 1，进行 8 位二进制计数。

程序段如下：

```
MOV    DX,307H       ;控制口
MOV    AL,10010010B  ;方式字
OUT    DX,AL
MOV    DX,306H       ;计数器 2 数据口
MOV    AL,BYTEL      ;低 8 位计数初值
OUT    DX,AL
```

程序中把计数器 2 设定成仅读/写低 8 位计数初值，高 8 位自动补 0。

2. 信号源（信号发生器）

可以利用 8253 当信号源用，可产生基本波列——短形波和分波。

（1）方式 2——矩形脉冲发生器（软件触发方式）

方式 2 是一种具有自动装入时间常数的 N 分频器，可产生连续的短形脉冲。如果计数初值为 N，则每输入 N 个 CLK 脉冲，就输出一个脉冲。因此，这种方式可以作为一个脉冲速率发生器或用于产生实时时钟中断。在这种方式下，当 CPU 输出控制字后，输出 OUT 信号将变为高电平。在写入计数初值后，计数器将立即自动对输入时钟 CLK 计数。在计数过程中输出始终保持为高电平，直至计数器减到 1 时，输出才变为低电平，经过一个 CLK 周期，输出又恢复为高电平，并且计数器开始重新计数，如图 9-64 所示。

方式 2 的主要特点如下。

① 计数器计数期间，输出 OUT 为高电平。计数器回零后，输出为低电平并自动重新装入原计数初值。低电平维持一个时钟周期后，输出又恢复高电平并重新作减法计数。不用重新设置计数初值。计数器能够连续工作，输出固定频率的脉冲。

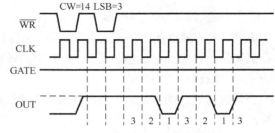

图 9-64　8253 的方式 2 时序波形

② 计数过程可由 GATE 控制脉冲。门控制信号 GATE 为高电平时允许计数。当 GATE 变低时，计数器停止计数，待 GATE 恢复高电平后的下一个 CLK 脉冲，计数器将按原设定的计数初值重新开始计数，工作时序如图 9-65 所示。

③ 计数器工作期间，在计数过程中可以改变计数初值，如向此计数器写入新的计数初值，

但计数器仍按原计数初值计数，对正在进行的计数过程没有影响，但在计数到 1 时输出变低，直到计数器计到 0，并在输出一个 CLK 周期的低电平之后又变高，才按新写入的计数初值计数。所以改变计数初值是下次有效的，如图 9-66 所示。

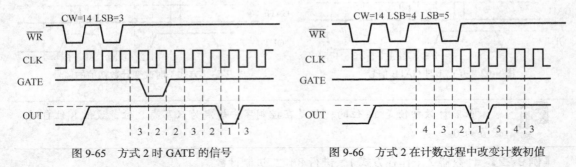

图 9-65　方式 2 时 GATE 的信号　　　　图 9-66　方式 2 在计数过程中改变计数初值

【例 9-23】　计数器 2 工作在方式 2，按二进制计数，计数初值为 02F0H，试编写初始化程序。
初始化程序如下：

```
MOV     AL,84H              ;写入控制字
OUT     07H,AL
MOV     AI,0F0H
OUT     06H,AL              ;写计数初值的低 8 位
MOV     AL,02H
OUT     06H,AL              ;写计数初值的高 8 位
```

【例 9-24】　计数器 0 工作在方式 2，进行 16 位二进制计数。
程序段如下：

```
MOV     DX,307H             ;命令口
MOV     AL,00110100B        ;方式字
OUT     DX,AL
MOV     DX,304H             ;T0 数据口
MOV     AL,BYTEL            ;低 8 位计数初值
OUT     DX,AL               ;
MOV     AL,BYTEH            ;高 8 位计数初值
OUT     DX,AL
```

（2）方式 3——方波发生器

方式 3 与方式 2 的工作方式基本相同，也具有自动装入时间常数的能力，输出都是周期性的，主要区别是：方式 3 在计数过程中 OUT 引脚输出的不是一个时钟周期的低电平，而是高低电平比为 1∶1 或近似 1∶1 的方波。

当计数初值 N 为偶数时，输出在前 $N/2$ 的计数过程中为高电平，在后 $N/2$ 的计数过程中为低电平。

当计数初值 N 为奇数时，在前 $(N+1)/2$ 的计数过程中输出为高电平，后 $(N-1)/2$ 的计数过程中为低电平。

例如，若计数初值设为 5，则在前 3 个时钟周期中，引脚 OUT 输出高电平，而在后 2 个时钟周期中则输出低电平。

8253 的方式 2 和方式 3 都是最为常用的工作方式，工作时序如图 9-67 所示。若计数初值为

N，则方式 3 的输出为方波，周期是 N 个 CLK 脉冲。在这种方式下，当 CPU 设置控制字后，输出将为高电平，在写完计数初值后就自动开始计数，输出保持为高；当计数到计数初值的一半时，输出变为低电平，直至计数到 0，输出又变为高电平，重新开始计数。

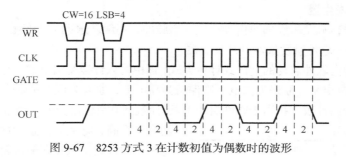

图 9-67　8253 方式 3 在计数初值为偶数时的波形

方式 3 的主要特点如下。

① 若计数初值为偶数，在装入计数初值后，每一个 CLK 脉冲都使计数初值减 2，当计数初值减到 0 时，一方面使输出改变状态，另一方面又重新装入计数初值开始新的计数，该过程就这样周而复始地进行。

若计数初值为奇数时，则在装入计数初值后的第一个 CLK 脉冲使计数器减 1，其后每一个 CLK 脉冲使计数器减 2。当计数到 0 时，改变输出状态，同时重新装入计数初值。此后的第一个 CLK 脉冲使计数器减 3，以后每有一个 CLK 脉冲，计数器仍减 2，直到计数器再次到 0 时输出恢复为高，重复上述过程，如图 9-68 所示。如果计数初值 N 是奇数，则输出有 $(N+1)/2$ 个 CLK 脉冲周期为高，而在 $(N-1)/2$ 脉冲周期为低，即 OUT 为高将比其为低多一个 CLK 周期时间。

② GATE 信号能使计数过程重新开始。GATE=1 时允许计数，GATE=0 时禁止计数。如果在输出 OUT 为低期间 GATE=0，则 OUT 会立即变高，停止计数。当 GATE 变高以后，计数器将重新装入初始值，重新开始计数，如图 9-69 所示。

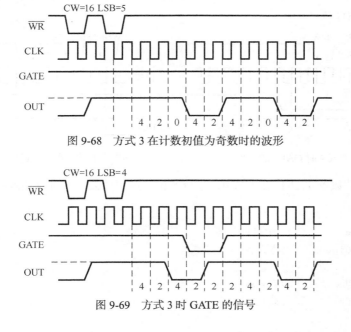

图 9-68　方式 3 在计数初值为奇数时的波形

图 9-69　方式 3 时 GATE 的信号

③ 在计数期间写入一个新的计数初值，并不会影响现行的计数过程。但是在方波半周期结束之前和新计数初值写入之后收到 GATE 脉冲，则计数器会在下一个 CLK 脉冲时装入新的计数初值并以这个计数初值开始计数，否则，新计数初值将在现行半周结束时装入计数器。

3. 选通信号发生器

与单脉冲一样，触发一次选通信号产生一个脉冲，不触发永远不会产生。

（1）方式 4——软件触发选通脉冲发生器

方式 4 是一种由软件启动的闸门式计数方式，即由写入计数初值触发工作。当写入控制字后，输出 OUT 信号为高电平（原来为高电平则保持为高电平，原来为低电平则变为高电平）。当写入计数初值后立即开始计数（相当于软件启动），当计数到 0 后输出变低，经过一个输入时钟周期，输出又变高，计数器停止计数，故这种方式计数也是一次性的，只有在输入新的计数初值后才能开始新的计数，如图 9-70 所示。

方式 4 的特点如下。

① CPU 写入计数初值后的下一个 CLK 脉冲把计数初值写入计数器，再下一个 CLK 脉冲开始减数。计数完毕，计数回零结束时，输出变为低电平；低电平维持一个时钟周期后，输出又恢

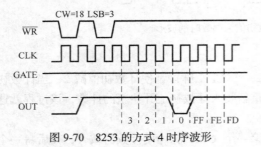

图 9-70　8253 的方式 4 时序波形

复高电平，计数器不再计数，输出也一直保持高电平不变。因此，若设置的计数初值为 N，则是在写了计数初值后的 $N+1$ 个脉冲才输出一个负脉冲。

② 门控制信号 GATE 为高电平时，允许计数器工作；为低电平时，计数器停止计数。在其恢复高电平后，计数器又从原设定的计数初值开始作减 1 计数，所以要做到软件启动，GATE 应保持为 1。GATE 信号不影响输出，工作时序如图 9-71 所示。

③ 若在计数器计数过程中向计数器写入新的计数初值，则按新的计数初值重新开始计数，如图 9-72 所示。若计数初值是双字节，则在设置第一字节时停止计数，在设置第二字节后，按照新的计数初值开始计数。

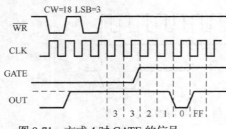

图 9-71　方式 4 时 GATE 的信号

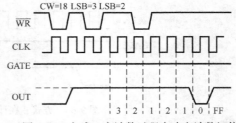

图 9-72　方式 4 在计数过程中改变计数初值

【例 9-25】　计数器 T_1 工作在方式 4，进行 8 位二进制计数，并且只装入高 8 位计数初值。程序段如下：

```
MOV   DX,307H        ;命令口
MOV   AL,01101000B   ;方式字
OUT   DX,AL
MOV   DX,305H        ;T₁数据口
MOV   AL,BYTEH       ;高 8 位计数初值
OUT   DX,AL
```

（2）方式 5——硬件触发选通脉冲发生器

方式 5 由外部上升沿触发计数器，在这种方式下，设置了控制字后，输出 OUT 信号为高电平。在设置了计数初值后，计数器并不立即计数，而是由门控信号的上升沿触发启动。当计数到 0 时，输出变为低电平，经过一个 CLK 脉冲，输出恢复为高电平，停止计数。要等到下次门控脉冲的触发才能再计数，如图 9-73 所示。

方式 5 的特点如下。

① 在方式 5 工作方式下，写入计数初值后，计数器并不立即开始计数，而是要由门控制信号出现的上升沿启动计数。若设置计数初值为 N，则在门控信号触发后，经过 $N+1$ 个 CLK 脉冲，输出一个负脉冲后恢复高电平。

② 在计数过程中（或者计数结束后），如果门控信号再次出现上升沿，则计数器将从原来设定的计数初值重新计数，但对输出的状态没有影响，其他特点基本与方式 4 相同。工作时序如图 9-74 所示。

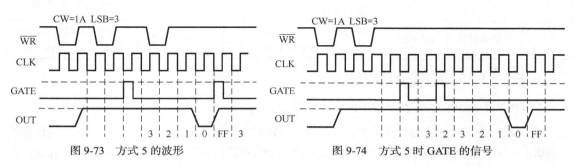

图 9-73　方式 5 的波形 　　　　　　　　图 9-74　方式 5 时 GATE 的信号

③ 若在计数过程中改变计数初值，只要没有门控制信号的触发，就不会影响计数过程。当计数到 0 后，若有新的门控制信号的触发，则按新的计数初值计数，如图 9-75 所示。若在写入了新的计数初值后，在没有计数到 0 之前，有新的门控脉冲触发，则立即按新的计数初值重新开始计数。

4. 6 种工作方式的比较与小结

8253 有 6 种不同的工作方式，每种方式都具有不同的特点。一般，方式 0、1 和方式 4、5 选作计数器用（输出一个电平或一个脉冲），方式 2、3 选作定时器用（输出周期脉冲或周期方波）。表 9-9 列出了各种工作方式中门控信号 GATE 的控制作用和 OUT 引脚的输出状态。

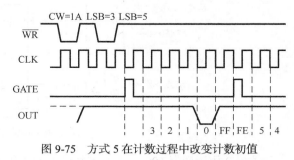

图 9-75　方式 5 在计数过程中改变计数初值

表 9-9　　　　　　　　　　　6 种方式 GATE 信号的控制作用和输出波形比较

工作方式	GATE 引脚输入状态所起的作用				OUT 引脚输出状态
	低电平	下降沿	上升沿	高电平	
0	禁止计数	暂停计数	置入初值后，由 WR 上升沿开始计数，由 GATE 的上升沿继续计数	允许计数	计数过程中输出低电平。计数至 0，输出高电平（单次）

续表

工作方式	GATE 引脚输入状态所起的作用				OUT 引脚输出状态
	低电平	下降沿	上升沿	高电平	
1	不影响计数	不影响计数	置入初值后，由 GATE 的上升沿触发开始计数，或重新开始计数	不影响计数	输出宽度为 n 个 CLK 的低电平（单次）
2	禁止计数	停止计数	置入初值后，由写信号 WR 的上升沿开始计数，由 GATE 的上升沿重新计数	允许计数	输出宽度为 n 个 CLK 的脉宽为 1 个 CLK 的负脉冲（重复波形）
3	禁止计数	停止计数	置入初值后，由写信号 WR 的上升沿开始计数，由 GATE 的上升沿重新计数	允许计数	输出宽度为 n 个 CLK 的方波（重复波形）
4	禁止计数	停止计数	置入初值后，由 WR 的上升沿开始计数，由 GATE 的上升沿重新计数	允许计数	计数至 0，输出宽度为 1 个 CLK 的负脉冲（单次）
5	不影响计数	不影响计数	置入初值后，由 GATE 的上升沿触发开始计数或重新开始计数	不影响计数	计数至 0，输出宽度为 1 个 CLK 的负脉冲（单次）

9.4.5　8253 的应用举例

【例 9-26】　8253/8254 在发声系统中的应用。

利用 8253 的定时计数特性来控制扬声器的发声频率和发声长短，如图 9-76 所示。图中选计数器 2 的输出 OUT_2 发送 600Hz 方波，经滤波器滤掉高频分量后送到扬声器。计数器能否开始工作受门控制信号 $GATE_2$ 的控制，由 8255A 的 PB_0 控制。另外，为了控制发声的长短，在方波送去滤波之前还设了一个"与门"，由 8255A 的 PB_1 控制。于是可用 PB_0 和 PB_1 同时为高电平的时间来控制发长音（3s）还是短音（0.5s）。8253 的端口地址为 040H～043H。8255A 的端口地址为 60H～63H。

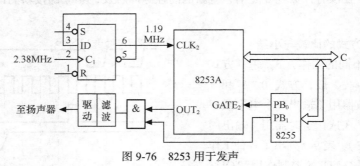

图 9-76　8253 用于发声

计数器 2 用于产生 600Hz 方波使扬声器发声的子程序 SSP 如下：

```
SSP     PROC  NEAR
MOV     AL,10110110B        ;计数器 2，初值为 16 位，方式 3，二进制格式
OUT     43H,AL              ;控制口地址
MOV     AX,1983             ;1.19MHz/600Hz=1983，计数初值
OUT     42H,AL              ;发送低字节
MOV     AL,AH
OUT     42H,AL              ;发送高字节
```

```
        IN      AL,61H              ;读取 8255 的 PB 口原输出值
        MOV     AH,AL               ;将原输出值保留于 AH 中
        OR      AL,03H              ;使 PB₁、PB₀ 均为 1
        OUT     61H,AL              ;打开 GATE₂ 门,输出方波到扬声器
        SUB     CX,CX               ;CX 为循环计数,最大为 216
L:      LOOP    L                   ;延时循环
        DEC     BL                  ;BL 为子程序入口条件
        JNZ     L                   ;BL=6,发长声(3s),BL=1 发短声(0.5s)
        MOV     AL,AH               ;取回 AH 中的 8255 PB 口的原输出值
        OUT     61H,AL              ;恢复 PB 口. PB₁、PB₀ 不同时为高电平,停止发声
        RET                         ;返回
        SSP     ENDP
```

【例 9-27】　8253 在数据采集系统中的应用。

8253 用于数据采集系统,作为采样频率发生器,如图 9-77 所示。图中选计数器 0 的 OUT_0 引脚输出负脉冲,反相后,送到 ADC 转换器作为 A/D 转换的启动信号(脉冲启动转换)。采样开始的同步信号由 $GATE_0$ 的上升沿确定(由 OUT_1 反相后得到),采样时间由计数器 1 的输出 OUT_1 决定。为此,将 8253 的 3 个计数器的工作方式设置为:计数器 0 处于方式 2,自动重装初值,作频率发生器;计数器 1 处于方式 1,作可控单稳;计数器 2 处于方式 3,作方波频率发生器,并假定它们的计数初值分别为 a、b、c。若时钟频率为 f,那么 OUT_0 引脚上出现一系列频率为 f/a 的脉冲,周期为 bc/f s。因此,在 3 个计数器均已预置且开关 K 闭合以后,A/D 转换器就以每秒 f/a 个采样点的频率采样,采样时间周期是 bc/f s。每次转换后的数据经 8255A 的 PA 口用中断或查询方式读入 CPU。

假定 8253 的地址为 0FFE9H～0FFEFH,计数初值 a 和 c 小于 256,b 为 16 位,计数格式均为二进制码,则初始化程序段如下:

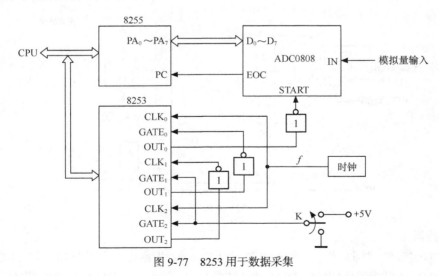

图 9-77　8253 用于数据采集

```
        MOV     AL,00010100B        ;计数器 0,只送低字节,方式 2,二进制码
        OUT     0FFEFH,AL           ;方式字送控制字寄存器
        MOV     AL,a                ;计数初值(低字节)送计数器 0 的计数初值寄存器
```

```
OUT      0FFEFH,AL          ;
MOV      AL,01110010B       ;计数器1,送高/低字节,方式1,二进制码
OUT      0FFEFH,AL          ;方式字送控制字寄存器
MOV      AX,b               ;装初值到AX
OUT      0FFEBH,AL          ;先送低字节初值到计数器1的计数初值寄存器
MOV      AL,AH              ;后送高字节初值到计数器1的计数初值寄存器
OUT      0FFEBH,AL
MOV      AL,10010110B       ;计数器2,只送低字节,方式3,二进制码
OUT      0FFEFH,AL          ;方式字送控制字寄存器
MOV      AL,c               ;计数初值(低字节)送计数器2的计数初值寄存器
OUT      0FFEDH,AL
```

【例 9-28】 8253 在 PC 中的应用。

IBMPC/XT 机中使用了 1 个 8253，系统中 8253 的端口地址为 40H～43H，3 个计数器的时钟输入频率为 1.193 18MHz（系统时钟 PCLK 的二分频）。3 个计数器分别用于日时钟计时，DRAM 刷新定时和扬声器的音调控制。8253 在 PC/XT 机中的定时逻辑如图 9-78 所示。

（1）计数器 0

门控 $GATE_0$ 接+5V 为常启状态。OUT_0 输出接 8259A 的 IRQ_0，用作 XT 中日时钟的中断请求信号。设定计数器 0 为方式 3，计数初值写入 0，产生最大的计数初值 65 536，因而输出信号频率为 1.193 18MHz÷65 536=19.206Hz，即每秒产生 19.2 次中断请求，或称为每隔 55ms（54.925 493ms）申请一次日时钟中断。

```
MOV  AL,36H   ;设定计数器0为工作方式3,二进制计数,以先低后高顺序写入计数初值
OUT  43H,AL   ;写入控制字
MOV  AL, 0    ;计数初值
OUT  40H,AL   ;写入低字节计数初值
OUT  40H,AL   ;写入高字节计数初值
```

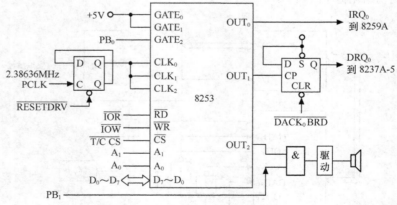

图 9-78　8253 在 PC 中的应用

（2）计数器 1

门控 $GATE_1$ 接+5V 为常启状态。输出 OUT_1 从低变高使触发器置 1，Q 端输出一个正电位信号，作为内存刷新的 DMA 请求信号 DRQ_0，DMA 传送结束（一次刷新），由 DMA 响应信号将触发器复位。

DRAM 每个单元要求在 2ms 内必须被刷新一次。实际芯片每次刷新操作完成 512 个单元的刷新，故经 128 次刷新操作就能将全部芯片的 64KB 刷新一遍。由此可算出每隔 2ms÷128=15.6ms

进行一次刷新操作，将能保证每个单元在 2ms 内实现一遍刷新。这样，将计数器 1 置成方式 2，计数初值为 18，每隔 18×0.838ms=15.084ms 产生一次 DMA 请求，满足刷新要求。

```
MOV  AL, 54H     ;设定计数器 1 为工作方式 2,二进制计数,只写入低 8 位
OUT  43H,AL      ;写入控制字
MOV  AL, 18       ;数值为 18
OUT  41H,AL      ;写入计数初值
```

（3）计数器 2

在微型计算机系统中，将计数器 2 的输出加到扬声器上，控制它发声，作为机器的报警信号或伴音信号。门控 $GATE_2$ 接并行接口 PB_0 位（TIM2 GATE SPK），用它控制计数器 2 的计数过程。PB_0 受 I/O 端口地址 61H 的 D_0 位控制，在 XT 机中是并行接口电路 8255 的端口 PB_0 位。输出 OUT_2 经过一个与门，这个与门受 PB_1 位（SPK DATA）控制。PB_1 受 I/O 端口地址 61H 的 D_1 位控制，XT 机中是 8255 的 PB_1 位。所以，扬声器可由 PB_0 或 PB_1 分别控制发声。

① 由 PB_1 位控制发声。此时计数器 2 不工作，因此 OUT_2 为高电平，由 PB_1 产生振荡信号控制扬声器发声。由于它会受系统中断的影响，因此使用不太方便。

② 由 PB_0 位控制发声。由 PB_0 通过 $GATE_2$ 控制计数器 2 的计数过程，输出 OUT_2 信号产生扬声器的声音音调。

【例 9-29】 ROM-BIOS 中有一个声响子程序 BEEP，将计数器 2 编程为方式 3，作为方波发生器输出约 1kHz 的方波，经滤波驱动后推动扬声器发声。

```
        BEEP     PROC
        MOV      AL,10110110B ;设定计数器 2 为方式 3,采用二进制计数
        OUT      43H,AL       ;按先低后高顺序写入 16 位计数初值
        MOV      AX,0533H     ;初值为 0533H=1331, 1.19 318MHz÷1331=896Hz
        OUT      42H,AL       ;写入低 8 位
        MOV      AL,AH
        OUT      42H,AL       ;写入高 8 位
        IN       AL, 61H      ;读 8255 的 B 口原输出值
        MOV      AH,AL        ;存于 AH 寄存器
        OR       AL,03H       ;使 PB1 和 PB0 位均为 1
        OUT      61H,AL       ;输出以使扬声器能够发声
        SUB      CX,CX
G7: LOOP    G7       ;延时
        DEC      BL           ;BL 为发声长短的入口条件
        JNZ      G7           ;BL= 6 为长声,BL=1 为短声
        MOV      AL,AH
        OUT      61H,AL       ;恢复 8255 的 B 口值,停止发声
        RET
        BEEP     ENDP         ;返回
```

【例 9-30】 利用扩展芯片实现对外部事件的计数。

通过 PC 系统总线在外部扩展一片 Intel 8253，利用其计数器 0 记录外部事件的发生次数，每输入一个高脉冲表示事件发生一次。当事件发生 100 次后就向 CPU 提出中断请求（边沿触发）。假设此片 8253 片选信号 I/O 地址范围为 200H～207H，如图 9-79 所示。

;8253初始化程序段

```
    MOV     DX,203H         ;设置方式控制字
    MOV     AL ,10H         ;设定为工作方式 0,二进制计数,只写低字节计数初值
    OUT     DX,AL
    MOV     DX,200H         ;设置计数初值
    MOV     AL,64H          ;计数初值为 100
    OUT     DX,AL
```

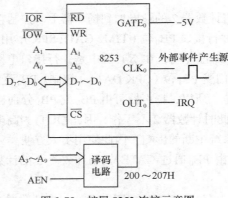

图 9-79　扩展 8253 连接示意图

习　题

一、填空题

1. 8253 芯片上有_____个_____位计数器通道，每个计数器有_____种工作方式可供选择。若设定某通道为方式 0 后，其输出引脚 OUT 为_____电平；当_____后通道开始计数，_____信号端每来一个脉冲_____就减 1；当_____，则输出引脚输出_____电平，表示计数结束。

2. 假设某 8253 的 CLK0 接 1.5MHz 的时钟，欲使 OUT0 产生频率为 300kHz 的方波信号，则 8253 的计数值应为_____，应选用的工作方式是_____。

3. 8255 具有_____个外设数据引脚，分成 3 个端口，引脚分别是_____、_____和_____。

4. 8255 的 A 和 B 端口都定义为方式 1 输入，端口 C 上半部分定义为输出，则方式控制字是_____，其中 D_0 位已经没有作用，可为 0 或 1。

5. 对 8255 的控制寄存器写入 A0H，则其端口 C 的 PC_7 引脚被用作_____信号线。

6. 232C 用于发送串行数据的引脚是_____，接收串行数据的引脚是_____，信号地常用_____名称表示。

7. 如果 ADC0809 正基准电压连接 10V，负基准电压接地，输入模拟电压 2V，则理论上的输出数字量为_____。

二、编程题

1. 设 8255A 的 PA 口为方式 0，输入；PB 口为方式 0，输出。此时连接的 CPU 为 8086，地

址线的 A1、A2 分别接至 8255A 的 A0、A1，而芯片的 $\overline{CS}$ 来自 A3 A4 A5 A6 A7 = 00101，试完成 8255A 的端口地址和初始化程序。

2. 若 8255A 的 PA 口定义为方式 0，输入；PB 口定义为方式 1，输出；PC 口的上半部定义为方式 0，输出。试编写初始化程序。（口地址为 80H～83H）

3. 使用 8255A 作为开关和显示器的接口，设 8255A 的 PA 口连接 8 个开关，PB 口连接 8 个指示灯，要求将 PA 口的开关状态读入，然后送至 PB 口控制指示灯亮、灭，试画出接口电路图并编写程序实现。

4. 已知 8251A 发送的数据格式为数据位 7 位、偶校验、1 个停止位、波特率因子 64。设 8251A 控制寄存器的地址码是 3FBH，发送/接收寄存器的地址码是 3F8H。试编写用查询法和中断法收发数据的通信程序。

5. 若 8251A 收、发时钟的频率为 39.4kHz，它的 $\overline{RTS}$ 和 $\overline{CTS}$ 引脚相连，试完成 8251A 的初始化程序（8251A 的地址为 02C0H 和 02C1H）。

6. 半双工异步通信，每个字符的数据位数是 7，停止位为 1 位，偶校验，波特率为 600B/s，发送允许。半双工同步通信，每个字符的数据位数是 8，无校验，内同步方式，双同步字符，同步字符为 16H，接收允许。试编程实现。

7. 设 8253 的输入时钟频率 CLK_1=2.5MHz，利用计数器 1 产生 500Hz 的方波信号（设端口地址为 FFA0H～FFA3H）。试编写程序。

8. 某系统使用 8253 的计数器 1，设计数初值为 1000，计数到 "0" 时，向 CPU 发中断请求，试编写初始化程序（端口地址自设）。

9. 利用 8253 的计数器 0 产生周期为 10ms 的连续方波。设输入时钟的频率为 100kHz，试编写 8253 初始化程序（设 8253 端口地址为 38H～3BH）。

三、简答题

1. I/O 接口具有哪些功能？并行接口有何特点？串行接口有何特点？

2. 试分析 8255A 有哪几种工作方式？主要区别是什么？

3. 当 8255A 的 PA 口工作在方式 2 时，PB 口适合于什么样的功能？8255A 的 PC 口在什么情况下可以独立使用用作输入/输出？

4. 设 8255A 的 PA 口为方式 1，输入；PB 口为方式 1，输出；读取 PC 口的值为 29H，解释 PC 口各位的含义。

5. 串行通信的特点是什么？有哪几种通信方式？

6. RS-232C 的最基本数据传送引脚是哪几根？为什么要在 RS-232C 与 TTL 之间加电平转换器件？一般采用哪些转换器件，试以图说明。

7. 8251 内部有哪些寄存器？分别举例说明它们的作用和使用方法。

第 10 章
Proteus 仿真实例

10.1 基本 I/O 应用

10.1.1 实验要求

扩展一片 74HC245，用来读入开关状态；扩展一片 74HC373，用来作来输出口，控制 8 个 LED 灯。

10.1.2 实验目的

1. 了解 CPU 常用的端口连接总线的方法。
2. 掌握 74HC245、74HC373 进行数据读入与输出的方法。

10.1.3 实验电路

基本 I/O 应用示例电路原理如图 10-1 所示。

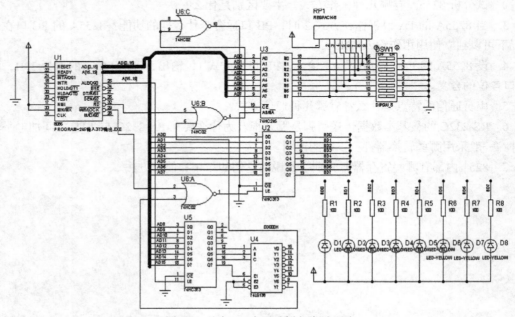

图 10-1 基本 I/O 应用示例电路原理图

10.1.4　代码设计

本实例通过读取开关状态来挥舞 LED 的闪烁与否，流程图如图 10-2 所示。

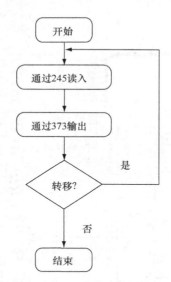

图 10-2　基本 I/O 应用示例程序流程图

根据流程图编写相应代码如下：

```
CODE SEGMENT ;
        ASSUME CS:CODE
IN245 EQU 0D000H
OUT373 EQU 8000H
START:
        MOV DX,IN24
        IN  AL,DX
        MOV DX,OUT
        OUT DX,AL
        JMP START
CODE ENDS
        END START
```

10.2　8255 并行 I/O 扩展实验

10.2.1　实验要求

利用 8255 可编程并行口芯片实现输入、输出实验，实验中用 8255PA 口作读取开关状态输入，8255PB 口作控制发光二极管输出。

10.2.2　实验目的

1. 了解 8255 芯片结构及编程方法。
2. 了解 8255 输入与输出实验方法。

10.2.3 实验电路

8255 并行 I/O 扩展示例电路原理如图 10-3 所示。

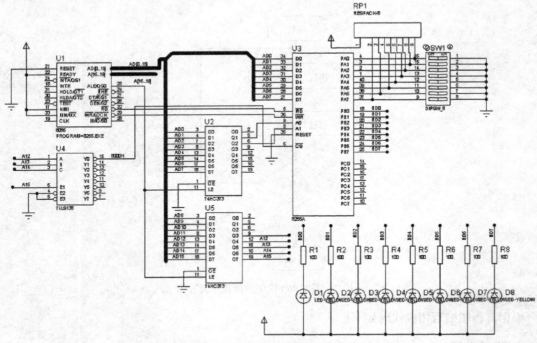

图 10-3 8255 并行 I/O 扩展示例电路原理图

10.2.4 代码设计

本实例通过读取开关状态来挥舞 LED 的闪烁与否，流程图如图 10-4 所示。

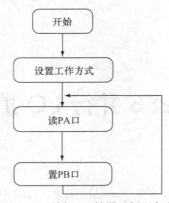

图 10-4 8255 并行 I/O 扩展示例程序流程图

根据流程图编写相应代码如下：

```
CODE      SEGMENT ;
          ASSUME CS:CODE
IOCON     EQU 8006H
IOA       EQU 8000H
IOB       EQU 8002H
```

```
IOC     EQU 8004H
START:
        MOV AL,90H
        MOV DX,IOCON
        OUT DX,AL
        NOP
START1: NOP
        NOP
        MOV AL,0
        MOV DX,IOA
        IN AL,DX
        NOP
        NOP
        MOV DX,IOB
        OUT DX,AL
        JMP START1
CODE ENDS
        END START
```

10.3　可编程定时/计数器 8253 实验

10.3.1　实验要求

利用 8086 外接 8253 可编程定时/ 计数器可以实现方波的产生。

10.3.2　实验目的

1. 学习 8086 与 8253 的连接方法。
2. 学习 8253 的控制方法。
3. 掌握 8253 定时器/计数器的工作方式和编程原理。

10.3.3　实验电路

可编程定时/计数器 8253 示例电路原理如图 10-5 所示。

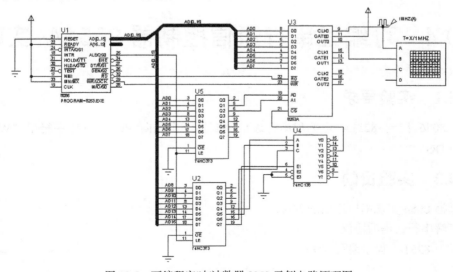

图 10-5　可编程定时/计数器 8253 示例电路原理图

10.3.4 代码设计

本实例通过读取开关状态来挥舞 LED 的闪烁与否，流程图如图 10-6 所示。

图 10-6 可编程定时/计数器 8253 示例程序流程图

根据流程图编写相应代码如下：

```
CODE      SEGMENT ;H8253.ASM
          ASSUME CS:CODE
START:    JMP TCONT
TCONTRO   EQU 0A06H
TCON0     EQU 0A00H
TCON1     EQU 0A02H
TCON2     EQU 0A04H
TCONT:    MOV DX,TCONTRO
          MOV AL,16H  ;计数器0,只写计算值低 8 位,方式 3 ,二进制计数
          OUT DX,AL
          MOV DX,TCON0
          MOV AX,20   ;时钟为 1MHZ ,计数时间=1µs*20=20µs ,输出频率 50kHz
          OUT DX,AL
          JMP $
CODE      ENDS
          END START
```

10.4 可编程串行通信控制器 8251A 实验

10.4.1 实验要求

利用 8086 控制 8251A 可编程串行通信控制器，实现向 PC 机发送字符串 "WINDWAY TECHNOLOGY!"

10.4.2 实验目的

1. 掌握 8086 实现串口通信的方法。
2. 了解串行通信的协议。
3. 学习 8251A 程序编写方法。

10.4.3　实验电路

可编程串行通信控制器 8251A 示例电路原理如图 10-7 所示。

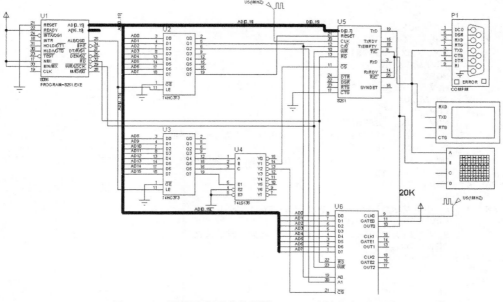

图 10-7　可编程串行通信控制器 8251A 示例电路原理图

10.4.4　代码设计

本实例通过读取开关状态来挥舞 LED 的闪烁与否，流程图如图 10-8 所示。

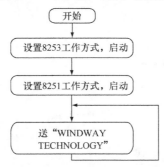

图 10-8　可编程串行通信控制器 8251A 示例程序流程图

根据流程图编写相应代码如下：

```
CS8251R      EQU 0F080H    ;   串行通信控制器复位地址
CS8251D      EQU 0F000H    ;   串行通信控制器数据口地址
CS8251C      EQU 0F002H    ;   串行通信控制器控制口地址
TCONTRO      EQU 0A006H
TCON0        EQU 0A000H
CODE SEGMENT
             ASSUME DS:DATA,CS:CODE
START:
       MOV AX,DATA
       MOV DS,AX
             MOV DX,TCONTRO ;8253 初始化
```

```
                    MOV AL,16H    ;计数器 0,只写计算值低 8 位,方式 3 ,二进制计数
                    OUT DX,AL
                    MOV DX,TCON0
                    MOV AX,52   ;时钟为 1MHZ ,计数时间 =1μs*50 =50 μs,输出频率 20kHz
                    OUT DX,AL
                    NOP
                    NOP
                    NOP
;  8251 初始化
            MOV   DX, CS8251R
            IN AL,DX
            NOP
            MOV   DX, CS8251R
            IN AL,DX
            NOP
            MOV   DX, CS8251C
            MOV   AL, 01001101b    ; 1 停止位,无校验,8 数据位,x1
            OUT   DX, AL
            MOV   AL, 00010101b    ; 清出错标志,允许发送接收
            OUT   DX, AL
START4:  MOV   CX,19
            LEA   DI,STR1
SEND:    ; 串口发送' WINDWAY TECHNOLOGY    '
            MOV   DX, CS8251C
            MOV   AL, 00010101b    ; 清出错,允许发送接收
            OUT   DX, AL
WaitTXD:
   NOP
   NOP
            IN    AL, DX
            TEST  AL, 1           ; 发送缓冲是否为空
            JZ    WaitTXD
            MOV   AL, [DI]        ; 取要发送的字
            MOV   DX, CS8251D
            OUT   DX, AL          ; 发送
            PUSH  CX
            MOV   CX,8FH
            LOOP  $
            POP   CX
            INC DI
            LOOP SEND
            JMP START4
Receive:                  ; 串口接收
            MOV   DX, CS8251C
WaitRXD:
            IN    AL, DX
            TEST  AL, 2          ; 是否已收到一个字
            JE    WaitRXD
            MOV   DX, CS8251D
            IN    AL, DX         ; 读入
            MOV   BH, AL
            JMP START
CODE ENDS
DATA SEGMENT
STR1 db 'WINDWAY TECHNOLOGY!'
DATA ENDS
```

10.5　D/A 数模转换实验

10.5.1　实验要求

利用 DAC0832，编写程序生锯齿波、三角波、正弦波，并用示波器观看。

10.5.2　实验目的

1. 了解 D/A 转换的基本原理。
2. 了解 D/A 转换芯片 0832 的编程方法。

10.5.3　实验电路

D/A 数模转换示例电路原理如图 10-9 所示。

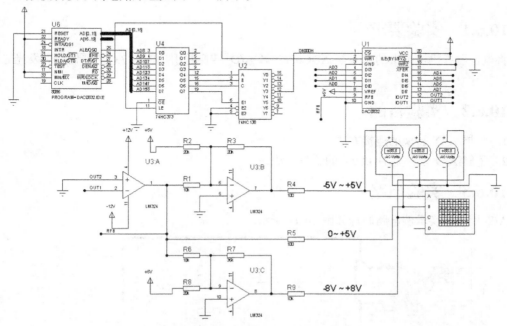

图 10-9　D/A 数模转换示例电路原理图

10.5.4　代码设计

本实例通过读取开关状态来挥舞 LED 的闪烁与否，流程图如图 10-10 所示。

根据流程图编写相应代码如下：

```
CODE      SEGMENT
ASSUME CS:CODE
IOCON EQU 0B000H

START:
          MOV AL,00H
          MOV DX,IOCON
OUTUP:    OUT DX,AL
          INC AL
          CMP AL,0FFH
          JE OUTDOWN
          JMP OUTUP

OUTDOWN:
DEC AL
          OUT DX,AL
```

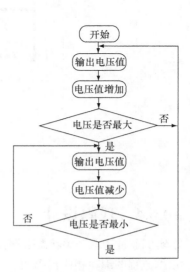

图 10-10　D/A 数模转换示例程序流程图

```
        CMP AL,00H
        JE OUTUP
        JMP OUTDOWN

CODE ENDS
        END START
```

10.6　A/D 模数转换实验

10.6.1　实验要求

将电位器提供模拟量的输入至 ADC0809 做 A/D 转换并用 74HC373 扩展输出到发光二极管显示。

10.6.2　实验目的

1. 掌握 A/D 转换的连接方法。
2. 了解 A/D 转换芯片 0809 的编程方法。

10.6.3　实验电路

A/D 模数转换示例电路原理如图 10-11 所示。

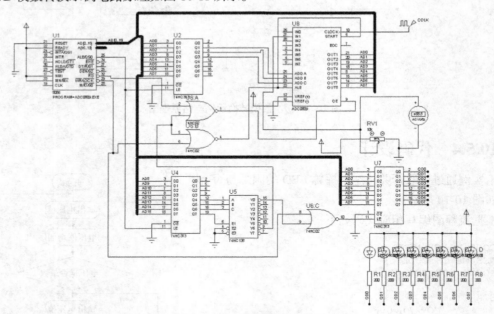

图 10-11　A/D 模数转换示例电路原理图

10.6.4　代码设计

本实例通过读取开关状态来挥舞 LED 的闪烁与否，流程图如图 10-12 所示。

根据流程图编写相应代码如下：

```
CODE        SEGMENT
```

```
ASSUME      CS:CODE
AD0809      EQU 0E002H
OUT373      EQU 8000H
START:
            MOV DX,8006H
            MOV AL,80H
            OUT DX,AL
START1:
            MOV AL,00H
            MOV DX,AD0809
            OUT DX,AL
            NOP
            IN  AL,DX

            MOV CX,10H
            LOOP $

            MOV DX,OUT373
            OUT DX,AL
            JMP START1
CODE ENDS
            END START
```

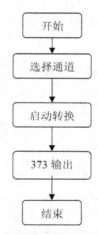

图 10-12　A/D 模数转换示例程序流程图

8086/8088 汇编语言指令表

助 记 符	指 令 格 式	功 能	操 作 数	时钟周期数	字 节 数	标志位 ODITSZAPC
MOV	MOV dst, src	(dst)←(src)	mem, ac ac, mem reg, reg reg, mem mem, reg reg, data mem, data segreg, reg segreg,mem reg, segreg mem,segreg	10 10 2 8+EA 9+EA 4 10+EA 2 8+EA 2 9+EA	3 3 2 2～4 2～4 2～3 3～6 2 2～4 2 2～4	- - - - - - - - -
PUSH	PUSH src	(SP)←(SP)-2 ((SP)+1,(SP))← (src)	reg segreg mem	11 10 16+EA	1 1 2～4	- - - - - - - - -
POP	POP dst	(dst) ← ((SP)+1, (SP)) (SP)←(SP)+2	reg segreg mem	8 8 17+EA	1 1 2～4	- - - - - - - - -
XCHG	XCHG opr1,opr2	(org1) ↔ (org2)	reg, ac reg, mem reg, reg	3 17+EA 4	1 2～4 2	- - - - - - - - -
IN	IN ac, port IN ac, DX	(ac)←(port) (ac)←((DX))		10 8	2 1	- - - - - - - - -
OUT	OUT port, ac OUT DX, ac	(port) ←(ac) ((DX))←(ac)		10 8	2 1	- - - - - - - - -
XLAT	XLAT			11	1	
LEA	LEA reg, src	(reg) ←src	reg, mem	2+EA	2～4	- - - - - - - - -
LDS	LDS reg, src	(reg) ←(src) (DS) ←(src+2)	reg, mem	16+EA	2～4	- - - - - - - - -
LES	LES reg, src	(reg) ←(src) (ES) ←(src+2)	reg, mem	16+EA	2～4	- - - - - - - - -
LAHF	LAHF	(AH) ←(PSW 低字节)		4	1	- - - - - - - - -
SAHF	SAHF	(PSW 低字节) ←(AH)		4	1	- - - - r r r r r
PUSHF	PUSHF	(SP)←(SP)-2 ((SP)+1,(SP)) ←(PSW)		10	1	- - - - - - - - -

助 记 符	指令格式	功 能	操 作 数	时钟周期数	字 节 数	标志位 ODITSZAPC
POPF	POPF	(PSW)←((SP)+1, (SP)) (SP)←(SP)+2		8	1	r r r r r r r r r
ADD	ADD dst, src	(dst) ←(src)+(dst)	reg, reg reg, mem mem, reg reg, data mem,data ac, data	3 9+EA 16+EA 4 17+EA 4	2 2～4 2～4 3～4 3～6 2～3	x - - - x x x x x
ADC	ADC dst, src	(dst) ←(src)+ (dst)+CF	reg, reg reg, mem mem, reg reg, data mem,data ac, data	3 9+EA 16+EA 4 17+EA 4	2 2～4 2～4 3～4 3～6 2～3	x - - - x x x x x
INC	INC opr	(opr) ←(opr)+1	reg mem	2-3 15+EA	1～2 2～4	x - - - x x x x -
SUB	SUB dst, src	(dst) ←(dst)-(src)	reg, reg reg, mem mem, reg ac, data reg, data mem,data	3 9+EA 16+EA 4 4 17+EA	2 2～4 2～4 2～3 3～4 3～6	x - - - x x x x x
SBB	SBB dst, src	(dst) ←(dst)-(src)-CF	reg, reg reg, mem mem, reg ac, data reg, data mem,data	3 9+EA 16+EA 4 4 17+EA	3 2～4 2～4 2～3 3～4 3～6	x - - - x x x x x
DEC	DEC opr	(opr) ←(opr)-1	reg mem	2-3 15+EA	1～2 2～4	x - - - x x x x -
NEG	NEG opr	(opr) ←-(opr)	reg mem	3 16+EA	2 2～4	x - - - x x x x x
CMP	CMP opr1, opr2	(opr1)-(opr2)	reg, reg reg, mem mem, reg reg, data mem,data ac, data	3 9+EA 9+EA 4 10+EA 4	2 2～4 2～4 3～4 3～6 2～3	x - - - x x x x x
MUL	MUL src	(AX) ←(AL)*(src) (DX, AX) ←(AX)*(src)	8 位 reg 8 位 mem 16 位 reg 16 位 mem	70～77 (76～83)+EA 118～133 (124～139)+EA	2 2～4 2 2～4	x - - - u u u u x

助 记 符	指令格式	功 能	操 作 数	时钟周期数	字 节 数	标志位 ODITSZAPC
IMUL	IMUL src	(AX) ←(AL)*(src) (DX, AX) ←(AX) *(src)	8 位 reg 8 位 mem 16 位 reg 16 位 mem	80～98 (86～ 104)+EA 128～154 (134～ 160)+EA	2 2～4 2 2～4	x - - - u u u u x
DIV	DIV src	(AL) ←(AX)/ (src)的商 (AH) ←(AX)/(src) 的余数 (AX) ←(DX, AX)/ (src)的商 (DX) ←(DX, AX)/ (src)的余数	8 位 reg 8 位 mem 16 位 reg 16 位 mem	80～90 (86～96)+ EA 144～162 (150～ 168)+EA	2 2～4 2 2～4	u - - - u u u u u
IDIV	IDIV src	(AL) ←(AX)/(src) 的商 (AH) ←(AX)/(src) 的余数 (AX) ←(DX, AX)/ (src)的商 (DX) ←(DX, AX)/ (src)的余数	8 位 reg 8 位 mem 16 位 reg 16 位 mem	101～112 (107～ 118)+EA 165～184 (171～ 190)+EA	2 2～4 2 2～4	u - - - u u u u u
DAA	DAA	(AL) ←把 AL 中 的和调整到压缩 的 BCD 格式		4	1	u - - - x x x x x
DAS	DAS	(AL) ←把 AL 中 的差调整到压缩 的 BCD 格式		4	1	u - - - x x x x x
AAA	AAA	(AL) ←把 AL 中 的和调整到非压 缩的 BCD 格式 (AH) ←(AH)+调 整产生的进位值		4	1	u - - - u u x u x
AAS	AAS	(AL) ←把 AL 中 的差调整到非压 缩的 BCD 格式 (AH) ←(AH) – 调 整产生的借位值		4	1	u - - - u u x u x
AAM	AAM	(AX) ←把 AH 中 的积调整到非压 缩的 BCD 格式		83	2	u - - - x x u x u
AAD	AAD	(AL) ←10* (AH)+ (AL) (AH)←0 实现除法 的非压缩的 BCD 调整		60	2	u - -x x u x u

助 记 符	指 令 格 式	功　能	操 作 数	时钟周期数	字 节 数	标志位 ODITSZAPC
AND	AND dst, src	(dst)←(dst)∧(src)	reg, reg reg, mem mem, reg reg, data mem,data ac, data	3 9+EA 16+EA 4 17+EA 4	2 2～4 2～4 3～4 3～6 2～3	0 - - - x x u x 0
OR	OR dst, src	(dst)←(dst)∨(src)	reg, reg reg, mem mem, reg reg, data mem,data ac, data	3 9+EA 16+EA 4 17+EA 4	2 2～4 2～4 3～4 3～6 2～3	0 - - - x x u x 0
NOT	NOT opr	(opr)←/(opr)	reg mem	3 16+EA	2 2～4	- - - - - - - - -
XOR	XOR dst, src	(dst)←(dst)⊕(src)	reg, reg reg, mem mem, reg ac, data reg, data mem,data	3 9+EA 16+EA 4 4 17+EA	2 2～4 2～4 2～3 3～4 3～6	0 - - - x x u x 0
TEST	TEST opr1, opr2	(opr1)∧(opr2)	reg, reg reg, mem ac, data reg, data mem,data	3 9+EA 4 5 11+EA	2 2～4 2～3 3～4 3～6	0 - - - x x u x 0
SHL	SHL opr, 1 SHL opr, CL	逻辑左移	reg mem reg mem	2 15+EA 8+4/位 20+EA+4/位	2 2～4 2 2～4	x - - - x x u x x
SAL	SAL opr, 1 SAL opr, CL	算术左移	reg mem reg mem	2 15+EA 8+4/位 20+EA+4/位	2 2～4 2 2～4	x - - - x x u x x
SHR	SHR opr, 1 SHR opr, CL	逻辑右移	reg mem reg mem	2 15+EA 8+4/位 20+EA+4/位	2 2～4 2 2～4	x - - - x x u x x
SAR	SAR opr, 1 SAR opr, CL	算术右移	reg mem reg mem	2 15+EA 8+4/ 20+EA+4/位	2 2～4 2 2～4	x - - - x x u x x
ROL	ROL opr, 1 ROL opr, CL	循环左移	reg mem reg mem	2 15+EA 8+4/位 20+EA+4/位	2 2～4 2 2～4	x - - - - - - - x

续表

助 记 符	指 令 格 式	功　　能	操 作 数		时钟周期数	字 节 数	标志位 ODITSZAPC
ROR	ROR opr, 1 ROR opr, CL	循环右移	reg mem reg mem		2 15+EA 8+4/位 20+EA+4/位	2 2～4 2 2～4	x - - - - - - - x
RCL	RCL opr, 1 RCL opr, CL	带进位循环左移	reg mem reg mem		2 15+EA 8+4/位 20+EA+4/位	2 2～4 2 2～4	x - - - - - - - x
RCR	RCR opr, 1 RCR opr, CL	带进位循环右移	reg mem reg mem		2 15+EA 8+4/位 20+EA+4/位	2 2～4 2 2～4	x - - - - - - - x
MOVS	MOVSB MOVSW	((DI))←((SI)) (SI)←(SI)±1 或 2 (DI)←(DI)±1 或 2			不重复：18 重复：9+ 17/rep	1	- - - - - - - - -
STOS	STOSB STOSW	((DI))←(AC) (DI)←(DI)±1 或 2			不重复：11 重复：9+ 10/rep	1	- - - - - - - - -
LODS	LODSB LODSW	(AC)←((SI)) (SI)←(SI)±1 或 2			不重复：12 重复：9+ 13/rep	1	- - - - - - - - -
REP	REP string primitive	当 (CX)=0，退出 重复；否则 (CX)← (CX)−1，执行其后 的串指令			2	1	- - - - - - - - -
CMPS	CMPSB CMPSW	((SI)) − ((DI)) (SI)←(SI)±1 或 2 (DI)←(DI)±1 或 2			不重复：22 重复：9+ 22/rep	1	x - - - x x x x x
SCAS	SCASB SCASW	(AC)-((DI)) (DI)←(DI)±1 或 2			不重复：15 重复：9+ 15/rep	1	x - - - x x x x x
REPE 或 REPZ	REPE/REPZ string primitive	当 (CX)=0 或 ZF=0 退出重复；否则 (CX)←(CX) −1，执 行其后的串指令			2	1	- - - - - - - - -
REPNE 或 REPNZ	REPNE/REP NZ string primitive	当(CX)=0 或 ZF=1 退出重复；否则 (CX)←(CX) −1，执 行其后的串指令			2	1	- - - - - - - - -

助 记 符	指令格式	功 能	操 作 数	时钟周期数	字 节 数	标志位 ODITSZAPC
JMP	JMP short opr JMP near ptr opr JMP far ptr opr JMP word ptr opr JMP dword ptr opr	无条件转移	reg mem	15 15 15 11 18+EA 24+EA	2 3 5 2 2～4 2～4	- - - - - - - - -
JZ 或 JE	JZ/JE opr	ZF=1 则转移		16/4	2	- - - - - - - - -
JNZ 或 JNE	JNZ/JNE opr	ZF=0 则转移		16/4	2	- - - - - - - - -
JS	JS opr	SF=1 则转移		16/4	2	- - - - - - - - -
JNS	JNS opr	SF=0 则转移		16/4	2	- - - - - - - - -
JO	JO opr	OF=1 则转移		16/4	2	- - - - - - - - -
JNO	JNO opr	OF=0 则转移		16/4	2	- - - - - - - - -
JP 或 JPE	JP/JPE opr	PF=1 则转移		16/4	2	- - - - - - - - -
JNP 或 JPO	JNP/JPO opr	PF=0 则转移		16/4	2	- - - - - - - - -
JC 或 JB 或 JNAE	JC/JB/JNAE opr	CF=1 则转移		16/4	2	- - - - - - - - -
JNC 或 JNB 或 JAE	JNC/JNB/JAE opr	CF=0 则转移		16/4	2	- - - - - - - - -
JBE 或 JNA	JBE/JNA opr	CF∨ZF=1 则转移		16/4	2	- - - - - - - - -
JNBE 或 JA	JNBE/JA opr	CF∨ZF=0 则转移		16/4	2	- - - - - - - - -
JL 或 JNGE	JL/JNGE opr	SF⊕OF=1 则转移		16/4	2	- - - - - - - - -
JNL 或 JGE	JNL/JGE opr	SF⊕OF=0 则转移		16/4	2	- - - - - - - - -
JLE 或 JNG	JLE/JNG opr	(SF⊕OF)∨ZF=1 则转移		16/4	2	- - - - - - - - -
JNLE 或 JG	JNLE/JG opr	(SF⊕OF)∨ZF=0 则转移		16/4	2	- - - - - - - - -
JCXZ	JCXZ opr	(CX)=0 则转移		18/6	2	- - - - - - - - -
LOOP	LOOP opr	(CX)≠0 则循环		17/5	2	- - - - - - - - -
LOOPZ 或 LOOPE	LOOPZ/LOOPE opr	ZF=1 且(CX)≠0 则循环		18/6	2	- - - - - - - - -
LOOPNZ 或 LOOPNE	LOOPNZ/LOOPNE opr	ZF=0 且(CX)≠0 则循环		19/5	2	- - - - - - - - -

续表

助 记 符	指令格式	功 能	操 作 数	时钟周期数	字 节 数	标志位 ODITSZAPC
CALL	CALL dst	段内直接：(SP)← (SP) −2 ((SP)+1, (SP))← (IP) (IP)←(IP)+D16		19	3	
		段内间接：(SP) (SP) −2 ((SP)+1, (SP))← (IP) (IP)←EA	reg mem	16 21+EA	2 2~4	
		段间直接：(SP)← (SP) −2 ((SP)+1, (SP))← (CS) (SP)←(SP) −2 ((SP)+1, (SP))← (IP) (IP)←转向偏移 地址 (CS) ←转向段 地址		28	5	- - - - - - - - -
		段间间接：(SP)← (SP) −2 ((SP)+1, (SP))← (CS) (SP)←(SP) −2 ((SP)+1, (SP))← (IP) (IP)←(EA) (CS) ←(EA+2)		37+EA	2~4	
RET	RET	段内：(IP)← ((SP)+1, (SP)) (SP)←(SP)+2		16	1	
		段间：(IP)← ((SP)+1, (SP)) (SP)←(SP)+2 (CS) ←((SP)+1, (SP)) (SP)←(SP)+2		24	1	- - - - - - - - -
	RET exp	段内：(IP)← ((SP)+1, (SP)) (SP)←(SP)+2 (SP)←(SP)+D16		20	3	
		段间：(IP)← ((SP)+1, (SP)) (SP)←(SP)+2 (CS) ←((SP)+1, (SP)) (SP)←(SP)+2 (SP)←(SP)+D16		23	3	

助 记 符	指 令 格 式	功 能	操 作 数	时钟周期数	字 节 数	标志位 ODITSZAPC
INT	INT type INT (当 type=3 时)	(SP)←(SP) −2 ((SP)+1, (SP)) ← (PSW) (SP)←(SP) −2 ((SP)+1, (SP)) ← (CS) (SP)←(SP) −2 ((SP)+1, (SP)) ← (IP) (IP) ←(type*4) (CS)←(type*4+2)	type≠3 type=3	52 51	1 2	- - 0 0 - - - - -
INTO	INTO	若 OF=1, 则(SP)← (SP) −2 ((SP)+1, (SP)) ← (PSW) (SP)←(SP) −2 ((SP)+1, (SP)) ← (CS) (SP)←(SP) −2 ((SP)+1, (SP)) ← (IP) (IP) ←(10H) (CS)←(12H)		53(OF=1) 4(OF=0)	1	- - 0 0 - - - - -
IRET	IRET	(IP) ←((SP)+1, (SP)) (SP)←(SP)+2 (CS) ←((SP)+1, (SP)) (SP)←(SP)+2 (PSW) ←((SP)+1, (SP)) (SP)←(SP)+2		24	1	r r r r r r r r r
CBW	CBW	(AL)符号扩展到 (AH)		2	1	- - - - - - - - -
CWD	CWD	(AX)符号扩展到 (DX)		5	1	- - - - - - - - -
CLC	CLC	进位位置 0		2	1	- - - - - - - - 0
CMC	CMC	进位位求反		2	1	- - - - - - - - x
STC	STC	进位位置 1		2	1	- - - - - - - - 1
CLD	CLD	方向标志置 0		2	1	- 0 - - - - - - -
STD	STD	方向标志置 1		2	1	- 1 - - - - - - -
CLI	CLI	中断标志置 0		2	1	- - 0 - - - - - -
STI	STI	中断标志置 1		2	1	- - 1 - - - - - -

续表

助　记　符	指　令　格　式	功　　能	操　作　数	时钟周期数	字　节　数	标志位 ODITSZAPC
NOP	NOP	无操作		3	1	- - - - - - - - -
HLT	HLT	停机		2	1	- - - - - - - - -
WAIT	WAIT	等待		3 或更多	1	- - - - - - - - -
ESC	ESC mem	换码		8+EA	2～4	- - - - - - - - -
LOCK	LOCK	封锁		2	1	- - - - - - - - -
	segreg:	段前缀		2	1	- - - - - - - - -

符号说明：0——置0；1——置1；x——根据结果设置；-——无影响；u——无定义；r——恢复原先保存的值。

附录 B

ASCII 码字符与编码对照表及各种控制字符

ASCII 码字符与编码对照表

低4位＼高位		0000	0001	0010	0011	0100	0101	0110	0111
		0	1	2	3	4	5	6	7
0000	0	NUL	DEL	SP	0	@	P	`	p
0001	1	SOH	DC1	!	1	A	Q	a	q
0010	2	STX	DC2	"	2	B	R	b	r
0011	3	ETX	DC3	#	3	C	S	c	s
0100	4	EOT	DC4	$	4	D	T	d	t
0101	5	ENQ	NAK	%	5	E	U	e	u
0110	6	ACK	SYN	&	6	F	V	f	v
0111	7	BEL	ETB	'	7	G	W	g	w
1000	8	BS	CAN	(	8	H	X	h	x
1001	9	HT	EM	)	9	I	Y	i	y
1010	A	LF	SUB	*	:	J	Z	j	z
1011	B	VT	ESC	+	;	K	[	k	{
1100	C	FF	FS	,	<	L	\	l	|
1101	D	CR	GS	-	=	M	]	m	}
1110	E	SO	RS	.	>	N	^	n	~
1111	F	SI	US	/	?	O	—	o	DEL

传输控制字符

字 符	代 码	名 称	功 能
SOH	01	标题开始	文档标题的开始
STX	02	正文开始	正文的开始，文档标题的结束
ETX	03	正文结束	正文的结束
EOT	04	传输结束	一次传输结束
ENQ	05	询问	向已建立联系的站请求回答
ACK	06	应答	对已建立联系的站作肯定答复
DEL	10	数据链转义	使紧随其后的有限个字符或代码改变含义
NAK	15	否认	对已建立联系的站作否定答复
SYN	16	同步空转	用于同步传输系统的收发同步
ETB	17	组传输结束	一组数据传输的结束

格式控制字符

字　　符	代　　码	名　　称	功　　能
BS	08	退格	使打印或显示位置在同一行中退格
HT	09	横向制表	使打印或显示位置在同一行内进至下一组预定格位
LF	0A	换行	使打印或显示位置换到下一行同一格位
VT	0B	纵向制表	使打印或显示位置在同一列内进至下一组预定行
FF	0C	换页	使打印或显示位置进至下一页第一行第一格
CR	0D	回车	使打印或显示位置回至同一行的第一格格位

设备控制字符

字　　符	代　　码	名　　称	功　　能
DC1	11	设备控制符1	使辅助设备接通或启动
DC2	12	设备控制符2	使辅助设备接通或启动
DC3	13	设备控制符3	使辅助设备断开或停止
DC4	14	设备控制符4	使辅助设备断开、停止或中断

信息分隔控制字符

字　　符	代　　码	名　　称	功　　能
US	1F	单元分隔符	用于逻辑上分隔数据单元
RS	1E	记录分隔符	用于逻辑上分隔数据记录
GS	1D	群分隔符	用于逻辑上分隔数据群
FS	1C	文件分隔符	用于逻辑上分隔数据文件

其他控制字符

字　　符	代　　码	名　　称	功　　能
NUL	00	空白符	在字符串中插入或去掉空白符，字符串含义不变
BEL	07	告警符	控制警铃
SO	0E	移出符	使此字符以后的各字符改变含义
SI	0F	移入符	由SO符开始的字符转义到此结束
CAN	18	作废符	表明字符或数据是错误的或可略去
SP	20	空格符	使打印或显示位置前进一格
EM	19	媒体尽头	用于识别数据媒体的物理末端
SUB	1A	取代符	用于替换无效或错误的字符
ESC	1B	换码符	
DEL	7F	作废符	清除错误的或不要的字符

附录 C
DOS 功能调用

AH	功　　能	调用参数	返回参数
00	程序停止(同 INT 20H)	CS = 程序段前缀	
01	键盘输入并回显		AL = 输入字符
02	显示输出	DL = 输出字符	
03	异步通信输入		AL= 输入数据
04	异步通信输出	DL = 输出数据	
05	打印机输出	DL= 输出字符	
06	直接控制台 I/O	DL = FF（输入） DL = 字符（输出）	AL = 输入字符
07	输盘输入（无回显）		AL= 输入字符
08	输盘输入（无回显）检测 Ctrl+Break		AL= 输入字符
09	显示字符串	DS:DX = 串地址 '$' 结束字符串	
0A	键盘输入到缓冲区	DS:DX = 缓冲区首地址 (DS:DX) = 缓冲区最大字符数	(DS:DX+1) = 实际输入的字符数
0B	检验键盘状态		AL= 00 有输入 AL= FF 无输入
0C	清除输入缓冲区并请求指定的输入功能	AL = 输入功能号(1,6,7,8,A)	
0D	磁盘复位		清除文件缓冲区
0E	指定当前默认的磁盘驱动器	DL = 驱动器号（0 = A, 1 = B, ...）	
0F	打开文件	DS:DX = FCB 首地址	AL = 00 文件找到 AL = FF 文件未找到
10	关闭文件	DS:DX = FCB 首地址	AL = 00 目录修改成功 AL = FF 目录中未找到文件
11	查找第一个目录项	DS:DX = FCB 首地址	AL = 00 找到 AL = FF 未找到
12	查找下一个目录项	DS:DX = FCB 首地址 （文件名中带*或？）	AL = 00 找到 AL = FF 未找到
13	删除文件	DS:DX = FCB 首地址	AL = 00 删除成功 AL = FF 未找到

续表

AH	功　能	调 用 参 数	返 回 参 数
14	顺序读	DS:DX = FCB 首地址	AL = 00 读成功 AL = 01 文件结束，记录中无数据 AL = 02 DTA 空间不够 AL = 03 文件结束，记录不完整
15	顺序写	DS:DX = FCB 首地址	AL = 00 写成功 AL = 01 盘满 AL = 02 DTA 空间不够
16	建文件	DS:DX = FCB 首地址	AL = 00 建立成功 AL = FF 无磁盘空间
17	文件改名	DS:DX = FCB 首地址 (DS:DX+1) = 旧文件名 (DS:DX+17) = 新文件名	AL = 00 成功 AL = FF 未成功
19	取当前默认磁盘驱动器		AL = 默认的驱动器号 0 = A，1 = B，2 = C，…
1A	置 DTA 地址	DS:DX = DTA 地址	
1B	取默认驱动器 FAT 信息		AL = 每簇的扇区数 DS:BX = FAT 标识字节 CX = 物理扇区的大小 DX = 默认驱动器的簇数
1C	取任一驱动器 FAT 信息	DL = 驱动器号	同上
21	随机读	DS:DX = FCB 首地址	AL = 00 读成功 AL = 01 文件结束 AL = 02 缓冲区溢出 AL = 03 缓冲区不满
22	随机写	DS:DX = FCB 首地址	AL = 00 写成功 AL = 01 盘满 AL = 02 缓冲区溢出
23	测定文件大小	DS:DX = FCB 首地址	AL = 00 成功 文件长度填入 FCB AL = FF 未找到
24	设置随机记录号	DS:DX = FCB 首地址	
25	设置中断向量	DS:DX = 中断向量 AL = 中断类型号	
26	建立程序段前缀	DX = 新的程序段的段前缀	
27	随机分块读	DS:DX = FCB 首地址 CX = 记录数	AL = 00 读成功 AL = 01 文件结束 AL = 02 缓冲区太小，传输结束 AL = 03 缓冲区不满 CX = 读取的记录数

AH	功　能	调 用 参 数	返 回 参 数
28	随机分块写	DS:DX = FCB 首地址 CX = 记录数	AL = 00 写成功 AL = 01 盘满 AL = 02 缓冲区溢出
29	分析文件名	ES:DI = FCB 首地址 DS:SI = ASCIIZ 串 AL = 控制分析标志	AL = 00 标准文件 AL = 01 多义文件 AL = FF 非法盘符
2A	取日期		CX = 年 DH:DL = 月:日（二进制）
2B	设置日期	CX:DH:DL = 年:月:日	AL = 00 成功 AL = FF 无效
2C	取时间		CH:CL = 时:分 DH:DL = 秒:1/100 秒
2D	设置时间	CH:CL = 时:分 DH:DL = 秒:1/100 秒	AL = 00 成功 AL = FF 无效
2E	置磁盘自动读/写标志	AL = 00 关闭标志 AL = 01 打开标志	
2F	取磁盘缓存区的首地址		ES:BX = 缓冲区首地址
30	取 DOS 版本号		AH = 发行号，AL = 版号
31	结束并驻留	AL = 返回码 DX = 驻留区大小	
33	Ctrl+Break 检测	AL = 00 取状态 AL = 01 置状态（DL） DL = 00 关闭检测 DL = 01 打开检测	DL = 00 关闭 Ctrl+Break 检测 DL = 01 打开 Ctrl+Break 检测
35	取中断向量	AL = 中断类型	ES:BX = 中断向量
36	取空闲磁盘空间	DL = 驱动器号 0 = 默认，1 = A，2 = B…	成功：AX = 每簇扇区数 BX = 有效簇数 CX = 每扇区字节数 DX = 总簇数 不成功：AX = FFFF
38	置/取国家信息	DS:DX = 信息区首地址	BX = 国家码（国际电话前缀码） AX = 错误码
39	建立子目录（MKDIR）	DS:DX = ASCIIZ 串地址	AX = 错误码
3A	删除子目录（RMDIR）	DS:DX = ASCIIZ 串地址	AX = 错误码
3B	改变当前目录（CHDIR）	DS:DX = ASCIIZ 串地址	AX = 错误码
3C	建立文件	DS:DX = ASCIIZ 串地址 CX = 文件属性	成功：AX = 文件代号 失败：AX = 错误码
3D	打开文件	DS:DX = ASCIIZ 串地址 AL = 0 读 AL = 1 写 AL = 2 读/写	成功：AX = 文件代号 失败：AX = 错误码

AH	功　　能	调　用　参　数	返　回　参　数
3E	关闭文件	BX = 文件号	失败：AX = 错误码
3F	读文件或设备	DS:DX = 数据缓冲区地址 BX = 文件代号 CX = 读取的字节数	读成功： AX = 实际读入的字节数 AX = 0 已到文件尾 读出错：AX = 错误码
40	写文件或设备	DS:DX = 数据缓冲区地址 BX = 文件代号 CX = 写入的字节数	写成功： AX = 实际写入的字节数 写出错：AX = 错误码
41	删除文件	DS:DX = ASCIIZ 串地址	成功：AX = 00 出错：AX = 错误码（2,5）
42	移动文件指针	BX = 文件代号 CX:DX = 位移量 AL = 移动方式（0,1,2）	成功： DX:AX = 新指针位置 出错：AX = 错误码
43	置/取文件属性	DS:DX = ASCIIZ 串地址 AL = 0 取文件属性 AL = 1 置文件属性 CX = 文件属性	成功：CX = 文件属性 出错：AX = 错误码
44	设备文件 I/O 控制	BX = 文件代号 AL = 0 取状态 AL = 1 置状态 DX AL = 2 读数据 AL = 3 写数据 AL = 6 取输入状态 AL = 7 取输出状态	DX = 设备信息
45	复制文件代号	BX = 文件代号 1	成功：AX = 文件代号 2 失败：AX = 错误码
46	人工复制文件代号	BX = 文件代号 1 CX = 文件代号 2	失败：AX = 错误码
47	取当前目录路径名	DL = 驱动器号 DS:SI = ASCIIZ 串地址	(DS:DX) = ASCIIZ 串 失败：AX = 错误码
48	分配内存空间	BX = 申请内存容量	成功：AX = 分配内存首址 失败：BX = 最大可用空间
49	释放内存空间	ES = 内存起始段地址	失败：AX = 错误码
4A	调整已分配的存储块	ES = 内存起始段地址 BX = 再申请内存容量	失败：BX = 最大可用空间 AX = 错误码
4B	装配/执行程序	DS:DX = ASCIIZ 串地址 ES:BX = 参数区首地址 AL = 0 装入执行 AL = 3 装入不执行	失败：AX = 错误码

续表

AH	功　　能	调　用　参　数	返　回　参　数
4C	带返回码结束	AL = 返回码	
4D	取返回代码		AX = 返回代码
4E	查找第一个匹配文件	DS:DX = ASCIIZ 串地址 CX = 属性	AX = 出错代码（02,18）
4F	查找下一个匹配文件	DS:DX = ASCIIZ 串地址 （文件名中带*或?）	AX = 出错代码(18)
54	取盘自动读/写标志		AL = 当前标志值
56	文件改名	DS:DX = ASCIIZ 串地址（旧） ES:DI = ASCIIZ 串地址（新）	AX = 出错代码（03,05,17）
57	置/取文件日期和时间	BX = 文件代号 AL = 0 读取 AL = 1 设置（DX:CX）	DX:CX = 日期和时间 失败：AX = 错误码
58	置/取分配策略码	AL = 0 取码 AL = 1 置码（BX） BX = 策略码	成功：AX = 策略码 失败：AX = 错误码
59	取扩充错误码		AX = 扩充错误码 BH = 错误类型 BL = 建议的操作 CH = 错误场所
5A	建立临时文件	CX = 文件属性 DS:DX = ASCIIZ 串地址	成功：AX = 文件代号 失败：AX = 错误码
5B	建立新文件	CX = 文件属性 DS:DX = ASCIIZ 串地址	成功：AX = 文件代号 失败：AX = 错误码
5C	控制文件存取	AL = 00 封锁 AL = 01 开启 BX = 文件代号 CX:DX = 文件位移 SI:DI = 文件长度	
62	取程序段前缀地址		BX = PSP 地址

*AH = 0～E 适用 DOS 1.0 以上版本。

　AH = 2F～57 适用 DOS 2.0 以上版本。

　AH = 58～62 适用 DOS 3.0 以上版本。

［1］唐朔飞. 计算机组成原理[M]. 北京：高等教育出版社，2000.

［2］周明德. 微型计算机系统原理及应用[M]. 第3版. 北京：清华大学出版社，2006.

［3］李　东. 计算机组成技术[M]. 哈尔滨：哈尔滨工业大学出版社，2003.

［4］耿恒山. 微机原理与接口[M]. 北京：中国水利水电出版社，2005.

［5］何　超. 微型计算机原理及应用[M]. 第2版. 北京：中国水利水电出版社，2007.

［6］林全新. 微型计算机原理[M]. 北京：人民邮电出版社，2004.

［7］李敬章. 计算机原理与体系结构[M]. 广州：中山大学，1998.

［8］盛珣华，张凡. 微机原理及接口技术[M]. 北京：中国铁道出版社，2000.

［9］刘乐善，叶济忠，叶永坚，等. 微型计算机接口技术原理及应用[M]. 武汉：华中理工大学出版社，1996.

［10］钟乐海，赖晓风，王朝斌，李艳梅. 汇编语言程序设计教程[M]. 重庆：西南师范大学出版社，2006.

［11］沈美明，温冬婵. IBM–PC汇编语言程序设计[M]. 第2版. 北京：清华大学出版社，2001.

［12］翟社平. 汇编语言程序设计教程[M]. 西安：西安电子科技大学出版社，2001.

［13］吉海彦. 微机原理与接口技术[M]. 北京：机械工业出版社，2007.

［14］赵树升，赵雪梅. 现代微机原理及接口技术[M]. 北京：清华大学出版社，2008.

［15］高洪志. MCS–51单片机原理及与应用技术教程[M]. 北京：人民邮电出版社，2009.

［16］顾晖等. 微机原理与接口技术[M]. 北京：电子工业出版社，2011.

［17］龚尚福. 微机原理与接口技术[M]. 西安：西安电子科技大学出版社，2008.